U0647403

住房和城乡建设部"十四五"规划教材

高等学校历史建筑保护工程与文化遗产专业系列推荐教材

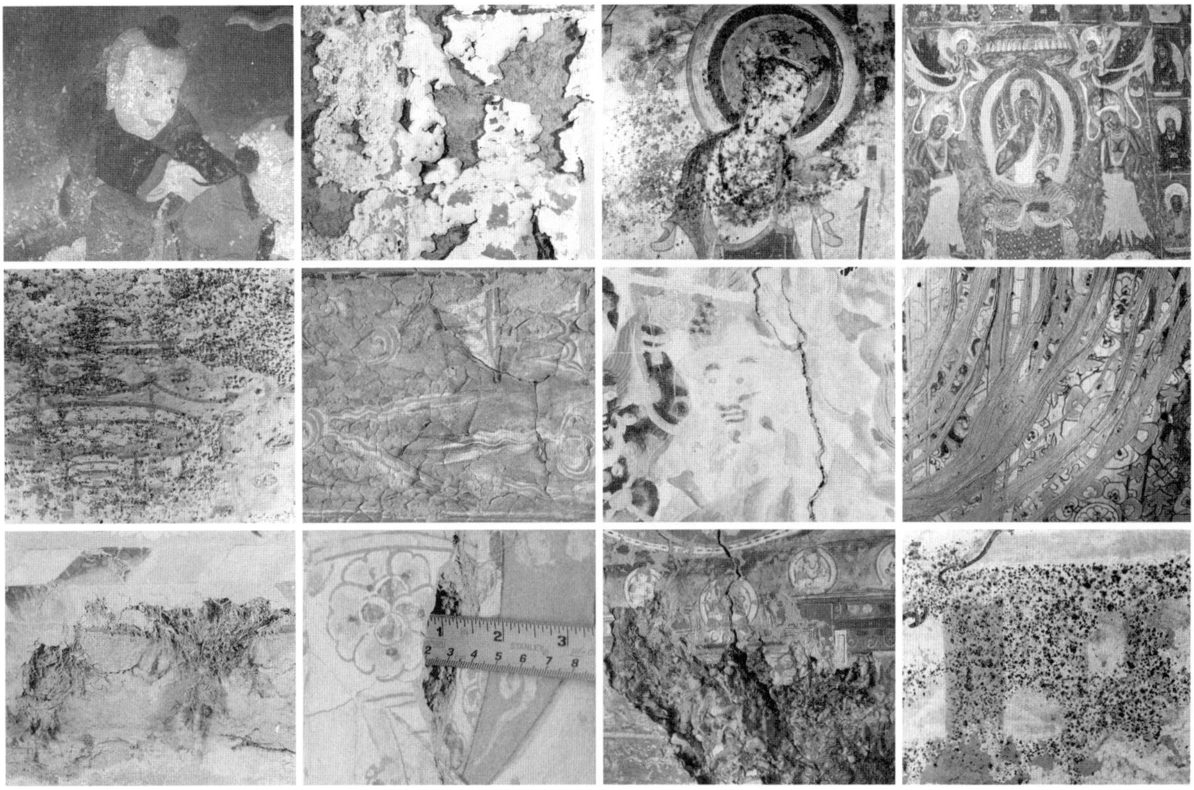

遗产建筑保护材料学

Material Science for Conservation of Heritage Buildings

戴仕炳　汪万福　淳　庆　主编

中国建筑工业出版社

图书在版编目（CIP）数据

遗产建筑保护材料学 = Material Science for Conservation of Heritage Buildings / 戴仕炳，汪万福，淳庆主编 . -- 北京：中国建筑工业出版社，2025. 5. --（住房和城乡建设部“十四五”规划教材）（高等学校历史建筑保护工程与文化遗产专业系列推荐教材）.

ISBN 978-7-112-31029-6

Ⅰ. TU-87；TU5

中国国家版本馆 CIP 数据核字第 20259CS678 号

为了更好地支持相应课程的教学，我们向采用本书作为教材的教师提供课件，有需要者可与出版社联系。
建工书院：https://edu.cabplink.com
邮箱：jckj@cabp.com.cn　电话：（010）58337285

责任编辑：周志扬　柏铭泽　陈　桦
责任校对：芦欣甜

住房和城乡建设部“十四五”规划教材
高等学校历史建筑保护工程与文化遗产专业系列推荐教材
遗产建筑保护材料学
Material Science for Conservation of Heritage Buildings
戴仕炳　汪万福　淳　庆　主编
*
中国建筑工业出版社出版、发行（北京海淀三里河路9号）
各地新华书店、建筑书店经销
北京雅盈中佳图文设计公司制版
北京中科印刷有限公司印刷
*
开本：787毫米 × 1092毫米　1/16　印张：16　字数：317千字
2025 年 6 月第一版　2025 年 6 月第一次印刷
定价：**69.00**元（赠教师课件）
ISBN 978-7-112-31029-6
（44564）

《遗产建筑保护材料学》
编 委 会

主　编：

戴仕炳　同济大学

汪万福　敦煌研究院

淳　庆　东南大学

副主编：

陈　琳　西安建筑科技大学

和　玲　西安交通大学

李峥嵘　同济大学

参　编：

董俊刚　西安建筑科技大学

李安邦　西安建筑科技大学

李　晓　中国建筑上海设计研究院有限公司

任孝树　万隆国际咨询集团有限公司

汤　众　同济大学

赵沫沙　同济大学

主　审：

张　鹏　同济大学

黄继忠　上海大学

出版说明

Publication notes

党和国家高度重视教材建设。2016 年，中共中央办公厅 国务院办公厅印发了《关于加强和改进新形势下大中小学教材建设的意见》，提出要健全国家教材制度。2019 年 12 月，教育部牵头制定了《普通高等学校教材管理办法》和《职业院校教材管理办法》，旨在全面加强党的领导，切实提高教材建设的科学化水平，打造精品教材。住房和城乡建设部历来重视土建类学科专业教材建设，从"九五"开始组织部级规划教材立项工作，经过近 30 年的不断建设，规划教材提升了住房和城乡建设行业教材质量和认可度，出版了一系列精品教材，有效促进了行业部门引导专业教育，推动了行业高质量发展。

为进一步加强高等教育、职业教育住房和城乡建设领域学科专业教材建设工作，提高住房和城乡建设行业人才培养质量，2020 年 12 月，住房和城乡建设部办公厅印发《关于申报高等教育职业教育住房和城乡建设领域学科专业"十四五"规划教材的通知》（建办人函〔2020〕656 号），开展了住房和城乡建设部"十四五"规划教材选题的申报工作。经过专家评审和部人事司审核，512 项选题列入住房和城乡建设领域学科专业"十四五"规划教材（简称规划教材）。2021 年 9 月，住房和城乡建设部印发了《高等教育职业教育住房和城乡建设领域学科专业"十四五"规划教材选题的通知》（建人函〔2021〕36 号）。为做好"十四五"规划教材的编写、审核、出版等工作，《通知》要求：（1）规划教材的编著者应依据《住房和城乡建设领域学科专业"十四五"规划教材申请书》（简称《申请书》）中的立项目标、申报依据、工作安排及进度，按时编写出高质量的教材；（2）规划教材编著者所在单位应履行《申请书》中的学校保证计划实施的主要条件，支持编著者按计划完成书稿编写工作；（3）高等学校土建类专业课程教材与教学资源专家委员会、全国住房和城乡建设职业教育教学指导委员会、住房和城乡建设部中等职业教育专业指导委员会应做好规划教材的指导、协调和审稿等工作，保证编写质量；（4）规划教材出版单位应积极配合，做好编辑、出版、发行等工作；（5）规划教材封面和书脊应标注"住房和城乡建设部'十四五'规划教材"字样和统一标识；

（6）规划教材应在"十四五"期间完成出版，逾期不能完成的，不再作为《住房和城乡建设领域学科专业"十四五"规划教材》。

住房和城乡建设领域学科专业"十四五"规划教材的特点：一是重点以修订教育部、住房和城乡建设部"十二五""十三五"规划教材为主；二是严格按照专业标准规范要求编写，体现新发展理念；三是系列教材具有明显特点，满足不同层次和类型的学校专业教学要求；四是配备了数字资源，适应现代化教学的要求。规划教材的出版凝聚了作者、主审及编辑的心血，得到了有关院校、出版单位的大力支持，教材建设管理过程有严格保障。希望广大院校及各专业师生在选用、使用过程中，对规划教材的编写、出版质量进行反馈，以促进规划教材建设质量不断提高。

住房和城乡建设部"十四五"规划教材办公室

2021年11月

前言

Foreword

材料是遗产建筑及不可移动文物的价值载体，也是保护和修复的对象，其教学、研究及实践亟需相关教材的支撑。

但是，历史材料类型庞杂，建筑始建时材料性能大部分未知，后期修复常缺乏使用材料的技术报告。不同材料的病状各异，病理不明。在保护实践中，不同学者对保护修复历史材料的新材料性能有不同诉求，有些学者专家追求有优异的物理化学性能和极高的耐久性的新保护材料。但是从可持续的遗产保护角度，保护材料的安全性、可再处置性等更为重要。在保护理论和材料科学原理之间需要找到一个可靠桥梁，实现〝新旧兼容〞和〝安全性保护〞等。

遗产建筑保护材料学是研究历史材料的类型、病状、病理、匹配修复材料及科学工艺的科学。学习遗产建筑保护材料学的目的是利用现代材料学的基本原理，认识、理解遗产建筑所用材料的特点，在使用（包括过往的修复）及环境作用下发生的变化（病状）及其科学规律，掌握重要遗产建筑材料从实录到保护方案设计的科学流程。遗产建筑保护材料学为遗产建筑的保护、修复提供理论基础和技术指导，也为遗产建筑的利用和新建筑病害的预防等提供帮助。

各章节主要编写者有：前言（戴仕炳）、第 1 章（戴仕炳）、第 2 章（和玲、董俊刚）、第 3 章（李峥嵘、赵沫沙、戴仕炳）、第 4 章（戴仕炳、汤众）、第 5 章（戴仕炳、任孝树）、第 6 章（陈琳）、第 7 章（戴仕炳、汪万福）、第 8 章（戴仕炳、汪万福）、第 9 章（戴仕炳、李晓）、第 10 章（戴仕炳）、第 11 章（淳庆）、第 12 章（汪万福、戴仕炳）、第 13 章（李安邦、戴仕炳）、附录（汪万福、戴仕炳等）、后记（戴仕炳）。全书由戴仕炳统稿，张鹏、黄继忠主审。

本教材可作为历史建筑保护工程、文化遗产、文物保护、建筑学等相关专业教科书，也可供从事遗产建筑、遗产保护研究、勘察、设计、施工、管理、建筑材料生产等专业人员学习参考。

戴仕炳

2024 年 7 月

目录

Contents

第1章　绪论

在建筑遗产保护体系中，建筑材料、建筑结构与建筑艺术是不可分割的。建造及修缮材料的更替体现了建筑工程技术、建筑艺术和保护技术的发展历程。《中国文物古迹保护准则》指出："近现代建筑、工业遗产和科技遗产的保护应突出考虑原有材料的基本特征。"实际上，所有的遗产建筑和不可移动文物在研究和保护过程中均要考虑原有材料的基本特征。本章重点阐明本教材涉及的术语以及后续各章的共性问题。

1.1　遗产建筑及其保护

1.1.1　遗产建筑

遗产建筑是具有历史、艺术、科学研究等价值的既有建筑物和建成物（图1-1）。它既包括登记为不可移动文物的建筑物（古建筑、近现代重要史迹及代表性建筑、石窟寺及石刻等）、构筑物（如桥梁、经幢等）、建筑

（a）

（b）

（c）

图1-1　三种代表性的遗产建筑
（a）不同保护级别的传统建筑；
（b）石质桥梁；
（c）近现代代表性建筑

遗址等，也包括未登记为不可移动文物但是具有一定保护价值，能够反映历史风貌和地方特色的遗产建筑。不同省市对遗产建筑有不同的定义，如上海市将近现代遗产建筑定义为："近现代（1840—1978 年）建成，经县级及以上人民政府确定公布的具有一定保护价值，能够反映历史风貌和地方特色的建（构）筑物，未公布为文物保护单位，也未登记为不可移动文物的建（构）筑物。"

本教材采用"遗产建筑"术语的目的一方面是弱化不同类型的具有历史等价值建筑的行政管理符号，另一方面是强调这类文化遗产的物质属性。

1.1.2 保护有关的概念

有关遗产建筑的保护修复等概念，在不同的语境下有不同的理解。本教材使用的相关概念作如下定义：

1. 保护

本教材的"保护"除特定章节有所定义外，指治理遗产建筑本体病害所有干预（intervention）措施的总和。治理[①]既包括根除导致病害的所有或部分因子，也包括减轻病状的方法流程。

2. 修缮

恢复到特定状态的干预措施。不同类型遗产的修缮目的不同。仍在使用的遗产建筑材料的修缮以满足新功能的基本需求为基本出发点，在保存历史、技术与美学等价值的前提下，使建筑的寿命得以延续，使用价值最大化。

3. 保存

以消除安全隐患但基本不改变价值认定时状态的干预措施。

4. 修复

恢复具体材料或构件到特定状态的措施。

5. 牺牲性保护

通过诱导热、湿、力、盐等效应集中于新的修复材料，使新的修复材料先被破坏，以确保新旧材料在特定的气候条件下有机融合而达到保护利用遗产的技术措施。采用牺牲性保护措施时，历史材料的颜色或质感会不同程度改变（图 1–2）。

图 1–2 藏式建筑外墙传统粉刷是维持价值的重要手段
（图片来源：伍洋拍摄）

① "治"对应医学的"治疗"，"理"包括"保养围护"的含义。——笔者注

1.2 历史材料及其检测

历史材料指遗产建筑始建时期用材和历史修缮材料。在一个特定的历史街区，不同风格的建筑使用的材料常具有共性（图1-3）。始建时期用材是遗产历史价值的重要载体，原则上应尽可能保"留"。部分历史修缮材料也具有保护价值，不应一律去"除"。在保护实践中，应根据遗产的保护等级、干预目标等制定不同的"留""除"策略。

1.2.1 始建材料

我国遗产建筑始建时期用材有自然建筑材料和人造建筑材料两大类。自然材料指采用天然原材料经不以提纯金属和化工原料为目的的加工处理（也可以称作为粗加工）所得到的建筑材料。这类材料有土、木材、石材（包括碎石）等。传统建筑使用的大部分材料为自然建筑材料（图1-4）。

图1-3 被联合国教科文组织列入世界文化遗产的澳门历史城区中的部分代表性材料类型
(a) 建筑基础采用的花岗石；
(b) 彩色水泥砖；
(c) 传统建筑用砖瓦；
(d) 木材；
(e) 夯土城墙和教堂墙体；
(f) 碑刻、题刻的花岗石；
(g) 石灰抹灰，在澳门称作"批荡"；
(h) 涂料和彩绘；
(i) 玻璃及木框材

图 1-4 以在地坡积土为原料建造的风土建筑山墙（福建周宁禾溪村，始建于明代）

在交通不发达的时期，遗产建筑建造的建筑材料主要通过“就地取材，就近取材”的方法获得。“就地取材”指采用营建场所内一定范围内的材料，如生土；“就近取材”指采自营建场所附近的自然或粗加工的材料，如木材、烧结黏土砖瓦等。近代，随发达的水陆交通而兴起的建材贸易使得遗产建筑在建造和修缮时可使用世界各地的材料。

遗产建筑始建时使用的第二类材料为人造建筑材料，指经过煅烧、熬制、合成等工艺制成原材料，再利用这些原材料制作成结构或装饰材料。代表性的有传统的石灰及其制品，近代的水泥及其制品，混凝土、钢材、玻璃、油饰等。

1.2.2 历史修缮材料

指建筑或文物建造完成后在各个历史时期修缮、修复和维护过程中使用的材料。这些材料反映了科学技术和社会文化经济的发展，一部分历史修缮材料也成为遗产真实性的物证。在保护实践中，应对这类材料进行理化分析，评估其历史和科学价值，并在达到保存和提升遗产价值目标基础上尽可能保存各时代有价值的信息载体，使建筑和文物更具有科学研究价值。

1.2.3 材性检测及其基本要求

无论是从价值评估还是从保护实际的角度，历史材料的类型、工艺，以及病状检测都非常重要。这种重要性表现在如下 4 个方面：

1）由于缺乏足够的初始营造及后期修复的书面影像记录，历史上使用的材料类型、理化特征、历史沿革等常需要经过考证才能获得；

2）材料检测是真实性、安全性保护修复的基础；

3）历史材料及其病状检测、病理分析是科学保护修缮设计的前提；

4）历史材料检测可以为新建筑的设计、建造提供灵感及智慧源泉。

从2008年开始，国家文物局开展了一系列文物保护行业标准研究，颁布了多项技术标准，如《石质文物保护修复方案编写规范》WW/T 0007—2007。该规范在“4.3保存现状调查与评估”中强调了石质文物材质鉴定及病害原因的分析检测。

截至2024年6月，还在修订完善中的上海市工程建设规范《优秀历史建筑保护修缮技术规程》DG/TJ 08–108对建筑表面检测提出如下要求：

1）建筑表面修缮检测应查明饰面的原始状况以及发展或改建历史，包括饰面材料类型、工艺特征、病状及致病因素等内容。

2）建筑表面修缮检测的广度和深度应根据历史建筑的重要性、保护级别、特征要素及其复杂性、保存状况，以及修复目标确定。

3）修缮检测方法应以无损检测为主，微损检测为辅。重要历史材料应在现场取样后完成实验室检测分析。

4）修缮检测的成果包括宏观及微观照片、材性分布图（含平面、立面）、代表性工艺剖面、检测报告等。

材料勘察及病害检测详见第4章。

需要说明的是，检测者需要有丰富的材料学、建筑史、技术史等知识，特别是不同历史时期装饰材料的知识。在方法论上，除了需要采用物理化学等基础理论、经典技术方法和现代材料分析技术外，还需借鉴考古学的地层学、类型学等。

1.3 材料病害及其治理

保护实践中，认识材料、理解材料的病害是科学治理病害的基础。目前，我国尚无统一的描述不同材料病害的术语，在病害治理方面也存在多种可能性。

1.3.1 病状与病害

历史材料会呈现不同的状态，在色彩、质感（texture）、结构等方面表现出与初始状态有别的状态被称为病状，而对遗产本体的安全及价值等产生负面影响的状态则称为病害。

不同类型遗产的病害描述在术语等存在差异，参照国际古迹遗址理事会石质学术委员会（ICOMOS–ISCS）建议的术语，可把建筑石材面层的劣化病状（Deterioration Patterns）分成5类：第一类为开裂与变形；第二类为空鼓剥离；第三类为材料缺失及弱化；第四类为变色与覆盖；第五类为生物定殖。这种分类只考虑石材本体，没有考虑建造的粘结材料，也没有考虑诸如石窟寺相关石质文物的病状。对壁画、彩绘的病害描述见第12章。

描述病状的“劣化”是材料学常用术语，在保护修复领域，表示遗产载体材料在各种外界因素作用下发生物理、化学、力学等性质衰变，如强度降低、孔隙率增加、矿物化学组成改变等。劣化会导致服役能力降低，并伴随着遗产价值的损失。

1.3.2 病害图示

对材料类型、病状等勘察检测结果，除了采用文字描述、图片记录外，可采用可视化图示方式进行描述（图 1–5）。图示是采用彩色线条、色号、符号等描述病害的一种表达方式。这种图示不仅可以帮助相关人员认识病害的范围，而且可以评估造成病害的原因和发展趋势，也是后续的研究、评估、实施保护措施等工作的基础。图示的比例尺应适合保护对象，并满足存档记录的要求。我国有不同材料的图示方法技术标准，在实际工作中，原则上应遵循这些技术标准以避免产生歧义。

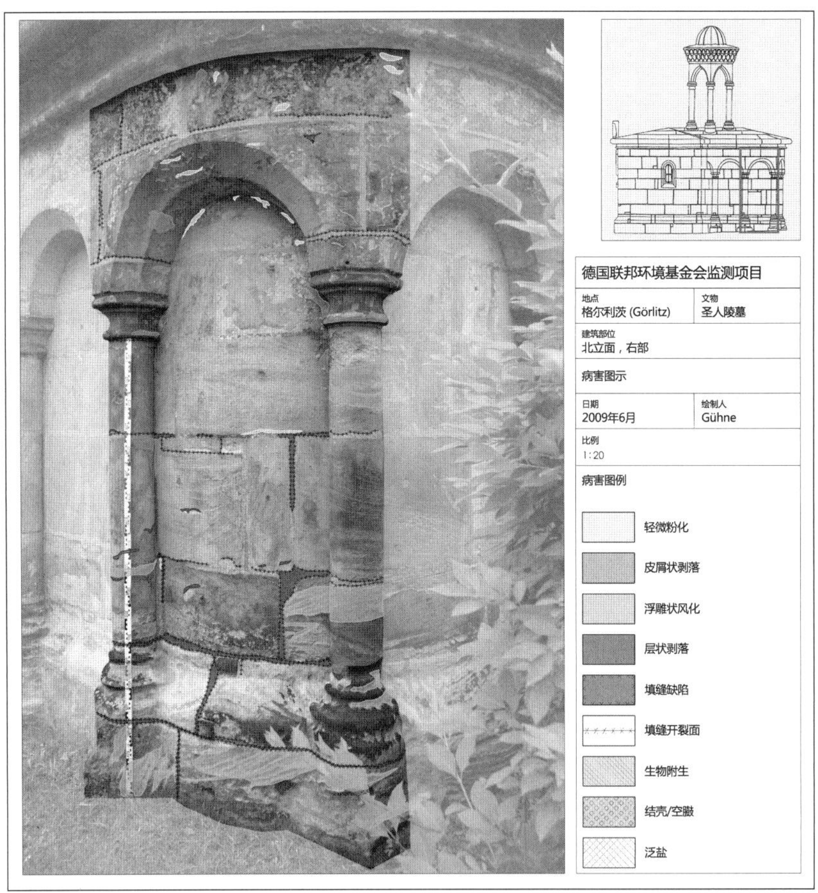

图 1–5 对建筑石构件的病害采用照片及阐释分析结合的图示方法（图片来源：M.Auras 等）

1.3.3 病理

导致材料出现病状的物理、化学、生物等的机理称作病理。病理因子大致可以分为 4 类：第一类为机械破坏；第二类为化学因素（见 2.5 节）；第三类为物理因素，如冷热变形、干湿导致的膨胀收缩和冻融等

（见 3.2 节）；第四类为生物作用。其中，第 2 ～ 4 类有时又统称为“风化作用”。

“风化”是源自地质学的概念。岩石风化作用是地壳表层岩石的一种自然破坏作用，地壳表层岩体经造山运动隆起成山，后受太阳辐射、大气、水和生物等作用，出现浅则数十厘米，深则几米至几百米的破碎、疏松及矿物成分产生变化的现象。按照作用的主要方式，又把风化作用分成物理风化、化学风化和生物风化等。风化这一概念拓展到各种人造材料及建筑饰面上，指材料在自然营力（详见第 2 章、第 3 章）或使用过程中所发生的在强度、颜色、质感等方面的变化过程。

1.3.4　病害治理

有重要价值的历史材料的病害治理可以采用环境控制方法和本体直接干预的方法。

环境控制方法是采用设备等稳定历史材料处在环境的温度、湿度等，进而使物理化学等变化变缓而达到保护目的（见 3.5 节）。

本体直接干预的方法是采取清洁、固化、修复等措施消除病害或降低病害的程度，增加抵抗未来损伤能力。曾经被称作“防风化”的方法属于本体直接干预的方法。“防风化”的方式有：1）把本体材料固化到实验室尺度使现有技术检测时间内不发生新的病害；2）将原有吸水材料处理成为不吸水材料；3）加固已劣化的材料，同时降低其吸水率。

图 1–6　为保护地面花砖安装的玻璃地面加剧了清水砖墙损伤

采取何种治理方法取决于遗产的类型、尺度、病害程度、价值保护要求、技术可能性和经济等因素。所有治理方式需要进行预评估，对可能出现的副作用或对相邻本体产生的影响需要制定预案（图 1–6）。

1.4　安全性保护目标下材料选择的原则

1.4.1　安全性保护

安全性保护有多层含义，但最重要的指保护修复后遗产本体无论在结构上还是外貌上是安全的，这种安全不仅是感性的，而且有科学原理及监测验证。此外，保护修复用材料对使用者及环境的影响也是在保护实践中需注意的问题（见 5.1 节、6.5 节）。

1.4.2 修复材料选择原则——以建筑外墙为例

保护身份、建造年代、历史材料保存状态等的不同决定了修复原则的不同，采取的方法也各异，不同保护部位对材料的性能要求也不相同。但是，根据现有的科学研究成果，特别是监测后评估的成果，保护实践经验和国际趋势，在材料选择方面仍然有一些共识需要尊重。下面以遗产建筑外墙修复为例，分析修复材料的基本要求。

1. 亲和性

与本体材料有较好的粘结力，且不得损伤本体材料。强度和耐久性宜接近本体材料；材料的粒径、质感、色泽应与原墙面基本一致。遗产建筑外墙面修缮材料宜选用无机材料。

2. 协调性及可识别

指材料在色彩、质感等新旧之间应接近。在特定条件下，应按可识别性原则选择材料及工艺。可识别性原则指对本体干预时（特别是增补时）采用在色彩和（或）质感与历史本体材料略有区别的措施。可识别性原则也可以是一种预防性保护的铺垫。

3. 尊重传统及时代性

宜优先选用传统材料。修复材料的品种、规格、性能要求等均应符合或超过现有技术规程要求，不得使用国家明令淘汰的或对人及环境有严重影响的材料。

1.4.3 实验研究及现场试验

重要的遗产或者带有“疑难杂症”的遗产修复选择的材料原则上需要进行材料理化性能、特殊环境因素下耐久性、对本体的影响等室内实验。有条件时可采用实验性修复或者制作实验性修复面，在评估工艺合理后才能实施。成熟的修复材料及工法也应根据遗产本体的勘察报告和材料分析报告制作现场样板并达到保护效果后方能实施（图 1–7）。

图 1–7 修复试验及评估（上海，2008 年）

1.5 遗产保护材料学未来研究方向

作为一个新型的交叉学科，遗产建筑保护材料学已经取得众多成果，本教材尽可能多的介绍这些成果。展望未来，仍然有很多领域值得深入研究。

1. 传统材料和工艺的科学化研究

我国近年开展了一系列传统建筑工艺的科学化研究，但是对传统材料、工法的科学原理尚缺乏理性诠释。基于本教材第 2 章、第 3 章等的化学、物理原理可以发现，我国诸多传统工艺及维护传统具有深奥的科学原理（图 1–8）。

2. 基于当代文化遗产保护准则和管理利用模式下的替代材料研究

科技进步必然会带来材料的进步，探索与传统材料有基因关系的替代材料不仅具有科学意义，更具有实践价值。

3. 基于人工智能的传统材料及病害识别分析技术

光学技术、机器视觉、人工智能算法等可以为部分材料的配合比和病害识别提供帮助（图 1–9）。

4. 现代材料在保障遗产安全、提升保护耐久性方面的研究

例如纳米材料在固化、杀菌等领域有非常大的发展空间。

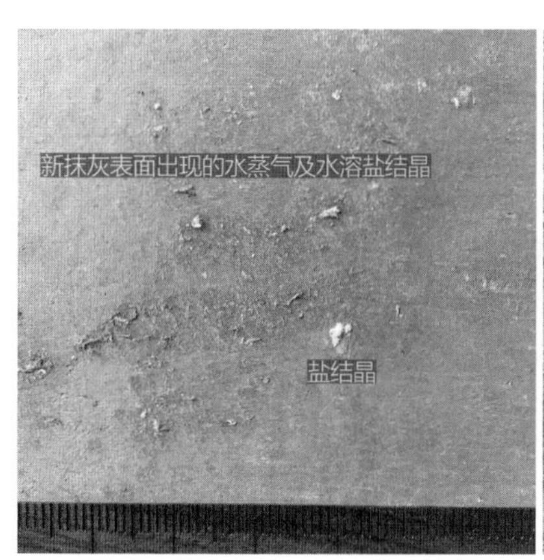

图 1–8　传统建筑石灰外墙抹灰吸水透气，在初步固化后表面可见水溶盐结晶（左），若干年后抹灰被破坏，而抹灰下的青砖（右）几乎没有风化（上）

图 1–9　水磨石材料配合比 K–LAMCE 分析算法（下）（图片来源：上海建工四建集团有限公司，张英楠提供）

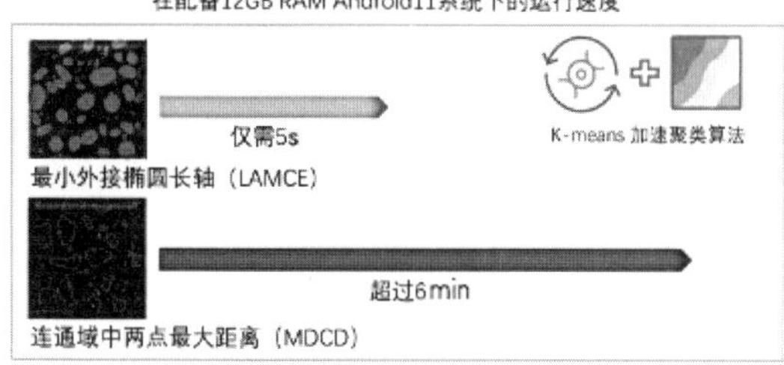

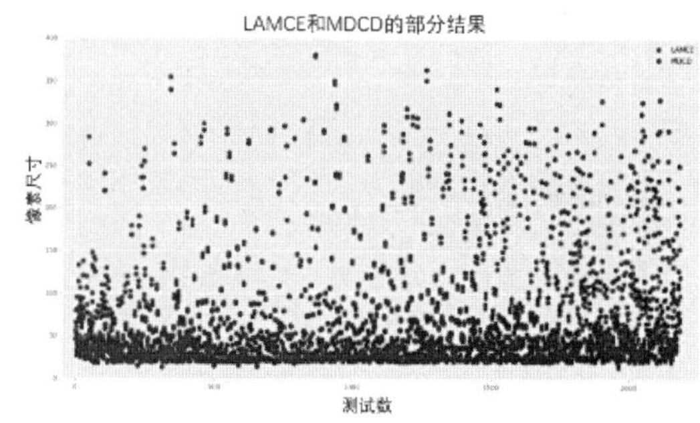

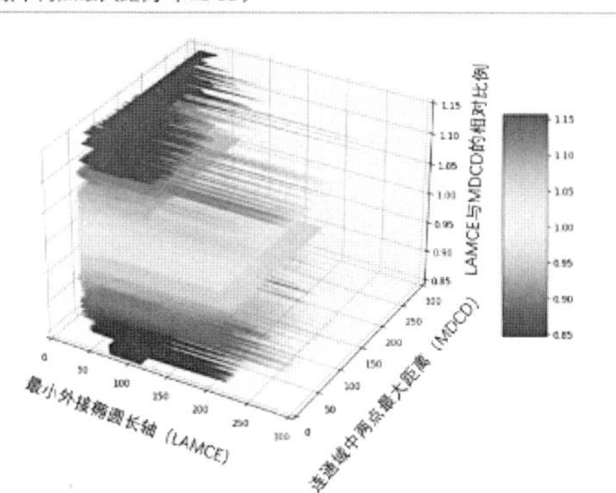

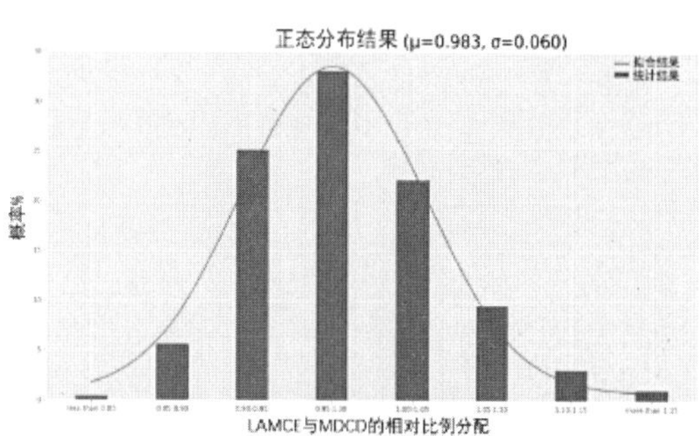

5. 材料工艺的模拟评估

现代科技的发展不仅可以定性－定量评估过往保护实践采用的材料工艺的匹配度和适用性，也能分析模拟新技术手段的有效性，预防次生病害发生。对遗产建筑进行节能或结构提升时，有必要理解各种材料的隔热、储湿、水蒸气和液态水迁移的相互作用，采用仿真模拟技术手段，分析与评估干预前后水汽储存与迁移过程，在经济技术条件许可下找到实用安全的技术。

6. 过往保护修复材料的安全性监测和科学评估

作为科学研究价值的一部分，过往保护修复中采用的材料的安全性需要监测、评估（见 5.6 节）。

思考题

（1）遗产建筑和一般既有建筑的区别有哪些？

（2）历史材料包括哪些？材性研究的目的有哪些？

（3）治理材料病害的可能性有哪些？

（4）遗产建筑外饰面保护修缮在材料选择方面应该注意哪些原则？

（5）如何理解并实现遗产建筑的“安全性保护”？

第 2 章　材料病理化学基础

遗产建筑和文物载体材料的性能和其化学组成、结构（非建筑学意义的结构）紧密相关，其病害特性、机理等也取决于自身的化学组成等，保护修复采用的大部分材料也常被理解为“化学材料”。所以，遗产建筑和文物保护科学与化学有密切的联系。为应对文化遗产保护的苛刻要求，达到安全和耐久保护，既需要认识理解历史材料的物质组成和化学变化，又需要从科学技术发展的角度掌握历史建成材料化学处理的最基本原理和应用前提。基于此，本章主要介绍材料化学组分，无机胶凝材料，水、酸碱、盐，水溶盐及其测评，化学风化机理，材料病害的环境因子内容。

2.1　材料化学组分

2.1.1　元素

和地球上存在的物质一样，历史建成材料也是由不同元素组成的。

元素是具有相同核电荷数的同一类原子的总称，元素是用来描述物质的比原子尺寸更大的宏观组成。迄今为止，人类已经发现了 119 种元素，元素周期表里列出 118 种元素。元素周期表是元素周期律的具体表现形式，反映了元素之间的内在联系，是对元素的一种很好的自然分类。元素性质的周期性与原子结构的周期性有密切关系。这些元素的原子组成了成千上万种具有不同性质的物质，其中包括历史建成材料。原子是化学变化中的最小微粒，用来描述物质的微观构成。物质发生化学反应时，原子核外电子运动状态的差异导致新物质的产生。

元素的定性、定量分析是采用化学分析方法和仪器分析方法将一定量物质分解为简单物质，通过定性或定量测定，推算出组成该物质元素原子的质量分数，如表 2-1 列出的烧结黏土砖中的常量元素为氧、硅、铝、铁、钙、钠、钾等，又如石灰中常量元素为氧、钙、镁、碳。

材料根据组成元素的含量不同，分为常量元素和微量元素。常量元素指无机材料和有机材料的主要组分；微量元素指材料中非主要的成分。常量元素、微量元素的含量及相对比值对区分材料类型、判断材料的来源具有意义。

表 2–1　我国部分烧结黏土砖的主要氧化物含量（%）

序号	样品代号	Na_2O（氧化钠）	MgO（氧化镁）	Al_2O_3（三氧化二铝）	SiO_2（氧化硅）	K_2O（氧化钾）	CaO（氧化钙）	TiO_2（氧化钛）	Fe_2O_3（三氧化二铁）
1	北京大庄科，明代	1.44	0.93	15.18	70.98	3.21	1.82	0.48	4.96
2	山西新广武，明代	0.90	2.14	11.24	68.06	2.14	9.93	0.41	4.17
3	安阳修定寺，唐代	1.55	1.11	14.40	67.93	2.50	5.55	0.63	5.32
4	安阳修定寺，1979 仿制	1.47	1.38	14.63	67.45	2.67	5.42	0.54	5.43

注：同为明长城砖，山西新广武砖含有较高的钙，应该和原材料为黄土有关。安阳修定寺不同年代的砖雕化学成分几乎相同，说明 1979 年仿制砖的原材料和唐代几乎完全相同。

2.1.2　分子与分子结构

分子指由数目确定的原子组成的具有一定稳定性的物质，例如水分子是由两个氢原子和一个氧原子组成。分子是参与化学反应的基本单元。原子之间靠化学键结合成分子。化学键指分子内部原子之间的强相互作用力，分为共价键、离子键等。在分析历史建成材料时，除了要分析元素含量外，要尽可能分析分子类型以及结构类型。

2.1.3　结晶体与非结晶体

固态的无机和有机材料按照其原子的排列特征分为结晶体和非结晶体两大类，前者代表性材料如花岗石，后者如玻璃。理想晶体原子排列具有周期性，非晶态材料原子排列不具有周期性。但是非晶态材料中原子的排列也不是杂乱无章，仍然保留有短程有序。结晶体与非结晶体在性质方面存在差异（表 2–2），可以利用这些差异来判定分子类型（矿物类型），进而判断材料类型。

表 2–2　结晶体与非结晶体的性质区别

结晶体	非结晶体
可以自发地生长成规则的几何多面体形态	其形态为不规则的浑圆状
物理性质随方向性变化，即具有各向异性	物理性质不随方向性变化，即具有各向同性
具有固定的熔点	没有固定的熔点
可对 X 射线发生衍射	不对 X 射线发生衍射
内能小而稳定	内能较大而不稳定

2.1.4　晶体类型

1. 离子键—离子晶格

离子键占主要地位的晶体结构为离子晶格。离子键的性质是：阴离子与阳离子都是一个带电子云的球体，它们靠静电吸引而成键。离子键没有方向性和饱和性，即在任何方向都可以成键，成键的数目不受原子的电子分布构型限制。由于离子键没有方向性和饱和性，离子与离子之间组成晶体结构时，往往可以达到最紧密的状态。代表性的离子键化合物如多种易溶盐。

2. 共价键—原子晶格

共价键占主要地位的晶体结构为原子晶格。共价键的性质是：原子与原子之间的电子轨道发生重叠、共用一对电子而成键。共价键具有方向性和饱和性，即在什么方向成键、能够形成几个键，都要受各原子外层电子分布构型限制。由于共价键具有方向性和饱和性，原子与原子之间以共价键组成晶体结构时，不能够达到最紧密的状态。典型的由共价键形成的材料有氧气（O_2）、硫酸等。

3. 金属键—金属晶格

金属键占主要地位的晶体结构为金属晶格。金属键的性质是：金属原子之间借助于在整个晶格内运动着的“自由电子”而相互维系，各金属原子外层电子分布呈球形，原子之间的键力没有方向性和饱和性，即在任何方向都可以成键，成键的数目不受原子的电子分布构型限制。金属原子形成晶体结构时，可以达到最紧密状态。金属键形成的代表性材料为钢、铸铁等及建筑使用的各种合金材料。

4. 分子键—分子晶格

分子键占主要地位的晶体结构为分子晶格。在分子晶格中，存在着“分子”，分子内部一般为键性很强的共价键，而分子外部则是很弱的所谓分子键。分子有自身的几何形态，不是球体，其几何形态决定于组成分子的各原子成键的构型。分子与分子之间堆积形成晶体结构时，可以达到紧密状态。分子键所形成的分子晶格类型的晶体，具有透明、不导电、硬度很小的物理性质。材料有高分子材料、复合材料等。

2.1.5 材料化学成分测定方法

对历史材料进行化学全分析可以判断其主要成分，通过成分判别材料类型或验证其他检测方法如岩相学、矿物学研究结果。成分的元素含量检测有无损方法（不需要取样，直接在现场测试）和实验室样品法（需要取样）。

实验室有损分析方法有多种，根据分析的任务、对象、操作方法、测定原理和具体分析要求的不同，可以分为成分分析、定量分析和结构分析；按其分析对象分为无机分析和有机分析；按分析试样量多少可分为常量分析、半微量分析、微量分析和痕量分析。通常，定量分析方法分为化学分析法和仪器分析法。

化学分析法：以化学反应为基础的分析方法，包括化学定性分析法、重量分析法和滴定分析法。通常用于高含量或中等含量组分的测定（即待测组分的含量一般在 1% 以上）。

仪器分析法：依据物质的物理性质及物理化学性质建立起来的分析

方法，通常使用特殊的仪器。仪器分析法的优点是操作简便而快速，具有较高的灵敏度，最适于生产过程中的控制分析，尤其适用于微量组分的测定。根据测量原理和信号特点，仪器分析方法可大致分为光学分析法、电化学分析法、色谱法和其他分析法 4 类。

光学分析法是依据物质对光的吸收、发射或拉曼散射作用等建立的光学分析法。属于这类分析方法的有原子发射光谱法、原子吸收光谱法、原子荧光光谱法、X 射线荧光法、紫外和可见光吸收光谱法、红外光谱法、荧光法、磷光法、化学发光法、拉曼光谱法、核磁共振波谱法和电子能谱法等。

电化学分析法是依据物质的电化学性质来测定物质组成及含量的分析方法。通过直接测定某些电化学参量（如电流、电位、电导、电量等），在溶液中有电流或无电流流动的情况下，研究、确定参与反应的化学物质的量的方法。属于这类分析方法的有电导法、电位法、电解法、库仑法、伏安法和极谱法等。

色谱法是一种从混合物中分离组分的重要方法，能够分离物理化学性能差别很小的化合物。当混合物各组分化学或物理性质十分接近，很难或根本无法使用其他分离技术进行分离分析时，色谱技术显示出其优越性。

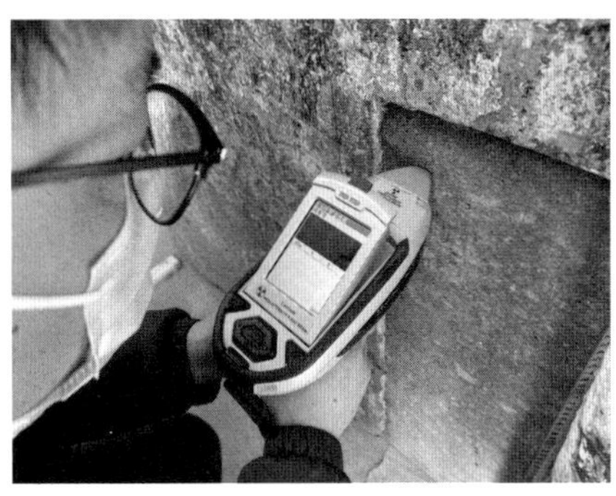

图 2-1 便携式 X 射线荧光光谱分析仪分析表层主要化学元素

其他分析法。便携式技术的发展为现场无损检测成分提供了方便，如 X 射线荧光光谱分析（XRF）可以快速检测出主要化学元素（图 2-1）。XRF 几乎可以分析原子序数大于等于 13 的所有元素，因此对许多元素的检测限甚至可以达到 ng 级，且分析速度快，测量再现性好。

2.2 无机胶凝材料

无机胶凝材料是历史建成材料中使用量大、应用面广的材料，理解其化学特征有助于理解其性质以及保护修缮时使用这类材料的原理。除黏土外，本节仅介绍石灰、水泥的基本化学知识，有关石灰、水泥的分类、特征分别见 10.1 节、10.2 节。

2.2.1 天然无机胶凝材料——黏土

天然无机胶凝材料主要指土。土主要是黏土矿物和石英等的混合物，如敦煌莫高窟壁画的地仗成分主要为绿泥石（黏土矿物）、石英、长石、云母等。但是，土中真正起粘结作用的是黏土矿物。黏土矿物的粘结作用主要源自其特殊的结晶结构。另外，黏土矿物在强碱性的石灰作用下会形成无机硅酸盐，有更好的耐久性及物理化学稳定性。

主要由黏土矿物组成的黏土是人类最早使用的粘结材料，用作砌筑抹面及装饰。黏土矿物是很细小的扁平颗粒，表面具有极强的与水相互作用的能力，颗粒越细，表面积越大，亲水能力就越强，对土的工程性质的影响也就越大。黏土矿物的主要代表性矿物为高岭石、伊利石和蒙脱石，由于其亲水性不同，当其含量不同时，土的工程性质也随之不同。

矿物可以按化学元素的组成分类，如碳酸盐、磷酸盐、氧化物、硅酸盐等，黏土矿物大多属于硅酸盐。黏土矿物晶体的原子排列与矿物颗粒的物理性质、光学性质和化学性质有非常密切的关系。所以必须对黏土矿物的结晶结构有详细了解，才可以更好地掌握黏土的工程性质。

黏土矿物的结晶结构主要由两个基本结构单元组成，即硅氧四面体和氢氧化铝八面体（也称三水铝石八面体）。硅氧四面体晶体单元如图 2–2 所示，4 个氧原子构成一个等边的四面体，4 个面均为等边三角形，在四面体的中心位置上有一个硅原子。每一个四面体底面上的 3 个氧原子与相邻四面体共用，以共价键的形式联结在一起，形成一个顶尖向上的四面体片。

氢氧化铝八面体结晶单元是由 6 个氧或氢氧离子以相等的距离排列而成，铝离子居中。同样八面体亦排列成网格层状结构，成为八面体片，以矩形简图表示。

四面体片与八面体片的不同组合堆叠，形成了不同类型的黏土矿物。常见的高岭石、蒙脱石和伊利石 3 类黏土矿物的化学组成见表 2–3。高岭石的晶格是由一个四面体片与一个八面体片重复堆叠而成的，称为 1 ： 1 型结构单位层，亦称为二层型（图 2–2）。

表 2–3　代表性黏土矿物化学组成

黏土矿物名称	化学组成	SiO_2 ： Al_2O_3
高岭石	$2Al_2O_3 \cdot 4SiO_2 \cdot 4H_2O$	2 ： 1
蒙脱石	$(Al_2Mg_3)(Si_4O_{10})(OH)_2 \cdot nH_2O$	4 ： 1
伊利石	$(K, Na, Ca)_m(Al, Mg)_3 \cdot (Si, Al)_8O_{20}(OH)_4 \cdot nH_2O$	1 ： 1

蒙脱石的晶格是由两个四面体晶片中间夹一个八面体晶片堆叠而成，称为 2 ： 1 型结构单位层，亦称为三层结构型。伊利石的晶格构造与蒙脱石相似，同属 2 ： 1 型结构单位层，但伊利石类在四面体片之间六角形网格眼中央嵌有一个钾原子。

高岭石类黏土矿物（表 2–4）中，结构单位层之间为氧与氢氧联结

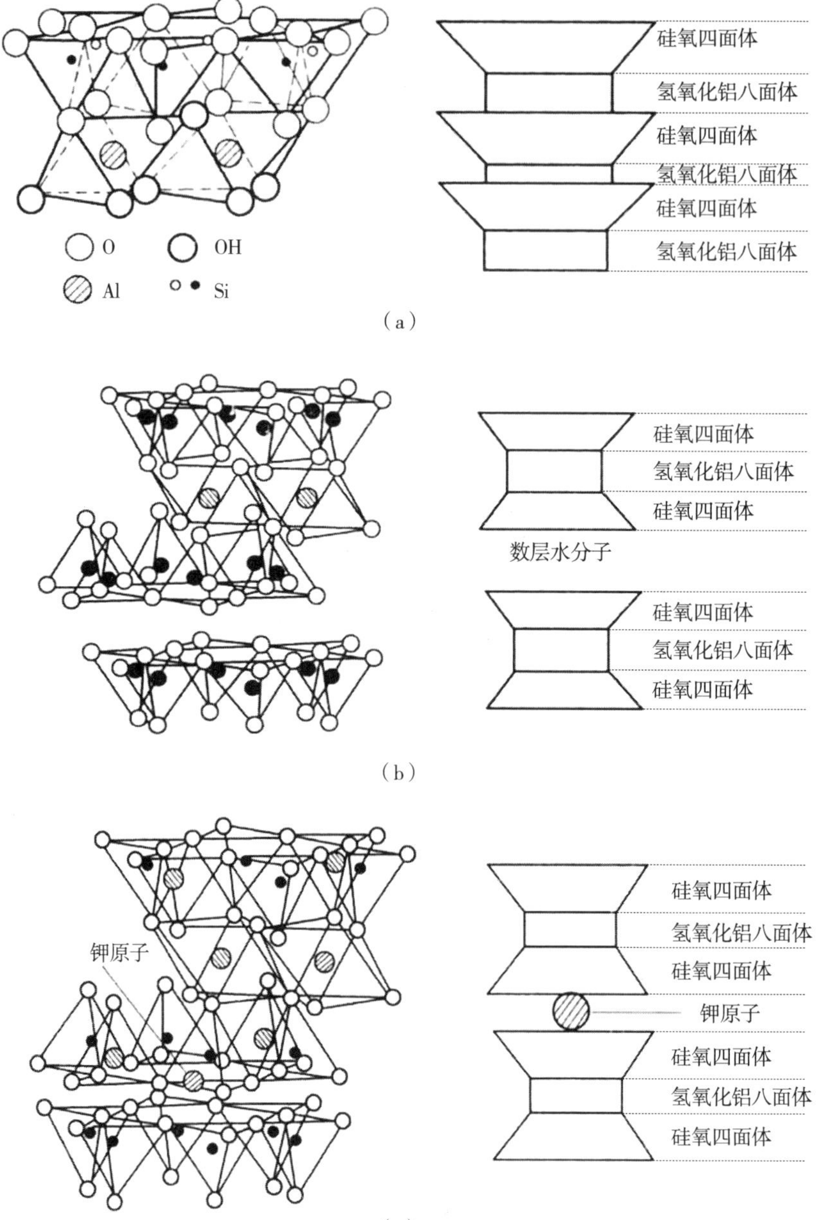

图 2-2 高岭石、蒙脱石、伊利石结晶结构示意图
(a) 高岭石；
(b) 蒙脱石；
(c) 伊利石

表 2-4 黏土矿物族构造分类

单元晶体构造特征	黏土矿物族	黏土矿物
1 ∶ 1	高岭石族	高岭石、地开石、珍珠石、陶土、埃洛石等
	埃洛石族	
2 ∶ 1	蒙皂石族	蒙皂石、拜来石、囊脱石、皂石伊利石、海绿石等
	水云母族	
2 ∶ 2	绿泥石族	各种绿泥石等
层链状结构	海泡石族	海泡石、凹凸棒石、坡缕缟石等

或氢氧与氢氧联结，单位层与单位层之间有较强的联结力，故高岭石在水中，结构单位层之间不会分散。晶格活动性小，浸水后结构单位层间的距离变化很小，所以高岭石的膨胀性和压缩性都较小。如传统藏式建筑外墙白色浆料以高岭石为主。

蒙脱石类黏土矿物中，结构单位层间为氧与氧联结，其键力很弱，易为具有氢键的强极化水分子楔入而分开。此外，在八面体中的铝离子（Al^{3+}）常为低价的其他离子如镁离子（Mg^{2+}）所置换，如此在八面体片层面上就会出现多余的负电荷，这些多余的负电荷可以吸附水中的阳离子如钠离子（Na^{+}）、钙离子（Ca^{2+}）来补偿，这些阳离子吸引极化水分子成为水化阳离子，水化阳离子进入结构单位层之间使层间距离增大。因此，蒙脱石的晶格活动性极大，表现出来的工程特性如膨胀性及压缩性都比高岭石大得多。含蒙脱石的土、砂岩都是一种极不耐水的材料。

伊利石矿物晶格结构虽与蒙脱石相似，但在单位层面之间嵌有带正电荷的钾离子（k^{+}），单位层之间的联结介于高岭石和蒙脱石之间，故表现出来的膨胀性和压缩性也介于高岭石和蒙脱石之间。

2.2.2 人造无机胶凝材料——石灰化学基础

1. 气硬性石灰化学基础

气硬性生石灰分成钙质生石灰和镁质生石灰两类。钙质生石灰的主要成分是氧化钙，与适量水消解（又称消化、熟化）得到的粉末是熟石灰（2–1），又称消石灰，呈膏状或粉状，其主要成分是氢氧化钙。

$$CaO+H_2O = Ca(OH)_2+64.9kJ \tag{2–1}$$

气硬性生石灰的固化需要空气中的二氧化碳和水参与，这一反应也叫作碳化作用（2–2）。

$$Ca(OH)_2+CO_2 = CaCO_3+H_2O \tag{2–2}$$

碳化形成的碳酸钙胶体可以结晶成文石、方解石等矿物。传统灰浆（详见 10.3.1 节）固化后的矿物组分中 50% ~ 90% 为方解石或文石。

固化的石灰砂浆在过多水存在的情况下，容易形成碳酸氢钙，发生淋蚀（2–3）。当固化的石灰遇到空气污染物如二氧化硫，会被腐蚀，形成石膏（2–4），其也会被腐蚀。

$$CaCO_3+H_2O+CO_2 \rightleftharpoons Ca(HCO_3)_2 \tag{2–3}$$

$$2CaCO_3+2SO_2+4H_2O+O_2 = 2CaSO_4 \cdot 2H_2O\text{（石膏）}+2CO_2\uparrow \tag{2–4}$$

2. 天然水硬性石灰化学基础

天然水硬性石灰为粉状的熟石灰，主要成分为氢氧化钙（20% ~ 50%）和二钙硅石（$2CaO \cdot SiO_2$），其和水泥的最大区别是，天然水硬性石灰不含或者含非常少的硅酸三钙（$3CaO \cdot SiO_2$）。其固化首先依赖二钙硅石的水化，形成硅酸钙凝胶（2–5）。

$$2(2CaO \cdot SiO_2)+4H_2O \longrightarrow C\text{–}S\text{–}H\ 凝胶 +Ca(OH)_2 \tag{2–5}$$

天然水硬性石灰进一步固化源自氢氧化钙的碳化［式（2–2）］。天然水硬性石灰固化后的砂浆除了骨料外，主要为硅酸钙凝胶、文石、方解石等。

2.2.3 人造无机胶凝材料——水泥化学基础

水泥是最重要的人造水硬性无机胶凝材料，它不仅是外墙装饰材料如水刷石、水磨石等的胶粘剂，更是混凝土的最重要原材料。大量的修复材料、性能提升材料等采用水泥作为主要胶粘剂。遗产保护修复领域用水泥又分天然水泥和人造水泥。本节主要介绍人造硅酸盐水泥（本教材除备注外，水泥均指人造硅酸盐水泥）有关的基本化学知识。

硅酸盐水泥是一种由水硬性硅酸钙矿物组成的熟料、少量的硫酸钙，以及 0 ～ 5% 石灰石共同磨细制成的一种水硬性胶凝材料。熟料是将适当成分的生料在高温下煅烧得到的直径约为 5 ～ 25mm 的粒状烧结物料。硅酸盐水泥采用二磨一烧的工法生产（图 2–3）。熟料的主要化学组分为氧化钙、氧化硅、氧化铝、氧化铁，次要组分为氧化镁、二氧化硫、水等。为了简化，水泥化学采用自有的一系列化学表述（表 2–5）。

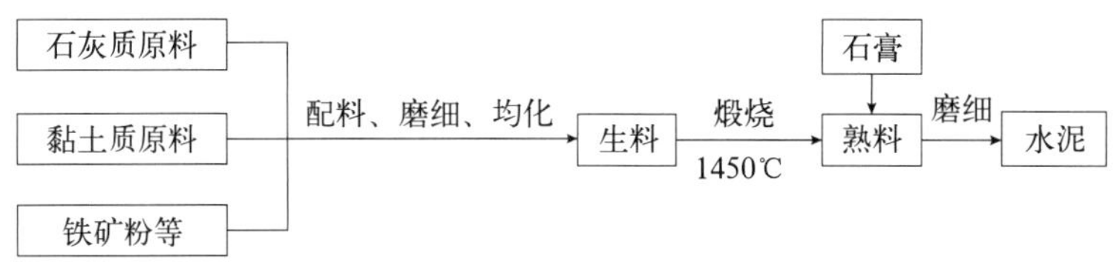

图 2–3 人造硅酸盐水泥生产工艺

表 2–5 水泥化学中氧化物符号

氧化物	CaO（氧化钙）	SiO_2（氧化硅）	Al_2O_3（氧化铝）	Fe_2O_3（三氧化二铁）	H_2O（水）	Na_2O（氧化钠）	K_2O（氧化钾）	MgO（氧化镁）
符号	C	S	A	F	H	N	K	M

生产出的水泥熟料的矿物组成主要有硅酸三钙（$3CaO \cdot SiO_2$），简写 C_3S，占 37% ～ 60%；硅酸二钙（$2CaO \cdot SiO_2$），简写 C_2S，占 15% ～ 37%；铝酸三钙（$3CaO \cdot Al_2O_3$），简写 C_3A，占 7% ～ 15%；铁铝酸四钙（$4CaO \cdot Al_2O_3 \cdot Fe_2O_3$），简写 C_4AF，占 10% ～ 18%。

水泥加水拌合后，成为可塑性浆体。随后，水泥浆逐渐变稠而失去塑性，但尚不具有强度的过程，称为水泥的凝结。凝结过后，水泥浆产生明显的强度并逐渐成为坚硬的固体，这一过程称为水泥的硬化。

整个过程均伴随着水泥的水化反应。

$$2(3CaO \cdot SiO_2) + 6H_2O = 3CaO \cdot 2SiO_2 \cdot 3H_2O + 3Ca(OH)_2 \tag{2–6}$$

$$3CaO \cdot Al_2O_3 + 6H_2O = 3CaO \cdot Al_2O_3 \cdot 6H_2O \tag{2–7}$$

$$4CaO \cdot Al_2O_3 \cdot Fe_2O_3 + 7H_2O = 3CaO \cdot Al_2O_3 \cdot 6H_2O + CaO \cdot Fe_2O_3 \cdot H_2O \quad (2-8)$$

为了调节水泥的凝结时间，生产时掺入适量石膏，这些石膏与反应最快的铝酸三钙的水化产物作用生成难溶的水化硫铝酸钙，覆盖于未水化的铝酸三钙周围，阻止其继续快速水化。其反应式：

$$3CaO \cdot Al_2O_3 + 6H_2O + 3(CaSO_4 \cdot 2H_2O) + 26H_2O = 3CaO \cdot Al_2O_3 \cdot 3CaSO_4 \cdot 32H_2O \quad (2-9)$$

水泥固化需要水，水（W）和水泥（C）的比例称作为水灰比（或称水胶比）。从理论上讲，水泥水化所需的 W/C 为 0.22 左右，但为使水泥浆体达到施工所要求的稠度，W/C 需达到 0.4 以上。硬化后的水泥石是由凝胶体、晶体粒子、毛细孔、凝胶孔，以及未水化的水泥颗粒（图 2–4）所组成，其中毛细孔由多余水分所占的空间产生。凝胶孔是存在于凝胶体中的孔隙，其尺寸较毛细孔要小。

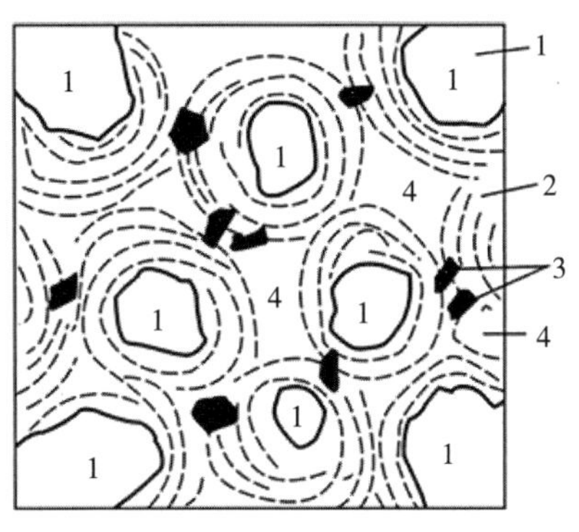

图 2–4 硬化水泥石结构
1– 未水化的水泥颗粒；
2– 水化产物凝胶体；
3– 水化产物晶体；
4– 毛细孔

2.2.4 无机硅酸盐

合成无机硅酸盐又称水玻璃，是一种由石英砂、纯碱、烧碱等生产出的能溶于水的人工合成材料，过去曾用作诸如土遗址面层固化等。

根据碱金属氧化物（R）的不同，水玻璃有：硅酸钠水玻璃（$Na_2O \cdot nSiO_2$）、硅酸钾水玻璃（$K_2O \cdot nSiO_2$）、硅酸锂水玻璃（$Li_2O \cdot nSiO_2$）等品种，最常用的是硅酸钾水玻璃。二氧化硅和金属氧化物的比例又称作水玻璃模数。

液体水玻璃在空气中吸收二氧化碳，形成无定形硅酸凝胶，并逐渐干燥而硬化。硅酸钾水玻璃（又称 PS 材料）固化化学反应为：

$$K_2O \cdot nSiO_2 + CO_2 + mH_2O = K_2CO_3 + nSiO_2 \cdot mH_2O \quad (2-10)$$

由于空气中 CO_2 浓度较低，这个过程进行得很慢，为了加速硬化和提高硬化后防水性，常加入促硬剂，促使硅酸凝胶加速析出。

虽然水玻璃的粘结性好，硬化后可明显提升强度，但是其应用范围需要严格限定：1. 可应用于如水泥制品、混凝土表层、松散干燥黏土等无机材料的加固，其中硅酸锂水玻璃是混凝土表层加固的重要原材料；2. 水玻璃固化过程中（2–10）产生的副产物如碳酸钠、碳酸钾在特定条件下可形成泛碱，也可以和大气、地下水、墙体中的硫酸盐结合，产生硫酸钠结晶膨胀，有时会加剧建筑材料如砖石的损坏；3. 水玻璃常出现渗透深度不足等问题，导致表面起壳。

2.3 水、酸碱、盐

2.3.1 水

水，化学式为 H_2O，是极性分子，可以溶解很多的物质。单个水分子的直径为 0.28nm。水在材料中以固体、液体和气态的形式存在。多种物质可溶解水中，在水中常见的酸和碱对历史材料的作用会导致各种化学变化。

液态的水如果溶解了电解质，其结冰时，冰比液态水的体积增加 1.1 倍，冰水体系中电解质（水溶盐）的浓度增加。液态水变为气体时，溶解的电解质（如溶解的阴阳离子）会残留在蒸发界面，部分会结晶成晶体，称作返碱（见图 3–11、图 3–12）。

2.3.2 酸碱概念及酸碱反应

酸碱的电离理论认为：电解质在水溶液中解离时，凡是解离出的正离子全部是 H^+ 的化合物都是酸；凡是解离出的负离子全部是 OH^- 的化合物都是碱。酸碱中和反应的实质是生成盐和水。在水溶液中全部电离的称为强酸（碱），部分电离的称为弱酸（碱）。酸碱的质子理论认为酸是质子的给予体，碱是质子的接受体。酸和碱的中和反应也是质子的转移过程。各种酸碱反应过程都是质子转移过程，所以根据质子理论，酸碱反应的实质就是两个共轭酸碱对之间质子转移的反应。

2.3.3 酸碱的强弱

酸碱的强弱取决于物质给出质子或接受质子能力的强弱。给出质子的能力越强，酸性就越强；反之就越弱；接受质子的能力越强，碱性就越强，反之就越弱。

酸碱的强弱可以用溶液中 H^+ 浓度或 OH^- 浓度的大小表示，H^+ 浓度越大，溶液酸性越强；OH^- 浓度越大，溶液碱性越强。在一定温度下，如果向溶液中加酸来增加 H^+ 浓度，因为 H^+ 浓度与 OH^- 浓度的乘积保持不变，则 OH^- 浓度必然减小。反之，如果向溶液中加碱来增加 OH^- 浓度，因为 H^+ 浓度与 OH^- 浓度的乘积保持不变，则 H^+ 浓度必然减小。当溶液中 H^+ 浓度或 OH^- 浓度小于 $1mol \cdot L^{-1}$ 时，用 pH 或 pOH 来表示溶液的酸碱性。表示为：

$$pH=-lg\{c(H^+)\} \tag{2-11}$$

$$pOH=-lg\{c(OH^-)\} \tag{2-12}$$

因此，25℃时，可根据 H^+ 浓度（或者 pH）的相对大小来判断溶液的酸碱性。

酸性溶液：

$$c(H^+)>10^{-7}mol \cdot L^{-1}>c(OH^-), \ pH<7<pOH \quad (2-13)$$

中性溶液：

$$c(H^+)=10^{-7}mol \cdot L^{-1}=c(OH^-), \ pH=7=pOH \quad (2-14)$$

碱性溶液：

$$c(H^+)<10^{-7}mol \cdot L^{-1}<c(OH^-), \ pH>7>pOH \quad (2-15)$$

2.3.4　酸、碱与材料的作用

酸对遗产建筑的材料会产生腐蚀作用，除了人的生活活动的酸（表 2–6）、清洗采用的酸等导致的腐蚀外，腐蚀性气体及相关的酸对历史材料的破坏有复杂的作用（详见 2.4.2 节）。腐蚀产生的水溶盐等对材料的表面颜色、质感、透气性等均产生影响。

表 2–6　一些可能和历史材料接触的常见液体的酸碱性

名称	pH
酸雨	4.6 左右
啤酒	4 ~ 4.5
唾液	6.5 ~ 7.5
石灰水	12.4
尿	5 ~ 7
醋	2.4 ~ 3.4
柠檬汁	2.4
牛奶	6.4

碱能分解油脂，所以有时会采用碱水清洗墙面。传统油漆在碱性基材（如石灰抹灰）上，油漆附着力会受到影响。碱也会破坏如铝合金金属材料等，安装铝合金、铜质门窗需要用保护膜保护，防止在工程中被水泥石灰腐蚀。碱也会在不耐碱的水泥中形成膨胀矿物而破坏水泥粉刷、混凝土等材料的结构。建筑上一种重要的碱是氢氧化钙，它与空气中的二氧化碳和水反应，碳化形成碳酸钙。碱对建筑材料保护可起到正面作用，也可以破坏建筑材料。其中新鲜混凝土由于氢氧化钙的存在而产生的碱性（pH=12.5）可有效保护钢筋免于锈蚀，而当 pH 降到 10 时，其防锈功能会失效。

2.4　水溶盐及其测评

水溶盐是几乎存在于所有遗产材料中的一种成分，是导致材料劣化、降低遗产价值的重要因素。在修复遗产建筑与文物实践中，需查明水溶盐的类型，评估其危害程度，制定科学有效的技术手段，在不损坏基材前提下降低易溶盐含量，延长材料的寿命。

2.4.1 水溶盐及其来源

1. 水溶盐的类型

按照盐（电解质）溶解度的大小，和遗产建筑保护相关的盐大体上可分为可溶、微溶和难溶 3 类，第二和第三类又合称为难溶盐。通常将在室温 20℃ 时溶解度小于 0.01g/100g 水的电解质称为难溶电解质（难溶盐）。易溶盐在水中的溶解度和温度存在一定关系（图 2–5）。温度越低，溶解度越低，从溶液中结晶的可能性越高。

遗产建筑及不可移动文物表面出现的水溶盐（图 2–6、图 2–7）按照化学成分有硫酸盐、硝酸盐、氯盐、碳酸盐（表 2–7），以及复合的盐。有些盐的状态和温湿度关系不十分明确，而有些盐在不同的温湿度可以出现不同的结晶状态。

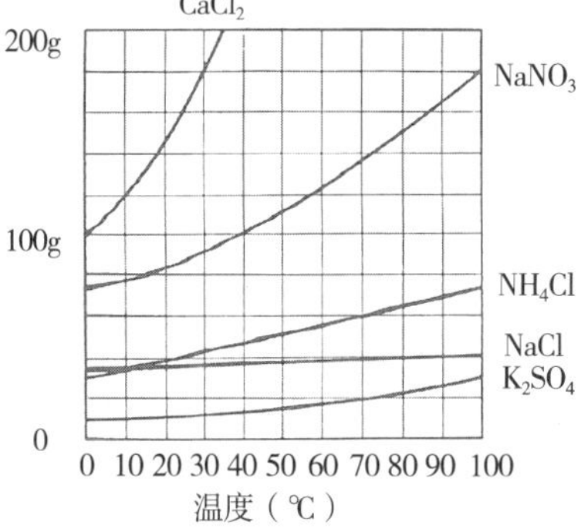

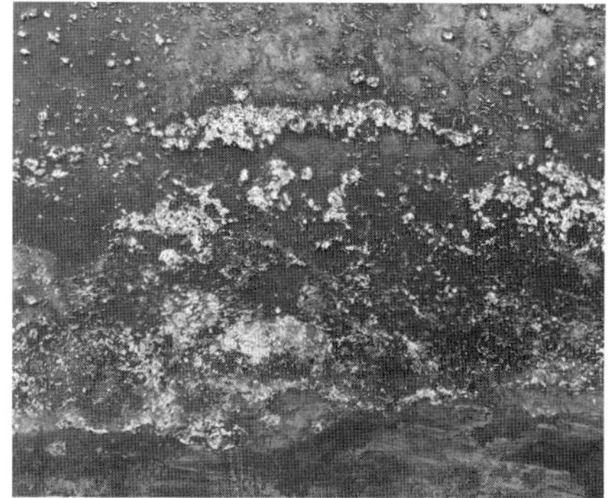

图 2–5 部分易溶盐在 1L 水中溶解度与温度的关系（左）（图片来源：R. Karstern）

图 2–6 文物建筑墙面传统石灰抹灰表面出现的结晶盐，常为硫酸盐和难溶盐碳酸钙混合物（右）

图 2–7 乐山大佛（左）的载体红砂岩表面盐结晶（右）

表 2–7　建筑面层常见的盐

类别	化学式	名称
硫酸盐	$MgSO_4 \cdot 7H_2O$	泻利盐（易溶盐）
	$CaSO_4 \cdot 2H_2O$	石膏（中溶盐）
	$Na_2SO_4 \cdot 10H_2O$	硫酸钠（易溶盐）
	$3CaO \cdot Al_2O_3 \cdot 3CaSO_4 \cdot 32H_2O$	钙矾石，见式（2–9），难溶解盐，具有膨胀性
硝酸盐	$Mg(NO_3)_2 \cdot 6H_2O$	硝酸镁（易溶盐，很强吸湿性）
	$Ca(NO_3)_2 \cdot 4H_2O$	硝酸钙（易溶盐，很强吸湿性）
	$5Ca(NO_3)_2 \cdot 4NH_4NO_3 \cdot 10H_2O$	钙氨复合硝酸盐（易溶盐，很强吸湿性）
氯盐	$CaCl_2 \cdot 6H_2O$	氯化钙（易溶盐，很强吸湿性）
	$NaCl$	食盐（易溶盐，很强吸湿性）
碳酸盐	Na_2CO_3	苏打（易溶盐）
	K_2CO_3	碳酸钾（易溶盐）
	$CaCO_3$	碳酸钙（难溶盐）

2. 水溶盐的来源

水溶盐的来源是复杂的，包括材料本身的风化产物（详见 2.5 节；图 2–8）、遗产建筑使用过程的人畜排泄物、污染环境（图 2–9）、自然水迁移聚集等。确定其准确来源的方法比较复杂，但对制定保护治理方案有重要意义。

研究新知

环球时报，第6079期，2023年11月2日

地球正变得越来越"咸"

据《华盛顿邮报》10 月 31 日报道，研究发现，人类活动正在使土壤、淡水和空气中的盐分越来越高，地球正在变得越来越"咸"。

发表在《自然综述：地球与环境》杂志上的一项研究报告表明，近几十年来，过量的盐已给淡水供应造成了严重问题。据统计，50年间，世界范围内约有10亿公顷土壤变得"更咸"，而一些盐湖干涸时，水分蒸发也会让含盐灰尘散入空气中。过多的盐不仅会让人口渴，也会让不少植物脱水或中毒。

在食用、农业之外，采矿、建筑等工业活动也是盐离子增加的原因。报告称，2013 年至 2017 年美国除冰用的道路盐占全国盐消费总量的44%。托莱多大学教授海因兹表示："盐分正在破坏水资源，需要采取积极主动的环境策略。"为此，美国部分地区正在尝试推广效果好且含盐量更低的甜菜汁作为道路盐的替代品。▲　（吕 克）

图 2–8　青砖中的泛碱和汉白玉的风化有关（拍摄于 2016 年，化学反应见 2–19）（左）

图 2–9 《地球正变得越来越"咸"》（右）（图片来源：《环球时报》）

2.4.2　盐对建筑材料的破坏机理

盐对材料的危害程度与盐的类型、盐的含量（在表层材料中的浓度）、温度及温差、湿度及干湿交替等因素有关。

难溶盐对遗产建筑材料主要是视觉的影响，一般不会导致材料的崩解。易溶盐对遗产建筑材料的危害较大，表现为起霜、褪色、表面风化变脆（粉化、砂化）、出现硬皮或硬壳等。从物理化学角度，盐危害的机理有 4 方面。第一，结晶膨胀（水溶盐的溶解与结晶作用）；第二，水溶盐的相变化；第三，产生次生矿物，如石膏与不耐硫酸盐水泥反应，形成钙矾石；第四，吸湿的水溶性盐如氯化物、硝酸盐能使材料在高相对空气湿度下变潮湿，促使微生物生长，降低材料的强度及耐久性，导致隔热性能降低，透气性降低。

水溶盐沉淀结晶和溶解是两个相反的过程。当溶解速率大于沉淀速率时，溶解过程是主要的。反之，当沉淀速率大于溶解速率时，沉淀过程是主要的，如果溶解速率与沉淀速率相等，在沉淀与溶解之间便建立了动态平衡，称为沉淀－溶解平衡。这种平衡和温度等有关。低温时，盐溶解度降低，沉淀结晶，这是冬季建筑和文物表面返碱明显的原因之一。

氯离子是广泛存在的一种离子，其不仅可吸湿，对钢材等也会产生严重的腐蚀。其锈蚀机理为：氯离子易渗入钝化膜，形成易溶绿锈，绿锈向混凝土孔隙液中迁徙，分解为褐锈，褐锈沉积于阳极区，同时释放氯离子和氢离子，回到阳极区，使阳极区附近孔隙液局部酸化，带出更多铁离子。氯离子不构成最终锈蚀产物，也不消耗，但促进锈蚀，起到催化作用。主要化学反应过程如下：

绿锈：

$$Fe^{2+}+2Cl^{-}+4H_2O = FeCl_2 \cdot 4H_2O \tag{2-16}$$

褐锈：

$$FeCl_2 \cdot 4H_2O = Fe(OH)_2+2Cl^{-}+2H^{+}+2H_2O \tag{2-17}$$

2.4.3 检测及危害性评估

目前常用于无机材料表层水溶盐的检测方法有多种，常用有两种方法，第一是采用X射线衍射法测定盐结晶矿物类型和含量，第二是离子色谱分析法，简称IC法，测定从无机材料固态样品中萃取的水溶液，然后再换算出阴阳离子在固态样品中的含量（表2–8）。

表2–8 易溶盐按照阴离子含量评估危害等级[①]

		固态材料中的含量（质量，%）			
盐的类型	Cl^{-}	≤ 0.03	0.03 ~ 0.10	0.10 ~ 0.30	≥ 0.3
	NO^{3-}	≤ 0.05	0.05 ~ 0.15	0.15 ~ 0.50	≥ 0.5
	SO_4^{2-}	≤ 0.10	0.10 ~ 0.25	0.25 ~ 0.80	≥ 0.8
危害等级		轻微	中等	严重	极其严重
评估及宜采取的技术措施		一般不需要采取措施	需要具体分析，重要的不可移动文物及其砖石构件或保存环境存在频繁干湿交替时，需要降低盐分	需要采取措施降低盐分，否则影响保护质量，或对砖石质文物产生持续破坏影响	需要采取紧急措施降低盐分

注：①参照中华人民共和国文物保护行业标准《文物脱盐处理规范 第四部分：砖石质文物（征求意见稿）》WW2020–006–T：附录B。

前述两种方法尽管可以检测出具体的盐离子类型以及含量，但取样方式对本体均有一定的损坏。近年来开发出多种无损检测方法检测水溶盐，但是其可靠性需要多方验证。

2.5 化学风化机理

2.5.1 无机材料的化学风化——以天然石材为例

岩石按其成因主要分为火成岩（岩浆岩）、沉积岩和变质岩 3 类。地表的岩石中有 75% 是沉积岩，火成岩和变质岩占约 25%。常见的沉积岩有砂岩、凝灰质砂岩、砾岩、黏土岩、页岩、石灰岩、白云岩、硅质岩、铁质岩、磷质岩等。

以天然石材为代表的化学风化类型复杂，但是可以大致分为溶解作用、氧化作用和分解作用。砂岩中的铁矿物 [如黄铁矿 (FeS_2)] 可以被氧化，形成褐色铁锈和硫酸，硫酸又会腐蚀其他矿物，如砂岩中的碳酸钙胶结物或周围的石灰基修复材料。

$$4FeS_2+15O_2+10H_2O = 4FeOOH+8H_2SO_4 \quad (2-18)$$

碳酸盐类岩石如石灰岩（又称青石、太湖石）不仅可被酸腐蚀，也可以被大气水腐蚀（2–3）。白云石 [$CaMg(CO_3)_2$] 在酸性条件下易被氧化分解：

$$CaMg(CO_3)_2+2SO_2+2H_2O+2O_2 = 2CO_2+MgSO_4+CaSO_4 \cdot 2H_2O \quad (2-19)$$

在花岗岩、砂岩等中存在的石英矿物比较稳定，而斜长石、正长石会被风化形成高岭石、伊利石等黏土矿物，风化过程形成的钙、钠、钾等离子可以加剧泛碱。

$$2K(2Na,Ca)AlSi_3O_8\text{（斜长石）}+8H_2O$$
$$= 2K(2Na,Ca)OH+2Al(OH)_3+2H_4Si_3O_8$$
$$= Al_2(OH)_4Si_2O_5\text{（高岭石）}+K_2O(Na_2O,\ CaO)+4SiO_2+6H_2O \quad (2-20)$$

$$3KAlSi_3O_8\text{（正长石）}+2CO_2+(14+n)H_2O$$
$$= 2K^++2HCO^-+6H_4Si_3O_8+ KAl_2[Si_3AlO_{10}(OH)_2] \cdot nH_2O\text{（伊利石）} \quad (2-21)$$

人造石材包括石英玻璃，其中的 SiO_2 组分在强酸、强碱和碱性化合物条件下会被腐蚀：

$$SiO_2+Na_2CO_3\text{（碱性清洗剂中含有的组分）} = Na_2SiO_3+CO_2 \quad (2-22)$$

2.5.2 有机材料的化学风化——以桐油为例

桐油在传统遗产建筑中使用非常广泛，尤其在建筑彩画中普遍存在。桐油是一种干性油，从桐树上的桐子提炼出来，桐子中含大约 50% 的油。桐油可以通过发生聚合反应后，在理想的时间内形成连续的半固态膜及全固态膜。在欧洲，经常使用的干性油是亚麻油、核桃油和罂粟油。在中国，主要使用的是桐油。

油干化指油从液态变成固态的过程。实验表明，仅植物油具有干化的性质。表 2–9 是常用干性油各种酸（饱和酸及不饱和酸）的含量。油的干化能力与油中所含的不饱和脂肪酸的浓度有关，因为成膜作用的关键是不饱和脂肪酸中 C=C 双键的氧化反应。干性油中不饱和脂肪酸的浓度至少要达到 65% 才具有明显的干化能力，其中亚麻油酸是干性油干化的关键成分。

表 2–9 常用干性油各种酸的含量

干性油	软脂酸（16：0）①	硬脂酸（18：0）	油酸（18：1）	亚油酸（18：2）	亚麻油酸（18：3）	P/S 比值②
亚麻油	6 ~ 7	3 ~ 6	14 ~ 24	14 ~ 19	48 ~ 60	1.4 ~ 1.9
核桃油	3 ~ 7	0.5 ~ 3	9 ~ 30	57 ~ 76	2 ~ 16	2.7 ~ 3.0
罂粟油	10	2	11	72	5	4.2 ~ 5.0
桐油	3	2	11	15	3（桐酸 75% ~ 80%）	1.5

注：①表示链长：双键数目；
② P/S 比值：硬脂酸和软脂酸的浓度比。

罂粟油比亚麻油的不饱和酸含量少，因此，罂粟油干化比亚麻油慢。核桃油含大约 12% 的亚麻油酸，所以干化比罂粟油稍快一些。桐油含有大约 75% ~ 80% 的桐酸（$C_{18}H_{30}O_2$，十八碳 –9、11、13– 三烯酸），是一种亚麻油酸的立体异构体，所以桐油大约两天后就完全干化，但形成的膜会收缩、抽皱、不平整。

桐油的特性是在受热的情况下会形成果冻状。如果在 270 ~ 290℃下加热直到变稠，就会形成一种平整、光滑，对水有一定抵抗力的膜。尽管它有一些其他优良特点，但形成的膜经常发暗。因此，在古代艺术品中它的用途不是很广泛，但在现代建筑壁画的制作中却广泛应用。

所有的干性油随着时间推移，都会变黄、变暗、变混浊等。不同的油变黄时间不同。一般来说，亚麻油比核桃油、罂粟油容易变黄。但阳光下稠化的亚麻油变黄性弱一些，含有的杂质会加快其黄化速度。干性油的聚合使它的碘值减小，降低黄化的灵敏性。引起黄化的化学反应还不确定，但有一点很清楚，即干性油在阴暗处比在阳光下容易变黄。如果将在阴暗处变黄的膜置于阳光下，黄色会淡化，膜会逐渐变白。

通过在线甲基化 – 热裂解气相色谱 – 质谱（Py–GC/MS）方法分析纯干性油胶粘剂经自然老化、湿热循环，以及紫外老化后的参比样品，可以确定各类干性油的特征裂解产物。分析结果表明，桐油等 5 种干性油的裂解产物主要是一元及二元羧酸，但所含羧酸的种类受老化方式影响明显。其中，湿热循环加速老化与自然老化样品中所检测到的组分基本一致，而在紫外加速老化样品中则检测到多种分子链较短的羧酸。

2.6　材料病害的环境因子

遗产建筑材料病害的产生往往是长期在其保存环境下形成的，是来自大气、土壤、水等环境因子在温、湿、光照等条件下与遗产建筑材料发生的物理，化学反应，以及生物作用的结果。遗产保护和环境密切相关。

2.6.1　腐蚀性气体

环境空气中腐蚀性气体种类繁多，常见的有 O_2、CO_2、SO_2、氮氧化合物（NO_x）、NH_3、H_2S、O_3 等。

氧气是一些材料固化所必需的，例如桐油等醇酸类油漆，其固化需要氧气参与。氧气是很多重要建筑材料老化崩解的主要因素。其与很多材料发生氧化反应，形成氧化物。氧气也与钢筋混凝土中的钢筋发生反应，使其生锈，体积膨胀 2.5 倍以上，导致锈蚀及混凝土开裂（见第 11 章）。

正常空气中含有约 0.03%（体积比）的二氧化碳，在有水存在时，空气中的二氧化碳可与水形成碳酸。碳酸是一种弱酸，对很多石灰岩、壁画及石灰批挡粉刷、大理石等产生腐蚀作用。在自然界，这一过程形成了诸如太湖石、喀斯特地貌等。当碳酸作用于壁画时，可以使壁画的粘结力减弱，进而失色。

氮与氧反应形成二氧化氮等，遇水变成亚硝酸，亚硝酸在空气中进一步氧化成形成硝酸。硝酸是一种强酸，能够腐蚀大多数石材、金属等。被硝酸腐蚀后的材料中会产生具有吸湿性的硝酸盐，使材料的耐久性降低。

来源于化学燃料（如煤）、工业废气等的二氧化硫和硫化氢是众多病害的罪魁祸首。其原理是：空气中微量的二氧化硫在有氧气和湿气存在时，形成硫酸。硫酸是腐蚀性非常强的一种酸，会对建筑上使用的金属、混凝土、装饰粉刷、天然石材等产生腐蚀作用，导致强度降低、变色等。如二氧化硫腐蚀铁的反应可以总结如下。

$$Fe+SO_2+O_2 = FeSO_4 \tag{2-23}$$

$$4FeSO_4+O_2+6H_2O = 4FeOOH+4H_2SO_4 \tag{2-24}$$

$$2H_2SO_4+2Fe+O_2 = 2FeSO_4+2H_2O \tag{2-25}$$

二氧化硫（SO_2）和硫化氢（H_2S）会腐蚀铜，形成蓝绿色的硫酸铜（$CuSO_4 \cdot 5H_2O$）。腐蚀性气体还是形成二次气溶胶污染，如硫酸盐、硝酸盐和铵盐等的重要前体物。

2.6.2　气溶胶与降尘

气溶胶指液相或固相微粒均匀地分散在大气中，形成相对稳定的悬浮体。包括土壤尘、海盐、工业粉尘、建筑尘、化石燃料产生的灰尘，生物质燃烧产生的灰尘，植物花粉，微生物细胞（细菌、病毒、霉菌和尘螨等），二次粒子等。通常把"大气气溶胶"和"大气气溶胶粒子"这两个概念等同起来，习惯上均指大气中悬浮的固体颗粒物或液滴粒子。气溶胶中的颗粒物不但会污染表面，而且会成为吸附和氧化某些气态污染物的媒介。其酸性组分还可直接侵蚀表面材料；富铁或富锰的气溶胶颗粒则是二氧化硫氧化为硫酸的催化剂。

大气中气溶胶与遗产建筑材料腐蚀主要表现在：

1）气溶胶中酸性组分（如硫酸盐、硝酸盐及小分子有机酸等）在一定的温湿环境下与遗产建筑材料表面或者矿物颜料发生酸化学反应。经长期作用，会风化、腐蚀、破坏此类材料。

2）气溶胶中含碳组分随气溶胶沉降在材料表面，形成降尘，覆盖、污损其原有色彩，使材料变得灰黑，遮掩原有色彩信息，影响其美学观赏价值和视觉效果。另外，气溶胶中碳组分还可与石质文物（如大理石）表面反应形成黑壳。

3）气溶胶中铁、锰元素会催化、加速低价含硫化合物（如 SO_2、H_2SO_3、SO_3^{2-}）转化为高价含硫化合物（如硫酸和硫酸盐），增强与文物表面的化学反应。

4）气溶胶中可溶性盐组分，如硫酸铵 $[(NH_4)_2SO_4]$、硝酸铵（NH_4NO_3）等会侵蚀陶质材料的光泽面或釉面，形成结晶盐，导致其酥解。

5）气溶胶同时还是各类微生物的载体，造成霉菌的传播，引起遗产建筑材料霉烂、腐朽。

思考题

（1）有机材料和无机材料在化学成分上的区别有哪些？

（2）天然无机胶凝材料黏土中的黏土矿物有哪些特点？为什么土不耐水？

（3）如何避免采用气硬性石灰材料修复遗产建筑时出现病害？

（4）天然水硬性石灰、气硬性生石灰、硅酸盐水泥在矿物成分上有哪些区别？

（5）易对建筑、文物产生危害的盐有哪些，作用机理是什么？

（6）表面泛碱的成因及检测方法有哪些？

（7）如何评估水溶盐的危害程度？

（8）为什么说环境保护也是遗产保护？

第 3 章　应用建筑物理学及防潮控湿材料

历史材料热湿方面的建筑物理特性决定了其耐久性。同时，历史材料病害的发生也与其所在的环境有着紧密关联。这意味着在保护遗产建筑时，需要同时考虑既有材料的建筑物理学性能，在明确不利于遗产保护的物理环境因素后，采取完善的措施管理或优化环境。此外，在利用遗产建筑时，也需要采用和遗产建筑兼容的材料和工艺，以提升耐久性，提高舒适度。本章重点介绍和遗产建筑保护相关的应用建筑物理学有关热湿知识、材料物理风化机理，以及能够提升围护结构性能的防潮控湿材料与环境控制方法。

3.1　材料的热湿特性

对遗产建筑材料病害发生影响较大的材料热湿物理特性包括材料的基本材性参数、热工参数和水物理学参数。其中，基本材性参数包括材料的密度、孔隙度等；热工参数包括导热系数、比热容等；水物理学参数包括水蒸气渗透系数和毛细吸水系数等。除了材性参数外，材料的热湿物理状态和环境条件也影响材料的病害发生及耐久性，如环境温湿度和材料湿度。本章选取了部分遗产建筑保护教材中不常涉及的材料特性与重要的环境参数进行介绍，同时也包括以上参数对材料性能的影响。

3.1.1　受潮与干燥

遗产建筑材料的受潮与干燥是影响材料耐久性和病害发生的两个重要过程，与材料特性和周边环境密切相关，许多对材料中水分传输问题的分析都需要用到材料的热湿传递参数和材料周边的环境参数。

遗产建筑材料多为多孔材料，如砖、岩石，以及混凝土等。多孔材料的特点是具有渗透性，即液态水和水蒸气都可以进入多孔材料并在其内部发生迁移。当液态水（如雨水）接触多孔材料后，其多孔结构所具有的毛细压力会自发地吸入液态水，同时液态水也会在毛细压力的驱动下在材料内部发生迁移。这一过程也影响了建筑材料中盐分的转移，因为毛细压力也会驱动盐溶液、有机溶剂等其他液体发生运动；此外，多数的建筑材料具有吸湿性，即在非绝对干燥的环境条件下能够吸附空气中的水蒸气，造成材料的含湿率上升。

与受潮过程相比，虽然水分能以多种方式进入建筑材料，但它离开的方式通常只有蒸发这一种。当多孔材料内部水分蒸发的速率大于吸收水分的速率时，多孔材料的含湿率将下降，即发生“干燥”过程。描述材料吸收液态水和湿度状况的参数为毛细吸水系数和材料含湿率。

3.1.2 毛细吸水系数

评估材料通过与液态水接触发生受潮情况的物理量是毛细吸水系数 [w，g/(m^2·s$^{0.5}$) 或 kg/(m^2·h$^{0.5}$)]，该系数表示材料在接触液态水时，单位面积材料每小时的 0.5 次方（或每秒的 0.5 次方）吸收的水的质量。根据材料 w 值的大小，国际上（如德国）将建筑材料分为透水型（w>2.0kg/m^2·h$^{0.5}$），厌水型 [0.5kg/(m^2·h$^{0.5}$)<w ≤ 2.0kg/(m^2·h$^{0.5}$)]、憎水型 [0.001kg/(m^2·h$^{0.5}$)<w ≤ 0.5kg/(m^2·h$^{0.5}$)] 和不透水型 [w ≤ 0.001kg/(m^2·h$^{0.5}$)]。

我国建筑使用的天然石材如石灰石（太湖石）、花岗石、火山凝灰岩（如环太湖的武康石）等的毛细吸水系数很低（表 3–1），一般小于 0.5kg/(m^2·h$^{0.5}$)，是建筑基础的常用材料。而烧结黏土砖的毛细吸水能力强，未采用桐油等处理的砖的毛细吸水系数很高，大于 2.0kg/(m^2·h$^{0.5}$)，甚至可以达到 15kg/(m^2·h$^{0.5}$)。

表 3–1 不同建筑材料在空气温度 20℃、相对湿度 60% 条件下实际含湿率与毛细吸水系数

建筑材料	实际含湿率（质量比，%）	毛细吸水系数 [kg/(m^2·h$^{0.5}$)]
致密石材	0.1 ~ 1	0.01 ~ 0.1
烧结黏土砖	0.8 ~ 1.8	15.0 ~ 30.0
混凝土	2.0 ~ 2.5	0.5 ~ 1.0
石膏	1.5 ~ 2.5	5.0 ~ 5.5
木材	12.0 ~ 15.0	2.0 ~ 3.0
聚苯乙烯绝热材料	5.0	1.0 ~ 3.0
塑料（如 PE、PVC）	0 ~ 0.3	0.0 ~ 0.1

3.1.3 湿阻—水蒸气渗透

在单位水蒸气分压力差的作用下，单位时间内通过材料传递的水蒸气质量被定义为水蒸气渗透系数 [kg/(m·s·Pa)]。常温常压下，静止空气层的水蒸气渗透系数为 2×10^{-10}kg/(m·s·Pa)。材料的水蒸气渗透系数除以材料厚度即为透湿率，表示通过特定厚度材料的水蒸气流量。

描述水蒸气在建筑材料中渗透的强度可用湿阻来表示。与热阻类似，湿阻是水分在墙体的传递中遇到的阻力。建筑围护结构的总湿阻由 3 部分组成（图 3–1）：第一部分为墙体材料本身的湿阻 μ_2，另两部分是内外表面湿阻 μ_1、μ_3，分别为内外表面对流传质系数的倒数，但与结构材料层的湿阻相比很微小，一般可忽略不计。

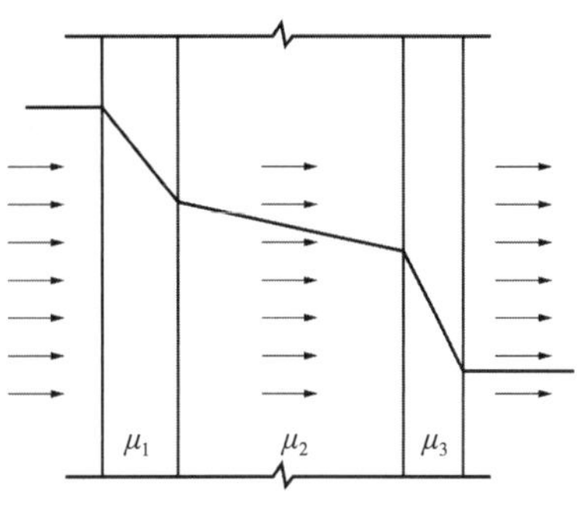

图 3–1　围护结构的水蒸气渗透过程

水蒸气在构件两侧的传播方向和温度、湿度相关（图 3–2），这种扩散优势会对需要保护的饰面，如清水墙外表面、室内壁画产生影响。

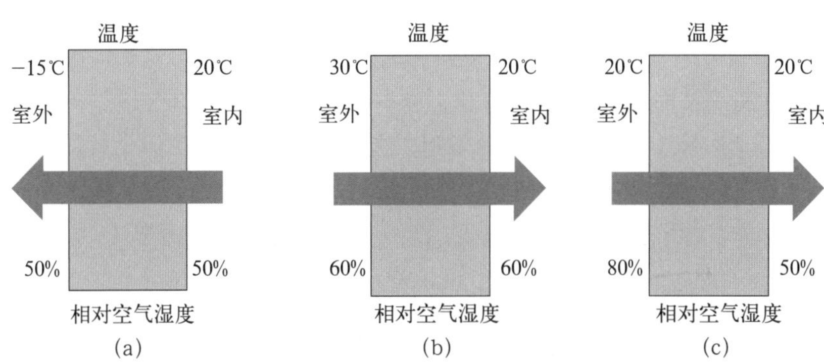

图 3–2　不同工况条件下水蒸气的扩散方向（参照 F.J. Hoelzen 补充）
（a）外冷内热；
（b）外热内冷；
（c）外湿内干

3.1.4　材料含湿率

建筑材料中所含水分的多少可以用质量含湿率（u，%）①，体积含湿率（Ψ，%），以及体积含湿量（ω，kg/m³）来描述。质量含湿率为材料中可蒸发水的质量与干燥材料的质量之比；体积含湿率是可蒸发水的体积与干燥材料的体积之比；体积含湿量是单位体积干燥材料中包含的可蒸发水的质量。

因为多数建筑材料的吸湿性，材料在湿空气中会从空气中吸收水分。经过一段时间后，材料的含湿率可与所处的空气达到湿平衡，这时材料的含湿率称为实际含湿率。不同材料的实际含湿率不同，同一种材料处于不同的空气温度和相对湿度下，其实际含湿率也不同，不同建筑材料在空气温度 20℃、相对湿度 60% 的室内条件下实际含湿率与毛细吸水系数见表 3–1。

3.2　材料的物理风化

3.2.1　物理风化机理

1. 冷热变形

冷热变形是材料在吸热过程中发生体积膨胀收缩的现象。为了描述方

---

① 也称含水率。本教材其他章节的含水率等同本章的含湿率。

便，固体材料采用线性膨胀系数描述，单位为 10^{-6}/K，而流体及气体则采用体积膨胀率来描述。花山石灰岩的线膨胀为 $4\times10^{-6}\sim5\times10^{-6}$/K，水泥为 $6\times10^{-6}\sim14\times10^{-6}$/K，混凝土为 $9\times10^{-6}\sim12\times10^{-6}$/K，无机修复砂浆（防潮吸盐类）为 $6.2\times10^{-6}\sim7.4\times10^{-6}$/K，黏土砖为 5×10^{-6}/K，软 PVC 塑料为 $125\times10^{-6}\sim180\times10^{-6}$/K，普通玻璃为 $4.5\times10^{-6}\sim7.6\times10^{-6}$/K。可以看出，无机材料的线性膨胀系数接近，而有机材料的线性膨胀系数是无机材料的 50 ~ 100 倍左右。

自然界的温差大部分是太阳辐射的热作用导致的（详见 3.2.2 节），太阳辐射导致材料非线性的温度分布以及热膨胀变形，产生表面和内部温度应力，在长期的温度循环作用下导致材料发生起壳、掉粉、开裂、脱落等破坏或性能弱化，甚至会导致结构的强度降低。

2. 干湿变形

随着材料含湿量增加，材料会发生各向异性的变形。吸湿材料如木材、无机胶粘剂等，在相对湿度上升时会吸收水分膨胀，下降时会蒸发水分收缩。含黏土矿物的石材、烧结黏土砖等，在吸湿过程中由于黏土矿物的吸水（详见 2.2.1 节）会发生剧烈变化。干湿循环会导致材料翘曲、错位、空鼓、开裂等（图 3–3）。

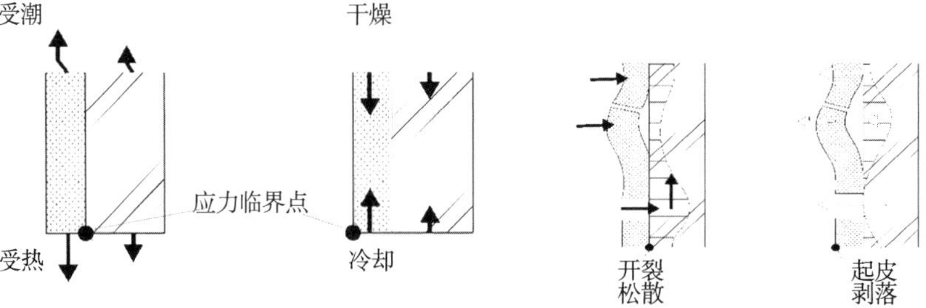

图 3–3 冷热、干湿变形导致表面开裂机理示意图

3. 冻融

在寒冷地区，冻融破坏是建筑材料主要病害之一。以混凝土结构为例，含湿混凝土受到冻融作用时，水在混凝土毛细孔中结冰造成的冻胀开裂使混凝土的弹性模量、抗压强度、抗拉强度等力学性能严重下降，内部结构构造发生松弛、微裂缝和剥蚀等，危害结构物的安全性。

对于混凝土冻融破坏的机理，目前主流的解释是 Powers 提出的静水压假说和渗透压假说。静水压力假说，即混凝土的冻害是由混凝土中水结冰时产生的静水压力引起。水结冰时体积膨胀达 9%，若水泥石毛细孔中含水率超过某一临界值（91.7%），则孔隙中的未冻水被迫向外迁移，这种水流移动将产生静水压力，作用于水泥石上，造成冻融破坏。渗透压假说认为，水泥石体系由硬化水泥胶凝体和大的缝隙、稍小的毛细孔和更小的凝胶孔组成，这些孔中含有碱性溶液。随着温度下降，水泥石中大孔先结冰，由于孔溶液呈碱性，冰晶体的形成使这些孔隙中未冻水溶液浓度上升，这与其他较小孔中未冻溶液之间形成浓度差，碱离子和水分子都开始渗透。小孔中水分子向浓度高的大孔溶液渗透，而大孔中碱离子向浓度较低的小孔溶液渗透。由于水和碱离子在流经水泥石时，受到阻碍的程度不同，两者渗透速率不同，大孔中水将增多，渗透压随机产生。冻融对混凝土的破坏是由静水压力和渗透压力共同作用的结果。

冻融病害发生的程度和材料的含湿率有关，过程比较复杂。在饱和水情况下，冰冻时材料会发生膨胀，冰融化后材料会收缩（图 3–4）。多次冻融循环会导致开裂，微裂纹也不断扩大。而在含湿率低的状态，冰冻时材料会发生收缩，升温后材料会一定程度恢复，冻融对干燥材料的破坏很弱。

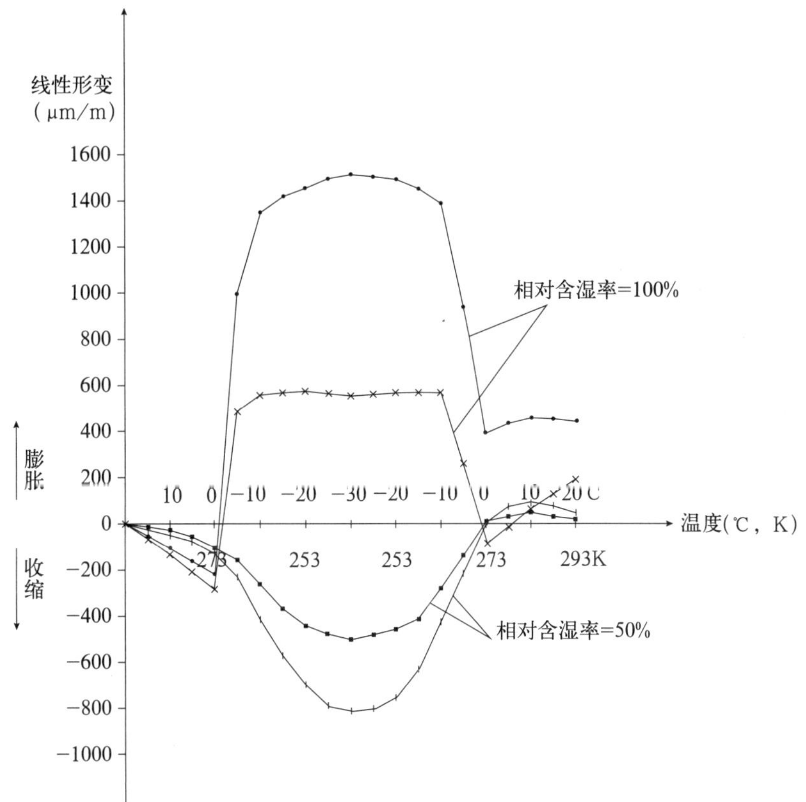

图 3–4　不同含湿率天然石材在冻融循环过程中体积变化简化图

3.2.2　物理风化相关的环境参数

1. 空气相对湿度与冷凝作用

空气相对湿度（RH）是空气中水蒸气的分压力和同一温度时饱和空气水蒸气饱和分压力之比。结露指空气温度下降到空气露点温度及以下时发生的水蒸气凝结现象，发生结露现象时，水蒸气分压力为露点温度下饱和空气的饱和水蒸气分压力。

凝结水使材料在没有外来液态水的作用下受潮，建筑材料受潮后，会加速其损坏和老化，出现强度降低、变形，增加开裂、脱落风险，影响材料的耐久性。冷凝会溶解空气污染物（包括二氧化碳），并重新溶解材料风化产物，通过水分传递带到材料表面或内部，以盐的形式沉淀。表面和缝隙中的冷凝和潮湿还会导致微生物甚至昆虫的繁殖，建筑材料在生物体溶解、酶解、细胞吞噬等作用下会不断失去原有属性。

冷凝发生的场景有：

1）围护结构或者材料的表面温度低于空气露点温度；

2）围护结构或者材料内部界面水蒸气分压力达到饱和水蒸气分压力。

在保护工作中，环境检测和监测的任务之一是确定重要饰面是否发生结露以及结露的时间、范围等。对不同的遗产建筑要采取不同的方法预防结露，原则上可以通过增加围护结构的保温性能、增设隔潮层、使用环境控制设备等方式提升材料表面温度，或者降低材料所处环境的湿度。

2. 风

气候学把水平方向的气流叫作风，风吹来的方向称为风向。风力指风吹到物体上所表现出的力量的大小，用来表示风的大小。一般根据风吹到地面或水面的物体上所产生的各种现象，把风力的大小分为 18 个等级，最小是 0 级，最大为 17 级。风速是风在每秒内移动的距离，相邻两地间的气压差越大，空气流动越快，风速越大，相应的风力也就越大。

建筑墙面或遗址存在的坑洼会导致风力集中，使材料表层片状或块状脱落形成更大面积的坑洼，造成掏蚀坑槽出现，严重时甚至出现孔洞，并成为风力作用的新对象。

3. 太阳辐射

太阳辐射本质上是由发光体发出的一种全波段能量辐射（图 3–5），光谱的主要波长范围为 0.15 ~ 4μm，可划分为几个波段：波长短于 0.38μm

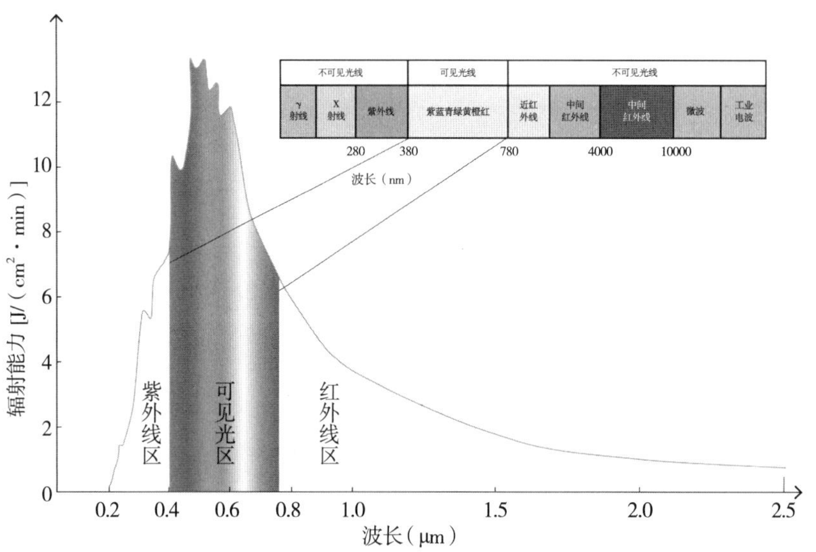

图 3–5 太阳辐射光谱

的称为紫外波段，0.38 ~ 0.78μm 的称为可见光波段，波长长于 0.78μm 的则称为红外波段。太阳总辐射由直射辐射和散射辐射组成。

太阳辐射的紫外线波段中高频率、高能量的辐射会导致文物变色，同时紫外线与油饰中主要成分会发生光氧化等反应，使得漆皮表面光泽度降低或失去耐久性。

太阳辐射的可见光与红外线波段增加了照射面的温度，形成周期循环变化的温度差，这是发生冷热变形的主要因素。

4. 空气污染物

空气污染物包括大气污染物和室内空气污染物，对不可移动文化遗产而言，大气污染物对本体的影响除了化学作用（详见 2.6 节）外，还有物理等作用，这些作用导致的黑色结壳一方面降低材料的透气性，另一方面吸热，会加剧空鼓及皮壳状脱落。

3.3　绝热材料及其应用

遗产建筑常由导热系数、热膨胀系数，以及水蒸气渗透性能等各异的材料建造而成。在修缮中，可以根据环境条件适当应用绝热材料，减小不同建筑材料中温度的变化，从而减少材料膨胀差异带来的尺寸改变；也可以提升建筑内表面的温度，减少材料内表面的潮湿和冷凝状况，避免相关病害的发生；同时，绝热材料的应用也有可能提升遗产建筑的室内物理环境，促进遗产建筑再利用。但是在遗产建筑保护中，绝热材料和保温系统的选择设计要优先保护有价值的饰面，避免产生次生潮湿病害。

3.3.1　绝热材料简介

1. 性能与参数

对绝热材料的一般性要求包括热工性能、耐久性和防火性能（表 3–2）。实际工程选择绝热材料时，需注意其生产商和原材料、物理和技术性能、使用范围、产品交付形式和加工处理、施工工艺等信息。每种绝热材料都有其应用的局限性，在实际工程中应根据具体设计安装的保温系统进行绝热材料的评估与选择。

表 3–2　绝热材料的性能参数

名称	单位
密度（ρ）	kg/m^3
导热系数（λ）	W/（m·K）
透湿因子（μ）	—
水蒸气渗透系数（σ）	kg/（m·s·Pa）
燃烧等级	—

续表

名称		单位
比热容（c）		J/（kg·K）
压缩强度		kPa
剪切强度标准值（F_{rk}）		kPa
垂直于表面的抗拉强度标称水平（TR）		kPa
动态弹性模量（S'）		MN/m^3
尺寸稳定性（长度、宽度和厚度的相对变化率）		%
其他	产品环保声明（EPD）	—
	应用（参照相关应用标准）	
	产品标准（参照相关产品标准）	

除了以上一般性要求外，还需要仔细评估材料的其他特性，例如隔声性能以及对环境和人类健康的影响。

2. 常用绝热材料特点

根据绝热材料原材料的不同，绝热材料可以分为“有机”和“无机矿物”绝热材料，或者也可分为“天然”或“人工合成”绝热材料。其中，“天然”和“人工合成”以绝热材料的基本材料作为评判依据，不包括其他如增强纤维、防火剂或防水剂等添加剂。作为天然绝热材料，其人工添加剂比例不能超过25%，有的质量标识体系还可能会提出更加严苛的要求。按照绝热材料的形态，绝热材料又可分为纤维状、微孔状、气泡状、膏（浆）状、粒状、复合型、板状、块状等。目前，市场上常用的绝热材料种类丰富，如轻质黏土、挤塑聚苯乙烯泡沫塑料、模塑聚苯乙烯泡沫塑料、聚氨酯泡沫塑料、岩棉、硅酸钙绝热制品和气凝胶（表3–3）。

表3–3　几种常见保温材料性能

绝热材料	导热系数[W/（m·K）]	燃烧等级	材料特点
轻质黏土	0.15 ~ 0.22	A ~ B_1	密度0.5 ~ 1.2t/m^3，吸水、透气，作为填充材料
挤塑聚苯乙烯泡沫塑料	0.025 ~ 0.042	B_1、B_2	吸水、防潮、超抗老化、导热系数低； 质轻、不透气、耐腐蚀； 内部为独立的密闭式气泡结构； 压缩强度较高，可以承受一定荷载
模塑聚苯乙烯泡沫塑料	0.039 ~ 0.041	B_1、B_2	高密度的模塑聚苯乙烯泡沫塑料板材具有很高的强度，可以承受一定荷载
聚氨酯泡沫塑料	0.020 ~ 0.026	不具有阻燃性，需额外加入阻燃剂	有各类软质、硬质、半软半硬的聚氨酯泡沫塑料
岩棉	0.032 ~ 0.048	A	不燃、不蛀、耐腐蚀等
硅酸钙绝热制品	0.045 ~ 0.10	A	因其毛细活性而具备较好的湿度缓冲能力，对构造中产生的冷凝水有较好的耐受性
气凝胶	0.014 ~ 0.028	A	拥有优异的隔热和防火性能，在太阳光谱范围具有高透射率

3.3.2 保温系统

在建筑实践中，常用的保温系统有外保温系统、内保温系统和夹心保温系统（图 3–6）。

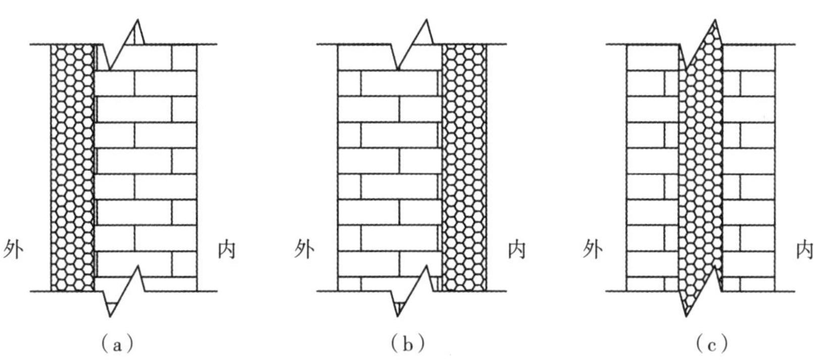

图 3–6　建筑外墙保护系统
（a）外保温系统；
（b）内保温系统；
（c）夹心保温系统

它们的使用受到遗产建筑不同建筑特征与状况的限制，各有优缺点（表 3–4）。

表 3–4　不同保温系统的优缺点对比及在遗产建筑中应用的可能性

对比	外保温系统	内保温系统	夹心保温系统
优点	降低室外热负荷影响	缩短室内升温时间	建筑物理性能最优
	热桥处理直接简单	安装便捷	可利用原先的构造层
	可安装较厚材料层	价格较低	—
	—	施工不受外部天气影响	—
	—	可进行霉菌预防措施	—
缺点	保温材料的防雨保护	夏季隔热较差	需保持绝热材料干燥程度
	改变房基线	防火要求	外层墙体冻害风险
	登高作业价格	居住面积减小	绝热材料填充技术
	影响城市风貌	妨碍住户使用	难以事后修补
	外表面微生物滋生	热桥处理较复杂	—
	—	冷凝水风险	—
	—	墙体干燥能力下降	—
遗产建筑建议应用场景	外墙不是重点保护部位，内部有壁画彩绘并出现严重冷凝水病害；在列入遗产名单时已经使用了外保温	详见 3.3.3 节	一般不适用

3.3.3 内保温系统

内保温系统中的绝热材料被安装在承重结构的室内侧，不会改变建筑立面的外貌特征，适合于多数遗产建筑的提升改造，安装也较外保温系统更方便。但是在建筑遗产围护结构内侧安装内保温系统时，有可能会使原有的没有做保温的围护结构在冬季时的温度降低，这不仅会减弱原始围护结构的干燥能力，而且可能会导致原有结构的内表面出现冷凝水。

所以，在使用内保温系统前，必须做好湿度管理设计。目前有两种处理外墙潮湿和阻止冷凝水的内保温系统，分别是隔汽型系统（vapour impermeable systems）和毛细活性透气型系统（capillary active vapour permeable systems）。

1. 隔汽型内保温系统

隔汽型内保温系统通过隔汽型内饰面材料、致密的室内抹面或者隔汽型绝热材料阻止水蒸气向墙体内的扩散（图 3–7）。其优点是可以避免构造内部冷凝水累积，但同时也使得墙体构造中既有的水分（在室外较潮湿的情况下）无法从隔汽层干燥出去。如果此系统的墙体出现雨水渗漏，那么墙体潮湿问题将会变得非常严重。这也导致了该系统对节点设计和现场施工质量的要求非常高，在实际工作中实现难度大。

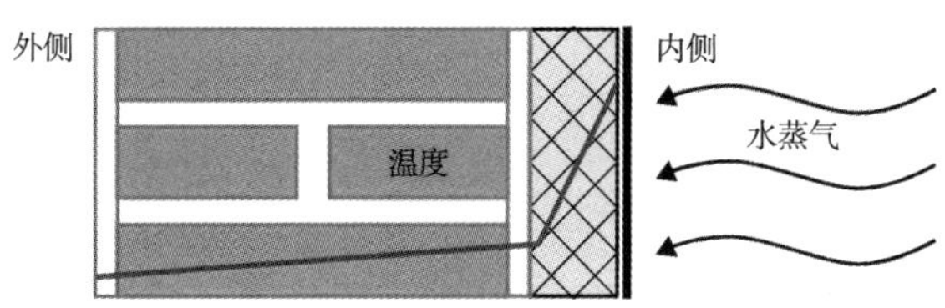

图 3–7 隔汽型保温材料的工作原理

还有一种是阻汽型内保温系统（vapour retardant systems），该系统与隔汽型内保温系统相似，但是与隔汽型内保温系统相比，仍拥有一定的水蒸气透过性能，能够在一定程度保障构造中水蒸气朝着构造干燥一侧扩散并蒸发，具有有限的干燥能力。

2. 毛细活性透气型内保温系统

此类内保温系统具有一定的吸湿和储湿能力，即允许一定量的水蒸气以扩散形式进入墙体，且当构造中出现冷凝水时，可通过毛细作用将水分传递到其他较干燥部位。在室内湿度降低时，该系统中的水分能在构造中再次迁移并向室内侧干燥。正是由于透气与毛细活性型内保温系统的吸湿和储湿能力，该系统也可起到调节室内湿度的作用，同时也保护了构件；此外，该系统的毛细活性也能确保冷凝水在绝热材料层中的快速分布，同时在加速墙体或屋面的干燥过程中，保障绝热材料的绝热性能（图 3–8）。

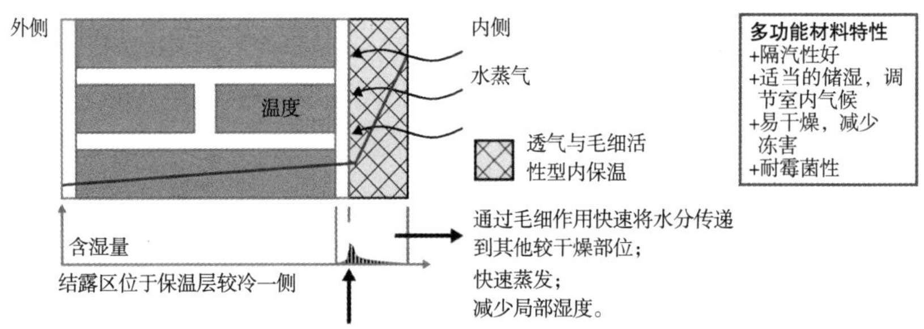

图 3–8 毛细活性透气型内保温系统的工作原理

3.4　防水材料及其应用

水的存在形式有固态、液态和气态，并且不同的形式之间也会伴随吸放热过程发生转变，对遗产建筑产生不同的影响（图 3–9），对于不同类型的水分需要采取不同的治理或预防措施，如对已经受潮的本体需要采用措施降低含湿率以满足使用或展示的需要，外墙采用憎水处理或涂刷涂料（详见第 5 章）等可减少雨水进入。措施和材料的选择需要根据气候环境、保护级别、结构类型、使用性质等确定（图 3–10）。阻止液态水进入建筑本体的材料称作防水材料。不改变颜色，只改变材料表面湿润性能、降低毛细吸水系数（详见 3.1.3 节）的材料则称作憎水材料。

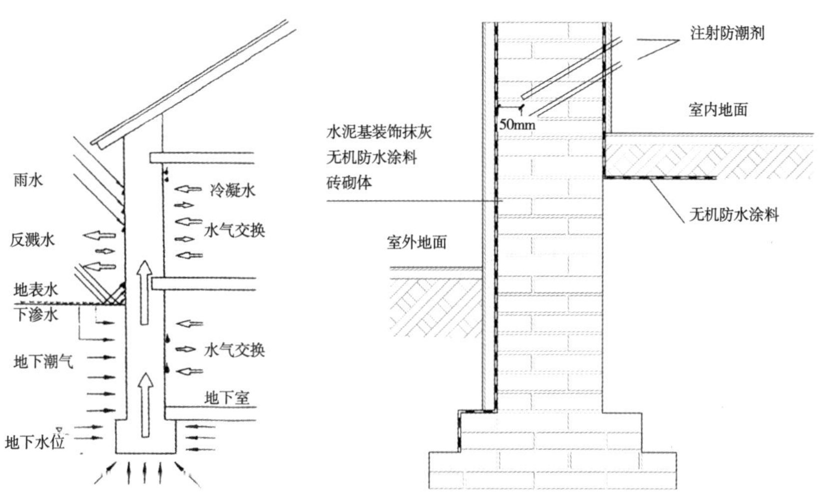

图 3–9　北方（如天津）低地下水水位带地下室的围护体外立面的水的类型（左）

图 3–10　以上海某建筑为例的落脚防水防潮处理方法及材料类型（2000 年实施）（右）

3.4.1　围护结构防雨水

在类似中欧（德国）气候条件下，外立面应尽可能不吸水，同时保持高的透气性。这样的外立面会保持干燥的健康状态。外立面防雨水的材料类型有多种：第一种为遮盖成膜涂料（详见 5.7 节），但是涂刷涂料后墙面会变色，质感会被改变，透气性也会降低至少超过 50%；第二种为透明成膜封护剂。处理后质感会被改变，透气性也会降低至少超过 50%；第三种为无色浸渍憎水材料，处理后颜色质感不改变，透气性减低约 50%。浸渍材料的类型很多（表 3–5），选择何种材料应根据基材的类型、所处的气候环境、盐危害程度和造价等决定。

3.4.2　憎水材料及其应用

减少雨水进入围护体的憎水材料类型较多，包括有机硅（硅烷 – 氧硅烷）、氟基材料等。但是从生产安全性、使用安全性角度，在具体保护实践中目前主要使用的是有机硅（表 3–5）。

表 3–5 可以达到立面防雨水的浸渍材料类型

材料类型	优点	缺点
溶剂型有机硅	渗透性好，有超过 30 年的使用经验。不同类型的材料采用不同的有机硅，需要请专业的技术人员提供咨询	溶剂型，危险品
溶剂型有机硅与丙烯酸树脂复合材料	憎水的同时具有增强的效果，颜色有加深的效果	溶剂型，危险品
水性有机硅乳液	比较环保，但是由于在旧的墙体表面渗透差，效果比较差	与油性比较低渗透深度
微乳液（SMK）	不含溶剂，稀释直接使用，微潮湿也可以使用	需要在工地稀释
膏状有机硅	有效组分较高，和基材接触时间长	施工不当，容易变色与发亮
复合植物油（木植油）	历史上的传统技术。在传统建筑外表面等均发现油砖，即刷过桐油的旧砖	毛细吸水性降低到 2.0kg/（$m^2 \cdot h^{0.5}$）

需要注意的是，这类材料使用后改变了毛细活性透气型材料的水蒸气扩散特点（图 3–11 中 1 与 3 的区别）。憎水处理后的材料尽管保持一定的透气性，但是在蒸发过程中溶解在水中的盐分在水由液态变为气态后结晶聚集在憎水处理层和未处理的界面（图 3–12）。干湿交替长期积累，会导致憎水处理层脱落。

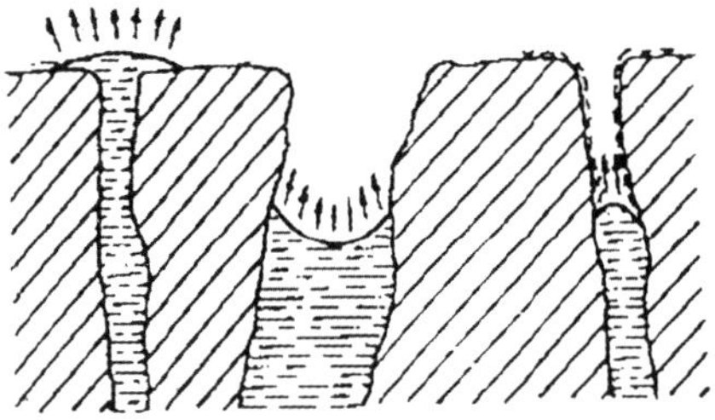

图 3–11 不同材料表面液态水扩散示意图
1– 毛细活动性毛细孔隙；
2– 毛细活动性大孔隙；
3– 憎水处理后的毛细孔隙

所以只有在下列情况下才推荐使用憎水材料：1）外墙存在

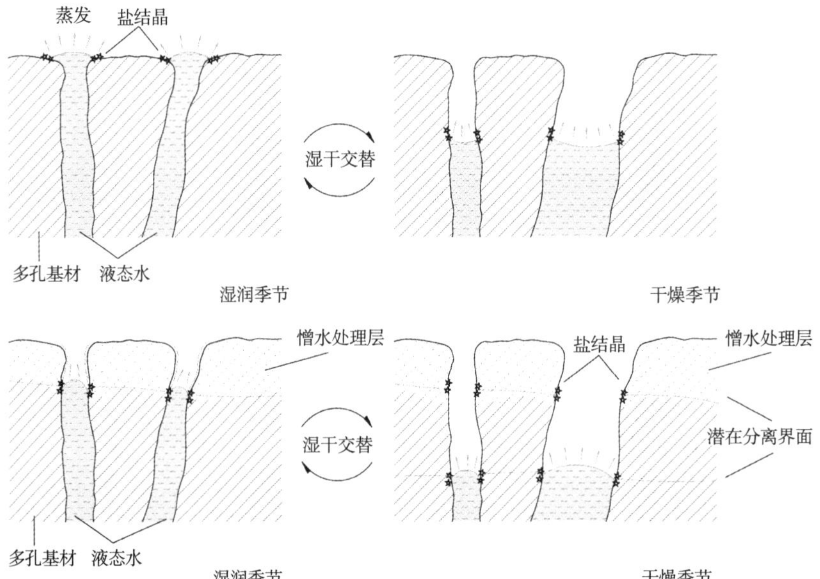

图 3–12 憎水处理后墙面在干湿交替过程中盐的结晶部位示意图

严重的雨水渗漏而外观不能改变；2）非渗透性涂料（见第 5 章）不被许可；3）其他方向来源的水（含上升毛细水）已经被隔断；4）其他方法不被许可采用。

下列情况下建议禁止采用憎水材料：1）无大气降水；2）处于石窟寺等无雨水的环境下；3）始终处于潮湿，如冷凝水的环境下；4）待处理材料中含较高水溶盐（图 3–13）。

根据历史砖石砌体所处的环境（降水量与蒸发量）及水溶盐危害程度，可将墙面分成 4 类，即 4 个分区（图 3–13）。A 区：可采用渗透型憎水剂处理；B 区：慎重采用憎水处理，有必要时在局部部位进行处理，需要注意的是，局部处理可能会增加其他部位雨水的负荷；C 区：宜禁止采用憎水处理；D 区：降低水溶盐后再评估，在未消除水、盐源头的前提下，原则上不宜采用憎水处理。城墙、桥梁等构筑物，极重要文物建筑或已经失去建筑功能的遗址等，均不宜采用憎水处理。

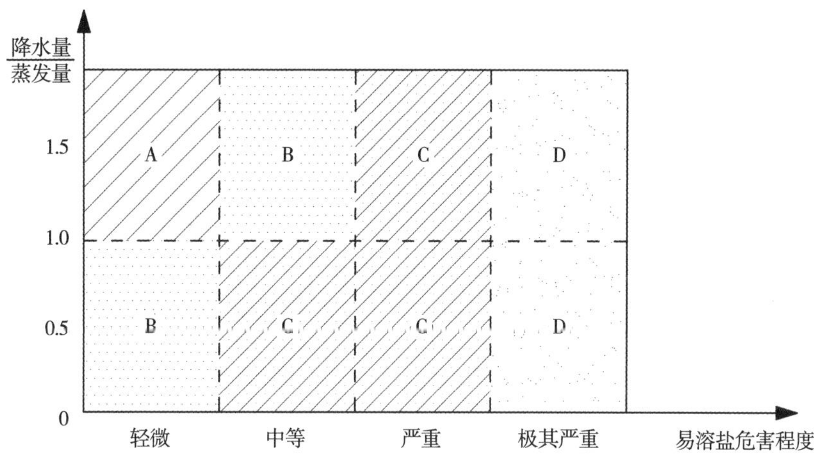

图 3–13　按照降雨量与蒸发量的比值及墙体盐危害程度是否选择外立面憎水示意图

3.4.3　防潮层原位修复或重置

我国大部分遗产建筑砖石砌体防潮层缺失或者已经损坏，需要修复或重置。防潮层的修复或重置有机械物理方法、化学注射等多种方法，其中化学注射方法在施工时对结构破坏性最小，并具有可再处理性。

1. 化学注射方法对材料的要求及特点

化学注射方法是将墙体打孔，注射防水试剂（又称防潮剂），达到防止毛细水上升的效果（图 3–14）。根据毛细作用方程式，多孔矿物材料中，毛细水上升的最高的理论高度与 θ 角即液体和固体之间的界面角度有关。在不改变其他参数的前提下，改变 θ，就可以调整毛细水的上升高度（H）。当 $\theta>90°$ 时，$\cos\theta<0$，$H<0$，这样毛细水将不沿毛细孔上升。这是注射修复防潮层的物理化学原理之一。

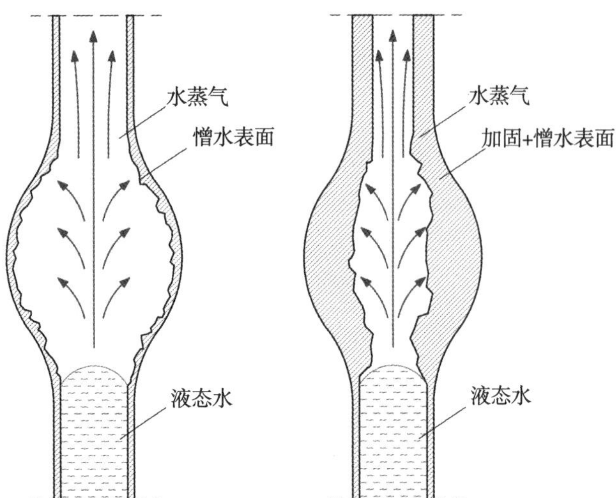

图 3–14 墙体化学注射降低上升毛细水模型

适合注射修复防潮层的材料有甲基硅酸钾、有机硅加硅酸盐水性浓缩剂、纳米有机硅氧烷乳液、硅烷膏体等（表 3–6），基本要求是处理后砖石及砂浆的毛细吸水系数小于 0.5kg/（$m^2 \cdot h^{0.5}$）。对于普通有机硅树脂乳液，由于渗透性差（一般小于 20mm），并不适合作为注射用。

表 3–6 适合作为防潮层修复的化学注射材料

材料类型	主要机理	适用气候	注意事项
甲基硅酸钾	憎水； pH>7 碱性	潮湿墙体； 潮湿气候环境	本身会形成少量碳酸钾等盐，潮湿环境下不返碱，干燥气候下有可能返碱（详见第 2 章）； 增加墙体含湿率
有机硅 + 硅酸盐水性浓缩剂	降低毛细孔 + 憎水； pH>7 碱性		
纳米有机硅氧烷乳液	憎水； pH<7，中性 – 弱酸性	潮湿墙体； 潮湿 + 干燥气候环境	本身无水溶盐，但是可能活化墙体中易溶盐； 增加墙体含湿率
硅烷膏体	憎水； pH<7，中性 – 弱酸性	干燥墙体； 干燥的气候环境	本身无水溶盐，不明显增加墙体含湿率

2. 实施方法

在墙体比较干燥时（相对含湿率低于 50%），可以采用无压力方法注射合适的防水剂。而当既有墙体很潮湿，或者实施时环境温度很低，则需要采用加压方式注射防水剂，使防水剂能渗透到砖及灰浆内部。采取加压注射，以另一侧注浆头冒出防水剂后保持 2 ~ 5min 再注另一个头。特别潮湿的墙体需要在一天后再注射一遍。

3. 辅助措施

其他措施包括降低地下水水位，做回地面排水系统，注射孔下部的勒脚修复前采用聚合物改性水泥防水涂料防水后采用具有一定透气性的砂浆修补。涉及地下室时，需要进行专项勘察设计。

4. 效果检测

在修复前，需要对砌体的含湿率等进行检测（详见 4.7 节）。修复效果可以通过无损的热红外成像、取样测试等方法，检测施工前后含湿率的变化。同时，也可以通过材料含湿率的变化来评估修复效果。但在分析测试结果时，要考虑盐导致的潮解水（图 3–15）、高湿度条件下的平衡水（毛细凝结水）、雨水，以及工程导致的地下水水位变化等因素。采用注射法修复防潮层后，含湿率降低，墙体完全变干燥需要 3 ～ 6 个月以上时间。

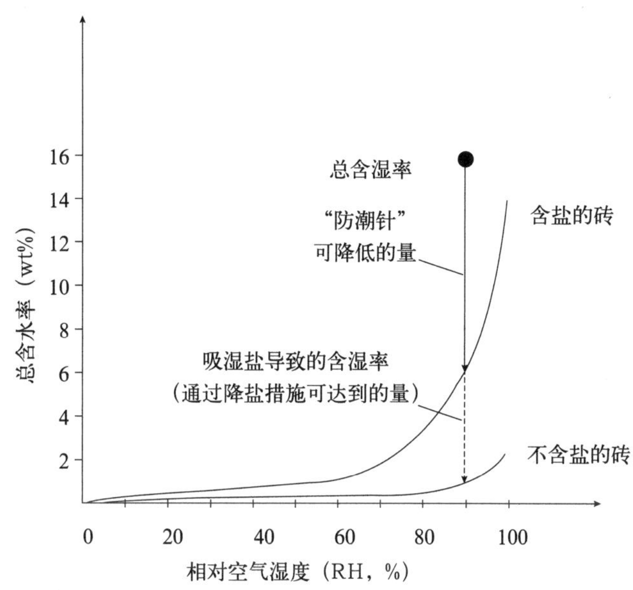

图 3–15 注射法（又称防潮针法）降低含湿率程度示意图

3.5 历史材料保护的暖通空调系统

文物的陈列场所对环境提出了更为苛刻的条件，为了保证文物材料性质不发生改变，其物理环境通常需要保持恒温、恒湿状态。供暖通风与空气调节（简称〝暖通空调〞）是控制建筑热湿环境和室内空气品质的技术手段，将其应用到陈列场馆当中，有助于对文物的保护。

3.5.1 暖通空调系统的用途与原理

暖通空调系统主要用于提供稳定的温湿度环境以及保证室内空气的洁净度。在夏季，陈列场所中的人员、照明和电器设备将向室内散出热量或（和）湿量，太阳辐射和室内外的温差也会使房间获得热量；冬季与之相反，建筑物向室外传出热量或渗入冷风，暖通空调系统则是从室内移出或向室内补充热湿量，达到热湿平衡状态，从而使室内保持一定的温湿度（图 3–16）。此外，来自自然环境和家具设备等的颗粒物、气溶胶、有害

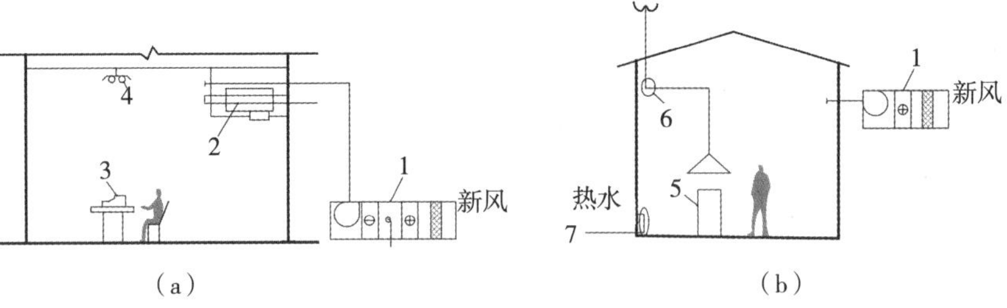

图 3-16　暖通空调系统工作示意图
(a)民用建筑;
(b)工业建筑
1- 新风的空气处理机组;2- 风机盘管机组;3- 电器和电子设备;4- 照明灯具;5- 工艺设备;6- 排风风机及排风系统;7- 散热器

气体等污染物会降低室内空气品质，危害文物本体。为保证室内良好的空气品质，通常需要排走室内含污染物的空气，供应洁净的室外空气，即采用通风办法来稀释室内污染物，以保证室内具有适宜的舒适环境和良好的空气品质。

暖通空调系统的设计过程中，气流所处空间的形状，送回风口的数量、位置，以及参数都会影响空气的温度、湿度与风速分布。以室内展示的土遗址为例，其上方的空气状态会直接影响土遗址的保存情况，与土遗址表面风化、开裂等病害密切相关。对于博物馆而言，风口的布置主要侧重考虑参观区人员的舒适性和暴露在环境中文物的温湿度。气流组织指在空调房间内合理地布置送、回风口，使得经过净化和热湿处理的空气由送风口送入室内后，在扩散与混合的过程中，均匀地消除室内余热和余湿，从而使工作区形成比较均匀而稳定的温湿度、气流速度和洁净度。按照送风口的位置，常见的气流组织可以分为上送风、下送风、侧送风和多种气流方式合用。

3.5.2　暖通空调系统使用注意事项

虽然暖通空调系统的使用可以满足文物保存所需要的温湿度和空气品质，但设计、使用不当会影响文物的保护，甚至是造成文物的破坏，主要体现在以下几点：

1. 新回风处理不当，产生大量细菌代谢物。

2. 避免温湿度频繁波动。《博物馆建筑设计规范》JGJ 66—2015 中规定了不同材质藏品需要控制的温湿度，并明确提出环境的温度日较差应控制在 2 ~ 5℃，相对湿度日波动值不应高于 5% 的要求。

3. 凝结水处理不当，出现凝结水飞溅或滴落的现象。针对博物馆类建筑的功能，空调系统常采用减小送风温差、增强管路保温、合理分配新排风、增加冷凝水收集装置等方法来降低冷凝水造成文物破坏的风险。

4. 空调噪声。暖通空调系统的空气动力性噪声是室内噪声重要组成之一。一般会在空调机组的进出口风管上设置消声器，并在风道做隔声处理，防止噪声二次传入风管，同时送、回风及排风支管上也要进行消声处理，甚至根据不同位置设置独立的空调通风管道。

思考题

（1）天然石材如花岗石，因为什么特征而被用作砖石砌体隔潮的材料？

（2）什么是结露？结露对建筑修缮和文物保护修复质量的影响有哪些？预防结露的方法有哪些？

（3）无机矿物材料的毛细吸水系数 ω 和饱和吸水率概念的区别有哪些？如何应用这些数据分析材料的性能？

（4）导致材料变形的物理因素有哪些？

（5）分析不同含湿率的材料在冻融作用下的破坏机理。

（6）遗产建筑围护砖石结构，在缺失防潮层或防潮层损坏时，可以采取哪些措施降低毛细水？

（7）潮湿的无机材料（如砖石）干燥后可能会发生什么现象？

（8）憎水材料的应用需要注意哪些问题？

（9）绝热材料的性能参数有哪些？请列举 5 项。

（10）内保温系统中隔汽型和毛细活性透气型的特点分别是什么？

第 4 章　材料勘察及病害检测

从事建筑修缮、文物保护工作的一个难题是如何识别不同类型的历史材料。为认识历史材料，需要了解描述建筑材料的最基本术语、组分及其性能评估方法。本章重点介绍遗产建筑，特别是近现代遗产建筑的材性实录技术方法。而石质文物、壁画等珍贵文物的材料特征研究、病害记录等常属于专项勘察设计内容。

4.1　材性实录的光学摄影技术

4.1.1　近景摄影测量技术

应用近景摄影测量技术，可通过大量多角度拍摄影像来建立三维模型。用超广角定焦镜头围绕遗产建筑拍摄，取景时使得画面内容有较多重复，然后用近景摄影测量建模软件，就可建立起完整的三维模型并输出轴测图或正射影像图。

如果对遗产建筑间隔一定时期持续拍摄，可利用这些影像监测材料病害的变化。为了更有效地管理这些影像数据，有必要建立一个数据库，甚至是在云平台上的基于时间和位置信息的时态地理信息系统（Temporal Geographical Information Systems，TGIS）。

4.1.2　专业摄影

勘察遗产建筑材料病害现场时，以摄影手段对其现状进行实录是非常重要的。所获得的影像是后续工作的重要参考资料，也可以将其作为档案保存。首先需要对遗产建筑所处的周围环境进行拍摄记录，可使用无人机航拍或从远处用长焦镜头拍摄。智能手机也具有一定的拍摄影像的能力，只是图像质量和适应性不如专业摄影器材，但是由于其便携性和操作简单，可以作为现场初步勘察时的临时记录工具。

遗产建筑材料病害实录拍摄也应遵循从整体到局部的方式，先拍摄该材料所处位置周围的一整片范围，然后再重点拍摄该材料具体状态。如现场空间有限则需要超广角镜头拍摄甚至后期拼接，以尽量获得较全面完整的画面。

使用微距镜头可以进一步细致详细地记录病害（图 4–1）。专业微距镜头（macro lens）具有较大的放大率（magnification）、较高的近距解像度与反差，以及较为平直的相场，是细致记录材料病害的外观必备的特种摄影镜头。当微距镜头放大率为 1 ∶ 1、全画幅 24M 总像素数的影像，在理论上可以分辨 0.01mm 的细节。

图 4–1　微距镜头拍摄效果（某建筑彩绘天花裂缝）（图片来源：汤众）

为记录病害的大小，可以拍摄时在画面内放置工业检测中的菲林尺——一种印刷在透明胶片（菲林）上的高精度的刻度尺。菲林尺不仅拥有极佳的透光度，还可以弯曲以贴合材料弯曲的表面，而其刻度可以精细至 0.1mm。

摄影是对物体表面反射的可见光的记录，然而遗产建筑材料现场光环境比较复杂，会影响影像拍摄的结果。不同场景中各种材料反射光的能力不同，当在阳光直接照射下时，一些浅色建筑材料（如汉白玉）反射光更强烈，画面明暗反差较大；而在多云或阴雨天，光线比较均匀，拍摄的影像更接近现实。因此，同一遗产建筑材料在不同现场光影响下表现不同，需要分别拍摄，特别是要能够表现出材料病害的效果。

即使同样在晴天，在不同时间现场光照效果不同也会影响摄影曝光。现代相机都有自动设置曝光和白平衡的功能，然而这些自动设置也会产生一些不确定性，当同一材料照射光线不同时，相机为了“平均 / 平衡”明暗和色彩，会使得最终的影像结果产生差异（图 4–2）。

在人工照明的遗产建筑内部拍摄影像时，更需要注意曝光和色彩（色温）问题。特别是以暖色 LED 光源照明的场景，拍摄获得的影像色彩会偏黄。为此需要使用专业的摄影灯具，如专业的大功率闪光灯或高显色指数（大于 95）的常亮补光灯。

图 4–2 同一拍摄角度拍摄同一对象在光线不同时产生的差异

相机对于色彩的记录其实很难做到准确，即使通过调整白平衡可以改善自然光或连续光谱的人工光源的色温变化，但显示屏和打印机等显示输出设备在色彩上也还存在较大的不确定性。为此需要以标准色卡作为参照以明确材料的颜色（图 4–3）及质感。美国 Pantone 色卡（潘通色卡），欧洲标准的瑞典 NCS 色卡、德国 RAL 色卡（劳尔色卡），日本 DIC 色卡等都是国际常用的标准色卡。

为拍摄较高画质影像，需设定较低的感光度（ISO 值）和较小的光圈，这样在现场光线不足的时候就需要使用稳固的三脚架固定相机，以防止较低的快门速度因抖动而模糊。

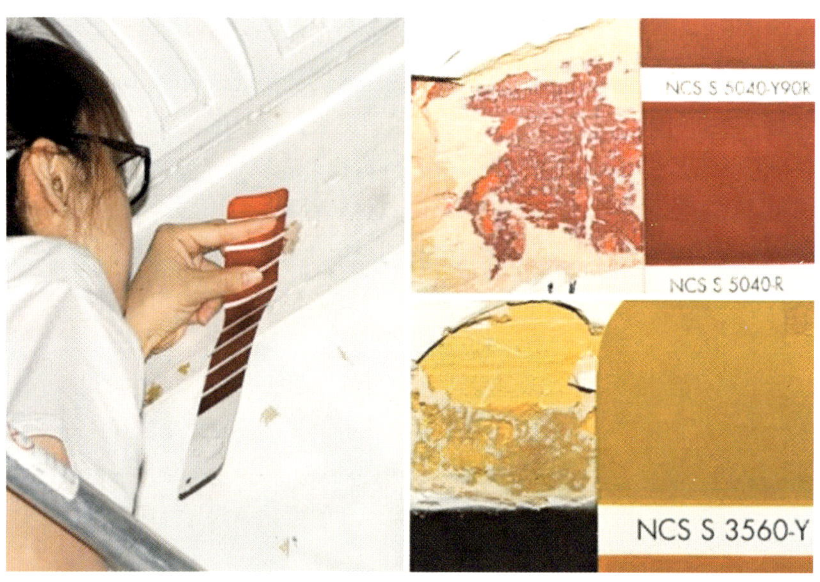

图 4–3 以色卡记录材料颜色（某近代建筑彩绘）（图片来源：汤众）

4.1.3　图像处理

现场拍摄获得的影像还需要做一些必要的后期处理。使用超广角镜头拍摄时，会使影像发生透视变形，若没有可矫正这种透视变形的专业的移轴镜头，可以通过后期调整矫正。

专业照相机为尽量记录更大范围的明暗变化，感光方面具有较高的宽容度，这也使得反射率相近的材料在图像中所能够分配到的明暗变化范围有限。通过后期调整，可以将需要重点表现的明暗变化予以增强，即以更大的变化范围来显示特定材料，从而将病害更显著地展示出来（图 4–4）。

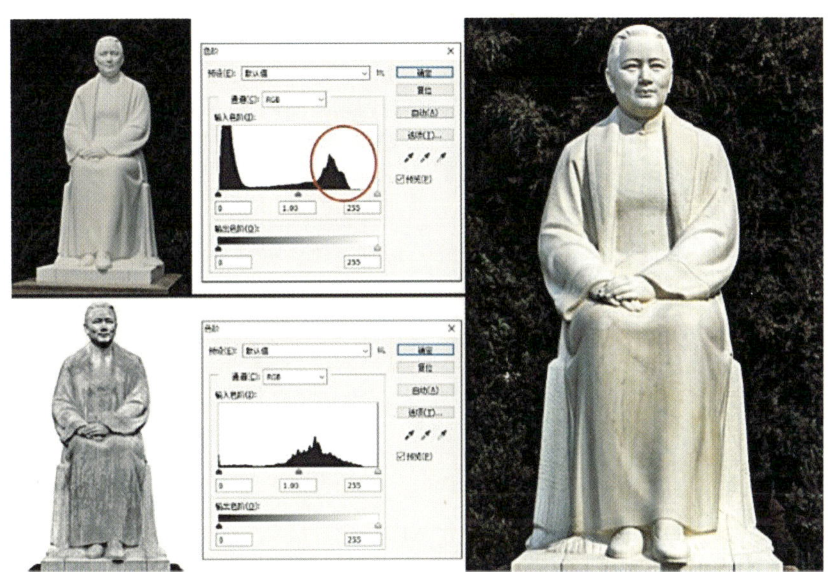

图 4–4　图像增强处理（上海某汉白玉雕像正面）（图片来源：汤众）

4.2　材质检测

材质检测的目的是查明材料类型，为价值评估、修缮方案设计及修复工艺等提供基础资料。

4.2.1　材料类型检查流程

材料类型的检测宜结合检测对象及其环境特征、保护级别、特征要素、重点保护部位，以及检测目标确定。在检测方法选择上应以无损检测为主，微损检测为辅，重点材料在现场取样后再在实验室参照 2.1.5 节进行化学检测。

材料及其病理检测的技术流程包括：确定检测目标→现场勘察（普查）→搜集相关资料→确定检测方案→现场取样→现场检测→实验室测试→测定结果总结→提交报告等。

1. 普查及资料搜集

收集始建及维修记录、历史档案及旧照片等资料，询问老匠人等有助于掌握当时的建造工艺、材料选择等信息。现场取证的重点是判别材料的沿袭性，即判别初建时的原始材料、后期维修的产物、历次维修改建的添加物等。

2. 确定检测方案

检测方案设计包括检测内容（表 4–1）、取样位置、数量、需要人员、技术措施，以及费用估算等。检测方案需要与遗产建筑所有方或管理方沟通确认。对于特别重要的遗产建筑，如重点文物建筑，还需要组织专家论证并报由相应文物管理部门批准。

表 4–1 砖石砌体材料学检测内容

材料类型	检测内容	检测方法、仪器、设备
烧结黏土砖等	颜色①	肉眼、光学显微镜
	强度	多功能试验机、超声波、回弹仪
	表层风化程度及深度	钻入阻力强度、硬度计
	热湿参数	见第 3 章
	成分及烧制温度	光学显微镜、X 射线衍射分析等
天然石材	颜色（新鲜与风化色）①	肉眼、光学显微镜
	矿物及化学成分	X 射线衍射分析、化学全分析、偏光显微分析
	表层风化类型、深度	光学显微镜、钻入阻力强度
	热湿参数	见第 3 章
	强度	回弹仪、多功能试验机、超声波
砌筑砂浆 勾缝砂浆	颜色（新鲜及老化后颜色）①	肉眼、光学显微镜
	粘结剂类型（石灰、水泥、其他）	砂浆化学成份分析、湿化学配方分析、光学显微镜
	骨料类型、粒径及颜色	光学显微镜、筛分、XRD
	强度	刻划、附着力检测
	热湿参数	见第 3 章
表面装饰	颜色（新鲜及老化后颜色）①	肉眼、光学显微镜
	彩绘色彩及叠加	光学显微镜、扫描电子显微镜
	粘结剂类型（石灰、水泥、其他）	砂浆化学成份分析、化学全分析、XRD
	骨料类型、粒径及颜色	光学显微观察、筛分、XRD
	强度	刻划、附着力检测
	热湿参数	见第 3 章

注：①如图 4–3 所示，应参照标准色卡明确颜色。

3. 现场无损检测

由于遗产建筑及构件的稀缺性，要求进行现场检测以无损方法为主。部分检测工作需要在现场进行，如与较大范围或构件相关的，以及与现场环境密切相关的工作。

4. 取样

根据检测方案，可以选择具有代表性的部位，收集少量样品或取芯带回实验室进行相关实验分析（图 4–5）。如涉及饰面层，需要在取芯时取到基层砖或混凝土。

现场取样需要保证涵盖主要材料，并记录准确，样品用软质材料自封袋包裹保存，避免污染或损坏。现场取样须尽量不对本体造成损害，可拾取现场明确位置的少量已经掉落或剥落的材料。若有必要从本体上取样，也要确定合理的数量与位置，尽可能在不重要的部位取样。取样后应及时修补。现场需做一些辅助工作，如去除被检测材料表面后期覆盖的其他材料等。

图 4–5　检查被后期覆盖时取芯及编号方法（取芯直径有 20mm、50mm、100mm）

5. 实验室测试

现场取样获得的材料在实验室中进行进一步测试和记录，包括外观形态、颜色、表面和内部（切片）微观结构、病害类型与程度、含水与吸水率、主要成分及构成配合比、水溶盐等。实验室还可完成对比实验，如同一材料在不同位置、不同时间、不同病害程度的各项指标。后续将要参与到遗产建筑干预措施的材料和方法也需预先进行实验室测试。

4.2.2　营造工艺及修复历史考证

可以参照考古学的类型学、地层学等确定材料的年代先后。参照地质学的地层学、考古地层学等成果，表层材料为最新，下部或最内层材料年代最老。参照类型学，可以将遗产建筑的历史材料及其构造进行分类，研究不同材料的逻辑关系，确定修复历史。例如，同一时期建造的砖石砌体，其采用的砌筑灰浆在颜色、配合比方面是相同或相近的。

4.2.3　检测成果

勘察检测分析结果需要编制成独立的报告，该报告既可以是研究及设计的一部分，也可以独立成为设计方案外的附录。检测报告除了阐明检测结果外，还需提供修复建议及高质量修复所需的费用预算等。

4.3　材性检测的矿物学复合法

4.3.1　矿物学方法

建筑无机材料中大部分为结晶的矿物，可采用经典和现代矿物学方法定性，也可以半定量－定量确定矿物的含量。常用的确定材料的矿物学方法有光学显微镜法、X射线衍射分析（XRD）、扫描电子显微镜等。光学显微镜不仅可以确定矿物组分，还可以判断各组分之间的关系及孔隙特征。

4.3.2 古砂浆原始配合比分析

遗产建筑的石灰基砌筑砂浆、勾缝、装饰抹灰的石灰含量、原始配合比等可采用岩相学、化学等方法进行分析（图4–6）。一种方式是砂浆湿化学分析法分析传统石灰砂浆，原理是通过对石灰类砂浆的酸化和碱化处理依次将其中的碳酸钙、水硬性组分（碱化过程可溶解的二氧化硅、三氧化二铝等）及骨料进行分离，最后根据质量变化对砂浆中现有及原始各组分含量进行定量－半定量分析。骨料的颜色、成分、级配等可以提供大量的原始工艺信息。该方法对骨料主要为石英等硅酸盐、黏土含量低、水泥含量低的历史砂浆的分析结果较为可靠，含有较多贝壳或石灰岩骨料的砂浆结果误差较大，而对原始配合比的准确恢复在很多情况下需要结合4.2.1节的检测结果以及丰富的传统砂浆工作经验。

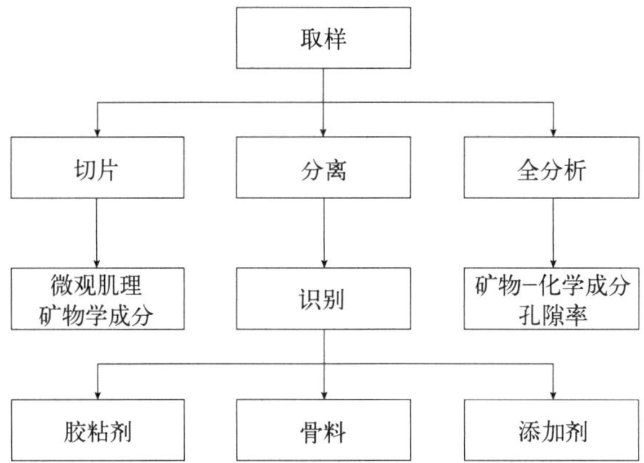

图4–6 砂浆分析流程和技术方法
（图片来源：改绘自Stefan Simon，2003）

4.4 材料的力学性能及表层强度梯度检测

力学性能指材料在不同环境（温度、介质、湿度）下，承受各种外加载荷（拉伸、压缩、弯曲、扭转、冲击、交变应力等）时所表现出的力学特征。材料的力学性能指标通常包括强度、塑性、冲击韧性、硬度、疲劳性能等。

4.4.1 和强度相关的物理参数

1. 密度、表观密度

密度指材料在绝对密实状态下，单位体积的质量。密度并不能反映材料的性质，但可以大致了解材料的品质，并可用它计算材料的孔隙率。例如花岗石密度为2.7～3g/cm^3，较重；实心黏土砖为1.5～1.6g/cm^3，较轻。

表观密度指材料在自然状态下，单位体积的质量。表观密度建立了材料自然体积与质量之间的关系，在建筑工程中可用来计算材料的用量、构件自重、确定材料堆放空间等。表观密度可用下式表示：

$$\rho_0=\frac{m}{V_0} \tag{4-1}$$

式中　ρ_0——表观密度，g/cm^3；

m——质量，g；

V_0——自然体积，cm^3。

材料表观密度 ρ_0 的大小与其含水状态有关。当材料孔隙内含有水分时，其质量和体积会发生变化，进而表观密度也发生变化，故测定材料表观密度时，应注明其含水情况，未特别标明者，常指气干状态下的表观密度。在进行材料对比试验时，则以气干状态下测得的表观密度，即气干表观密度为准。

堆积密度指散粒材料或粉状材料，在自然堆积状态下单位体积的质量。堆积密度对计算修复材料的体积比具有重要意义。例如，当石灰与河砂（干）的重量比为 1 ∶ 3，石灰密度为 1.0，河砂的密度为 1.5 时，其体积比为 1 ∶ 2。

历史材料的密度等需要现场取样后在实验室测试。其数值对理解历史材料、确定修复材料的指标有重要价值。在进行修复时，新加材料的密度一般应低于原有历史材料密度。

2. 孔隙与孔隙率

孔隙率和孔隙特征反映材料的密集程度，并和材料的许多性质如强度、吸水性、保温性、耐久性等都有密切关系。一般情况下，总孔隙率越高，强度越低。

孔隙率指材料内部孔隙体积占其总体积的百分率，用下式表示：

$$P=\frac{V_0-V}{V_0}\times 100\%=\left(1-\frac{\rho_0}{\rho}\right)\times 100\% \tag{4-2}$$

式中　P——孔隙率，%；

V_0——自然体积，m^3 或 cm^3；

V——绝对密实体积，m^3 或 cm^3；

ρ_0——表观密度，g/cm^3；

ρ——密度，g/cm^3。

材料的孔隙率大小直接反映材料的密实程度。材料的孔隙率高，则表示密实程度低。必须指出，材料内部的孔隙是各式各样的，有大小、形状、分布、连通与否等之分。孔隙率高低影响着材料的部分性质，孔隙特征对某些材料的性质起到决定性作用。根据孔隙贯通性，可将孔隙分为开口孔隙和闭口孔隙；按照孔隙大小，可将孔隙分成微细孔隙、毛细孔隙及气孔隙 3 类，参见表 4–2。而国际纯粹和应用化学联合会（IUPAC）则将孔径小于 2nm 的称为微孔，孔径为 2 ~ 50nm 的称为介孔，孔径大于 50nm 的称为大孔。

表 4–2 建筑物理学对孔隙大小的分类

类型	微细孔隙	毛细孔隙	气孔隙
孔隙直径	< 0.1μm	0.1 ~ 1000μm	> 1mm

（表格来源：Klopfer，1985）

针对建筑的病害，已经开发出具有不同孔隙特征的材料，如低吸水的含气孔隙的砂浆适宜应用到含盐高的、潮湿的旧墙面修复（详见第 10 章）。孔隙特征也可以用于评估修复材料，如石灰基灌浆料和水泥灌浆料比较，前者具有比青砖更高的总孔隙率和更大比例的毛细孔隙（图 4–7），而水泥灌浆料总孔隙率极低，也含有很低的毛细孔隙率，一般情况下不适合青砖砌体的加固。

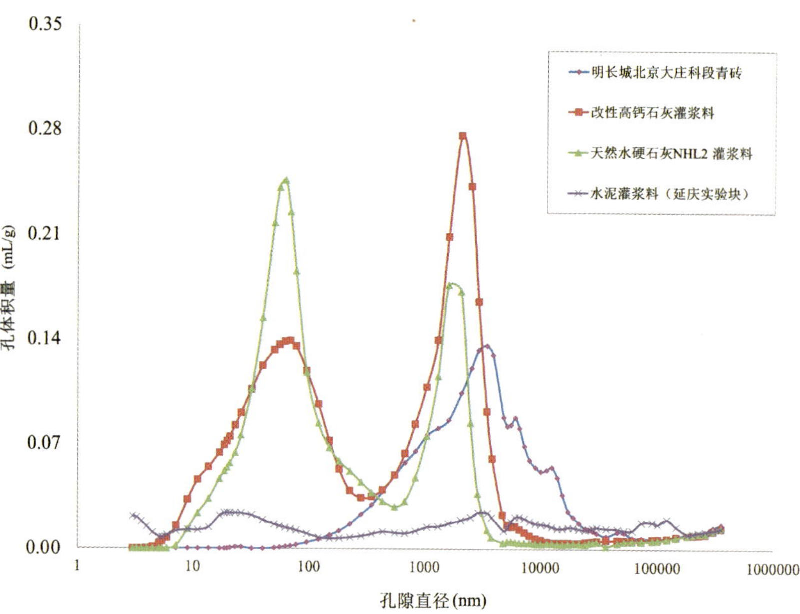

图 4–7 三种用于灌浆的材料孔隙分布与明长城砖孔隙对比

4.4.2 材料强度表述方式

材料在外力作用下抵抗破坏的能力称为强度。通常以材料在外力作用下失去承载能力时的极限应力来表示，亦称极限强度。

材料在建筑物上承受的外力主要有拉、压、弯、剪 4 种形式（图 4–8），因此在使用材料时要考虑材料的抗拉、抗压、抗弯，以及抗剪强度。这些强度值是通过标准试件的静力破坏试验测得，总称为静力强度。

此外，修复材料与旧材料之间的结合力也是修复中需要考虑的重要参数，其以抗拉强度或附着力来描述。

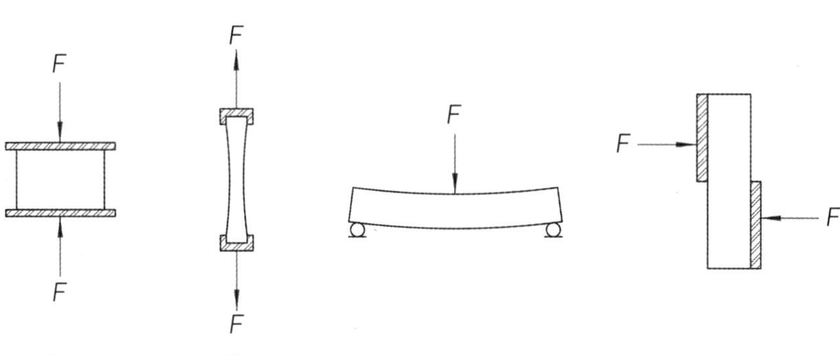

图 4–8　材料受外力示意图

材料的抗拉、抗压、抗弯、抗剪强度可按下式计算：

$$\tau=\frac{f}{A} \tag{4-3}$$

式中　τ——材料的抗拉、抗压、抗剪强度，MPa；

f——试件失去承载力时的最大荷载，N；

A——试件受力面积，mm^2。

4.4.3　材料的硬度

硬度指材料表面抵抗其他较硬物体压入或刻划的能力。材料的硬度是识别材料的基础信息。

不同材料的硬度测定方法不同。刻划法常用于测定非金属材料的硬度，称莫氏硬度（HM）。一般情况下，硬度大的材料耐磨性较强，如花岗石因硬度大、耐磨性好而大量用于步行街、外墙面等。高硬度的砂料（如刚玉）也添加到有机树脂如环氧树脂、聚氨酯中，制成耐磨、防滑地坪。材料硬度也可以采用表面硬度仪测定。

4.4.4　表层强度的钻入阻力检测法

强度是决定历史材料耐久性的重要参数，也影响着保护修复的耐久性。例如有机树脂单纯作为胶粘剂修补砖石，二者之间不兼容，不仅是因为有机树脂材料吸水率、透气性低于旧无机材料，更重要是因为有机树脂的强度高于旧的砖石材料。

已经发生风化的材料表层强度会降低，这种降低随着材料类型的不同会深入内部 0.1 ~ 50mm 以上。现代技术可以通过无损 – 微损的方法测定材料强度及其梯度。其中，钻入阻力检测法是一种专为文化遗产保护研究而开发的微损检测方法。该方法一方面能反映已经劣化的砖石等材料强度随深度的变化，另一方面也可用于评估历史砂浆及砖石的固化处理后的效果，是量化保护材料的固化效果和渗透深度最合适的方法之一。该方法一般适用于硬度较低的岩石如砂岩和砖、土、灰浆等。

钻入阻力检测设备（图 4–9）的研发始于 1908 年，其原理是测量在恒定压力和转速下达到规定钻入深度的时间 [图 4–9（a）]。这种原理如今仍应用于一些设备，包括弗劳恩霍夫建筑物理研究所的杜拉博钻入阻力仪（Durabo Ⅲ S）和 Geotron 电子的特西斯钻入阻力仪（Tersis）。意大利新特科技（SINT Technology）研发的钻入阻力测量系统应用的是另一种原理，即在设定恒定的旋转速度和钻进速率前提下连续测量钻孔所受阻力 [图 4–9（d）]。钻入阻力法采用的钻头的直径一般根据岩石硬度在 3 ~ 10mm 间选择，因此在测试过程中只会造成非常小且易于修复的钻孔。钻入阻力检测法具有可靠、灵敏和微损等优点，而且可在现场和实验室等不同场景中进行快速测量，甚至可以在脚手架上使用。

（a）（b）（c）（d）

图 4–9 不同类型的钻入阻力检测设备
（图片来源：Pamplona 等，2007）
（a）Julius Hirschwald；
（b）Durabo Ⅲ S；
（c）Tersis；
（d）SINT

4.5 材料强度及缺陷的超声波检测法

4.5.1 超声波基本概念

超声波是一种微机械振荡波，无论在固相、液相还是气相介质中均可以波的方式传播。超声波在不同的介质中运动时会产生不同的衰减，同一介质中不同的超声波类型也会产生不同的衰减。

超声波测试中最重要的参数是超声波速度，它的计算可由超声波通过一定距离所需的时间得到：

$$V = \frac{L}{t} \tag{4–4}$$

式中　V——超声波速度，km/s；

L——超声波测量距离，km；

t——超声波传播时间，s。

砖岩等材料中的超声波速度取决于其密度、含水率及层理方向，可以说超声波速度及首波幅度与材料力学强度成正相关关系，而力学强度又直接反映着砖石等材料的风化程度，因而用超声波作为了解、评价砖石等材料质量的参数是非常适宜的。但是，在实际应用中，需要注意材料的各向异性。

4.5.2　超声波在石材劣化程度评估中的应用

1. 超声纵波波速比

利用岩石与超声波速度及首波幅度之间的相关关系，可以非常便利地测量有关自然岩石晶间结合及其整体性能的有关情况。如通常情况下，新鲜岩石表层与核心部位力学性质一致，而风化岩石（尤其石刻表层）与核心部位甚至不同深度层次的力学性质差异都很大。这样，测量在振动源与接收器之间的超声波速度，就可以了解岩石的内部结构及强度变化，即内部劣化程度。

国际上常用表 4–3 给出的被测岩石与同材质新鲜岩石的超声纵波波速比 V_i/V_0 作为评价石质文物风化程度的依据，这与《岩土工程勘察规范》GB 50021—2001（2009 年版）中岩石完整性分类表基本一致。

根据超声波速判断整体风化程度，以新鲜岩石的超声波速为 V_0，实测声速为 V_i，根据 V_i/V_0 的下列对比关系可以判断风化程度（表 4–3）。

表 4–3　石材风化程度评估与 V_i/V_0 对照表

风化程度	V_i/V_0
未风化	≥ 0.90
孔隙度增加	0.75 ~ 0.90
风化的下限	0.75
轻度风化	0.50 ~ 0.75
严重风化	0.25 ~ 0.50
完全风化	≤ 0.25

2. 平测法测定裂隙深度

超声波具有“通过”裂隙及裂缝的能力，只是传播时间因绕射而延长，强度也得到了不同程度的衰减。微小而与断面结合紧密的裂隙可能不会引起超声波速度的变化，但会使首波幅度明显降低；较大的裂隙可以使首波幅度大大衰减，同时波速也会大大降低；而裂缝一般可以阻断超声波信号，从而使接收信号消失。裂隙都会使其周围的超声波波形产生一定程度的畸变。因此通过对两点间超声波波速、首波幅度及波形的分析，就可得知两点间介质有无不均匀分布。现场检测时，先测无裂缝本体，获取被测体正常情况下的表面声速。再检测开口裂隙声速（图 4–10）。假设裂隙垂直于表面，且超声波以恒定速度传播，则可以利用勾股定理计算出裂隙的深度。裂隙的深度除了可以作为现状评估的依据，也可以作为修复效果评估的指标。

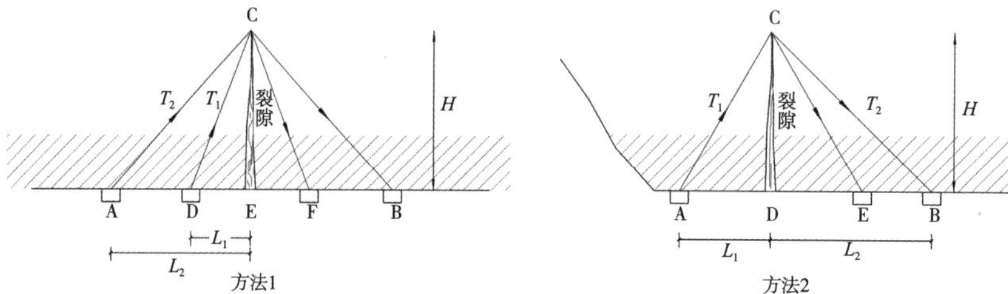

图 4–10 测裂隙深度方法示意图
（图片来源：马宏林）

4.6 热红外勘察

4.6.1 热红外成像原理

红外热成像仪能用红外相机测得材料表面的温度并生成描绘温度分布的热谱图，可实现与材料无接触、无损检测。热成像在使用中分为被动式热成像和主动式热成像。被动式热成像记录了材料表面光学特性（发射率）的区别和自然温度梯度下的温度差别；主动式热成像是在检测中增加额外的能量输入或输出（如加热或冷却），再记录热成像。

二维高分辨率的红外相机能测得物体发出的电磁辐射，并通过软件的颜色代码转换成像。所测得的辐射总量取决于测量物发出的辐射、反射的辐射，以及传输过程中的辐射增减（图 4–11）。由于检测装置与测量物的距离较短，室内检测或短距离检测可忽略测距中信号减弱的问题以及环境所发出的辐射，即忽略影响测量结果的其他参数，但采用主动式热成像时，通过红外热源照射产生的反射辐射则不可忽略。在室外检

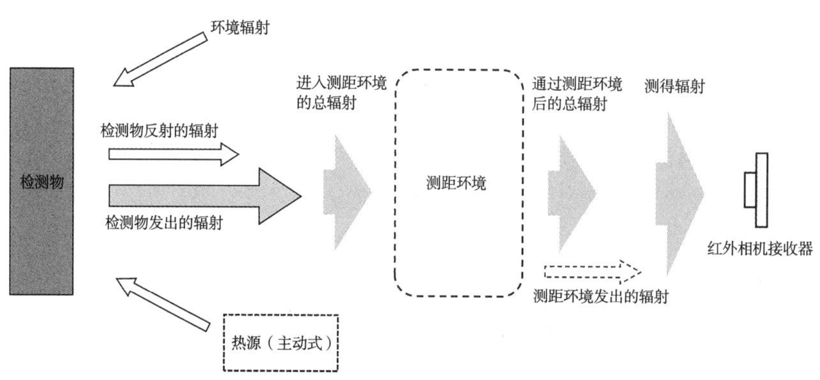

图 4–11 影响测得总辐射量而需注意的外界因素
（图片来源：Auras 等）

测时，由于存在来自环境辐射的干扰，应在荫蔽处或黑暗中进行主动式检测。

4.6.2 应用场景

1. 空鼓、开裂等缺陷

基于热传导理论利用红外热成像法对空鼓缺陷部位进行无损检测。在静态下，物体和其所处的环境处于一个温度平衡状态。物体表面可测得其平均温度。若某一部分的温度改变，热流传导会来平衡温度，直至再次到达平衡状态。这个平衡补偿过程首先取决于介质的热导率。若表面下方有空洞，加热后会导致表面温度的差异。空洞部位的空气具有较强的隔热作用，因此空洞上的表面部分受到加热时会升温较快，冷却较慢。而与表面紧密相连的部位能更快地传导表面所吸收的热量，因此表面温度也会较低。

2. 潮湿程度

含水率高的材料热传导快，而干燥材料热传导慢。这种温差可以间接反映材料的含水率。实际测量时需要考虑周围环境的温湿度及光照等。

4.7 材料水物理学特征与潮湿程度勘察

水是材料损坏的主要原因之一，根除水患也是修复技术的核心。因此，墙体潮湿程度与材料水物理学检测是研究遗产建筑材料病害、查明病因的重要检测内容。

4.7.1 检测内容

在条件许可时，可采集材料样品，测试孔隙率等特征（表 4–4）以及含水率等（表 4–5）参数。

表 4–4 遗产建筑材料水物理学特征实验研究内容

检测内容	检测方法说明	单位	评估	必要性
总孔隙率	测无机材料的总孔隙	%（体积）	标准方法	—
毛细吸水率	定量测定单位面积单位时间吸水量	kg/（$m^2 \cdot h^{0.5}$）	评价材料的吸水性能	必要
	半定量测定单位面积标准时间吸水量	mL/15min	评价材料的吸水性能	—
透气性	厚度单位时间的透气量	—	评价新旧材料的透气性	必要
孔隙分布	采用汞压法测定，不同孔隙大小的分布	—	耐冻性能指标	—

表 4–5 水危害参数检测

检测内容	检测目的说明	检测方法①	单位（重量百分比）	取样方法
总含湿率	墙体材料的含湿（汽）总量	样品在 105℃或 45℃（含石膏时）条件烘干后的质量差	*wt*%	干法取芯（不同深度不同高度取样）；冲击钻法取粉末（不同深度不同高度分别取样）
高湿度环境下吸湿性	材料的潮解性能	样品在 20℃，相对空气湿度 90% ± 5% 条件下 3 天的重量增加值	*wt*%	
饱和吸水率	测定墙体材料最大吸水率	浸水 24h 后的吸水量	*wt*%	—

注：①需要根据最新技术标准确定检测流程。

4.7.2 砖石砌体潮湿程度检测方法

1. 热红外成像法

见 4.6 节。

2. 微波法

微波扫描是一种利用广阔微波频谱中特定频率，进行结构渗透检测的技术。微波扫描的原理是透过磁电管产生轻微的电场，穿越并深入所检测的结构。由于水分子是极化的，结构中的水分子也可跟随电场频率振动，并且产生电效应。因为水分子在微波电场下有强烈且明显的介电效应，其介电值约为 80。绝大部分的结构材料在微波电场下只有轻微的介电效应，其介电值主要在 3 ~ 6 之间。水分子及结构材料的介电值之间有极大差异，在结构材料中即使有少量水分子都能被探测出来。因此微波扫描比温湿度计及热红外扫描更加准确可靠，可达到半定量的程度。但如果基层不均匀，则结果离散比较大。

3. 含水率取样分析法 – 质量差方法

取样的选择有两种，一种为取芯，一种为取粉末，均属于有损方法，但是比较准确。取样位置的选择同样要求以查明病害原因为基础，例如需要兼顾非淋雨面，经常淋雨面，人为添加设施造成的潮湿面，有无设置了防潮层的立面等。取样时，还要对不同区域的不同高度、不同深度样品进行区分。取样后现场称湿重，实验室烘干后称干重，以质量差计算含水率。

4.7.3 墙面吸水性能测定

墙面吸水性能直接影响墙面的防雨水、防墙面渗漏能力，也影响其保温隔热性能。评估遗产建筑墙面吸水性能的参数是墙面材料的毛细吸水率。毛细吸水率现场测定采用卡斯特（Karsten）瓶方法（图 4–12），测试结果既可以采用随时间的吸入水的量，也可以计算出单位面积的吸水速率进而推导出卡斯特法毛细吸水系数。但是检测卡斯特（Karsten）瓶方法检测结果的可靠性除了依靠测试者的经验外，还受检测时气候条件影响，一般需选择至少一周内没有降雨的情况下进行。

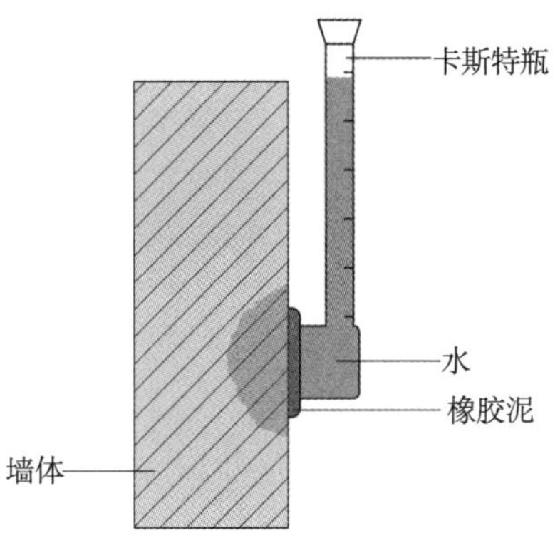

图 4-12　卡斯特瓶法测材料吸水性能
（图片来源：同济大学历史建筑保护实验中心）

思考题

（1）对材料进行光学实录时，为什么需要借助标准色卡明确材料的颜色和质感？

（2）材料检测的大致流程是什么？

（3）遗产建筑历史材料现场取样需要注意哪些内容？为什么重点保护部位或重要文物需要采用无损或微损的技术方法对材料进行检测？

（4）和材料强度有关联性的材料物理参数有哪些？

（5）如何测裂隙的表面宽度？ 如何测裂隙的可能深度？

（6）哪些因素会对砖石等材料的超声波波速产生影响？超声波波速与材料力学性能有什么关系？

（7）材料的孔隙率、空隙大小和空隙贯通性对其吸水性能有何影响？

（8）主动式热成像和被动式热成像技术有什么区别？影响热成像检测结果的因素有哪些？

（9）砖石砌体的含湿率半定量 – 定量检测评估有哪些？

第 5 章　保护修复材料

遗产建筑及文物保护修复中使用的材料如同病人为治病必须要吃的药品，其首要目标是根除致病因子，次要目标是延缓病状。限于篇幅，本章侧重介绍无机材料饰面的清洁、渗透固化（有时也称作加固）、修补、表面保护及装饰的常见材料类型、基本特征和应用前提，其他常用材料见附录。木材、壁画彩绘等保护修复需要的特殊材料见相关章节。

在使用材料保护修复遗产建筑时，除了要了解这些材料能够达到的效果外，还需要了解使用这些材料可能对遗产的价值如美学价值、科学研究价值等产生的副作用。

5.1　清洁材料

清洁材料是建筑文物保护修复重点材料中的一种，是去除或弱化影响遗产表面历史和艺术价值、耐久性等的变色、泛碱、污垢、覆盖、生物附生等病害的材料。在使用清洁材料前，首先需要对待清洁的表面进行分析，判别是否属于病害，其次需要了解材料的性能及达到效果所需的时间等因素。

5.1.1　清洁前的价值评估

遗产建筑和文物表面污染是普遍存在的，污染物中的部分成分会覆盖艺术细节，或腐蚀材料，影响遗产的艺术价值与观赏性，甚至威胁到遗产本体长久保存。因此，必须使用科学有效的清洁材料，加之科学系统、安全有效的技术手段，对这些有害污染物进行清除，才能保证文物的安全保存，同时也为后期的维护修复提供条件。

在确定是否采用清洁手段前，需要明确是自然风化（或人为干预）导致的变色还是污染病害（图 5–1）。对于不严重影响美学效果、不严重破坏材料热湿平衡的污垢，可以作为古锈保留。

清洁技术使用的材料有空气、洁净水、光（激光）、有机物、化学试剂（水溶性或有机溶剂型）、固态颗粒，材料状态有气态、液态、液态–

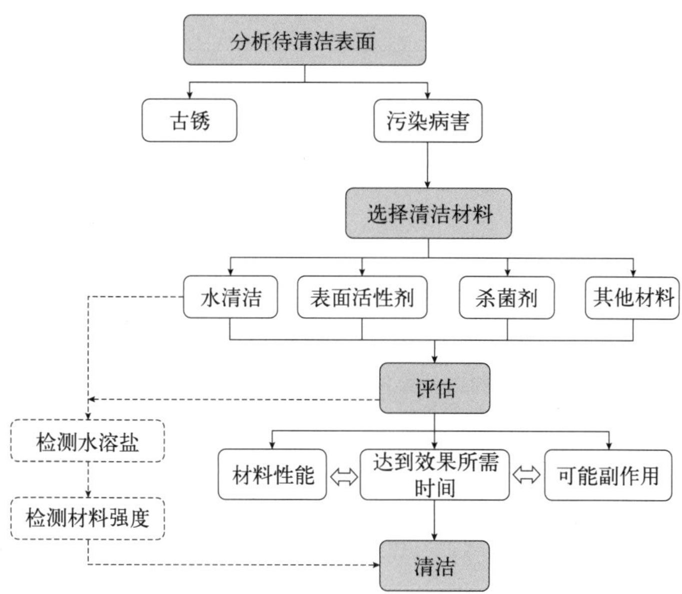

图 5-1　遗产建筑表面清洁流程

固态（浆状）等。按照性能大致可以分为表面活性剂、抗再沉积剂、漂白剂、螯合剂、酶类、杀灭剂（杀菌剂和抑菌剂）、缓蚀剂、钝化剂等（附录）。这些材料各有特点，一般需要多种材料联合使用才能达到最佳的清洁效果。

5.1.2　水

大部分的无机离子可溶解于水，以及大部分污染物在水的作用下会发生形态变化。使用不同状态的水可以清除污染物，或为其他方法提供条件。根据不同的基层及污蚀情况，可以选择不同压力、不同形态的水进行清洗。不同水清洁方法各有优缺点，见表 5-1。

表 5-1　采用水为介质的不同清洗方法及其优缺点

类别	原理	应用	优点	缺点	
水浸泡法	盐分在去离子水中的溶解和水合作用	用于比较坚固的可移动小型石制品	清除石材内水溶性盐很有效	会使石制品出现块状剥落	增加基层材料含水率，导致水溶盐二次溶解、迁移、冻融
低压喷水	利用低压将水喷淋到待清洁面	清除结构酥松的表面沉积物、松散灰尘	水流柔和，容易控制	费时费水，有水浸泡的危害，会引起可溶盐迁移和微生物生长	
高压喷水	利用高压水的冲击力	用于清洁不太重要建筑物表面	高效廉价	控制困难，容易冲落脆弱部位	

续表

<table>
<tr><th>类别</th><th>原理</th><th>应用</th><th>优点</th><th colspan="2">缺点</th></tr>
<tr><td>雾化水淋</td><td>用特殊喷嘴将水以雾化状态喷出，慢慢落到石质品表面</td><td>大面积的酥松污垢</td><td>作用轻柔，无冲击作用，作用面积大</td><td>效率比较低，不宜用于孔隙度大、损坏严重的石质品</td><td rowspan="2">增加基层材料含水率，导致水溶盐二次溶解、迁移、冻融</td></tr>
<tr><td>水蒸气喷射</td><td>高温蒸气的溶解、熔融和杀灭作用，以及冲击力和分散作用</td><td>用于砖石质建筑、石质文物等表面的微生物杀灭、灰尘清理以及涂料清洁</td><td>有良好去油污效果、除盐能力强、微生物杀灭能力出色</td><td>高温会使脆弱材质表面产生微裂纹、不能深层清洁、有安全隐患</td></tr>
</table>

在使用水清洁前，要对重要建筑物或文物的盐分进行检测。水在清除掉立面污染物的浮灰的同时，也会激活建筑材料内部盐分，加速钢筋的锈蚀。在蒸发过程中，水会将盐分带到表面结晶，不仅影响美观，还会损坏建筑表面。同时，要对建筑物的强度进行检测，以防止高压水枪清洁时的冲击力破坏建筑物。严重干燥地区的建筑外立面、耐水较差的灰塑、采用石灰或泥砌筑的砖石砌体应慎用高压水清洁。

实施中，所有可能渗水的地方都必须封存起来，窗户或者其他开口需要用塑料保护，对于使用过的水也需要妥善处理。在北方有霜冻现象的地区，当温度低于 5℃时，砖石砌体等不能用水清洁。

现代修复工程中，使用蒸汽喷雾清洁方法较多，高温水不仅能够有效地杀灭真菌、苔藓等，杜绝微生物的生长繁殖，且具有强烈的溶解力，对清洁涂料也有明显作用。细小的蒸汽喷雾减弱了墙面的潮湿危害，但如果操作不当，墙体内部可能因受热膨胀不均匀产生裂缝。蒸汽喷雾清洁不宜长时间作用于软弱的碳酸盐类石材或者表面有石灰砂浆的墙体表面，高温水的反复冲洗清洁会溶解钙质，给墙面或文物表面造成新的病害。

5.1.3 表面活性剂

表面活性剂是一类低浓度时就可以显著降低溶剂表面张力的物质（图 5–2），主要包括阴离子型、阳离子型、两性离子型、非离子表面活性剂、高分子表面活性剂、有机硅表面活性剂、氟表面活性剂。详见附录。

5.1.4 纳米杀菌剂

是利用纳米技术，将传统杀菌剂的有效成分、载体、助剂等，加工成对环境友好或更为高效的新产品。目前可用于文物保护的纳米杀菌剂有银（Ag）、二氧化钛（锐钛矿型，TiO_2）、氧化锌（ZnO）、二氧化硅（SiO_2）、铜（Cu）、氧化镁（MgO）和氢氧化钙 [$Ca(OH)_2$] 等金属或无机盐的纳米颗粒。

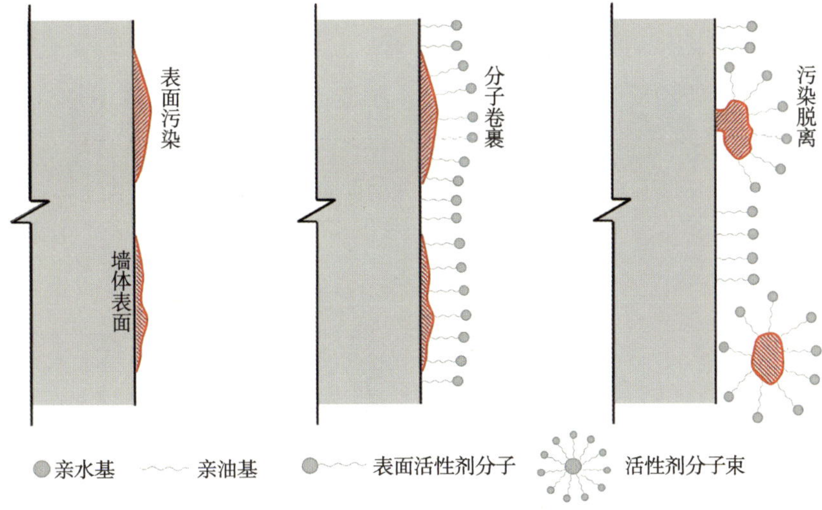

图 5-2　表面活性剂在建筑表面清洁过程的作用原理示意图

近年来研究发现，利用经典 - 改性正硅酸乙酯材料的保护特性，将二氧化钛纳米颗粒采用超声方式分散到经典 - 改性正硅酸乙酯中，可以制备出一系列具有抑制微生物作用的复合固化剂，用于多孔材料表面微生物抑制和多孔材料固化。此类材料的优点在于：适用范围广，既可以作用于亲水砖石等材料，也可以作用于木材，保护有旧涂料的木材表面；基本不改变基材颜色；具有较好的稳定性，可以预先配制好，也可现场进行稀释调配；不含水，避免水活化水溶盐。

5.2　敷贴法——清洁纸浆和清洁凝胶

盐分危害是一项威胁到建筑饰面完整性、强度的重要病害。为降低基层水溶性盐分，文物保护工作者经过长期的试验改进，提出的一种简单方便、高效率、可以在垂直面施工的清洁技术，即表面吸附降盐，又称脱盐或排盐，统称敷贴法清洁。敷贴法是一种物理化学结合的清洁方法。其原理是利用水溶盐离子的毛细作用，使去离子水渗入到基材中，将盐分溶解，然后通过水分蒸发，使盐分随着水的转移，慢慢集中到可以去除的表层敷贴材料中，从而降低基层盐分。研究发现，敷贴也可以清除水溶盐之外的污垢等。

敷贴材料一般会选择孔隙率高、附着力良好的原材料。近年来研究发现，敷浆状材料中可添加弱酸（如草酸）、弱碱（如苏打）、活性盐（如硫酸氢铵）、表面活性剂（如 EDTA）等以增加清洁的效果。为了降低水分的挥发速度，尤其是在极其干燥的地区，可以覆盖塑料薄膜或先预处理基层。

敷贴法将是未来使用最广泛的清洁方法之一（图 5-3），实际施工中，需要注意一定不能损伤基层，不能改变基材的颜色。脆弱的表面则需要采用预固化后再采用纸浆敷贴。

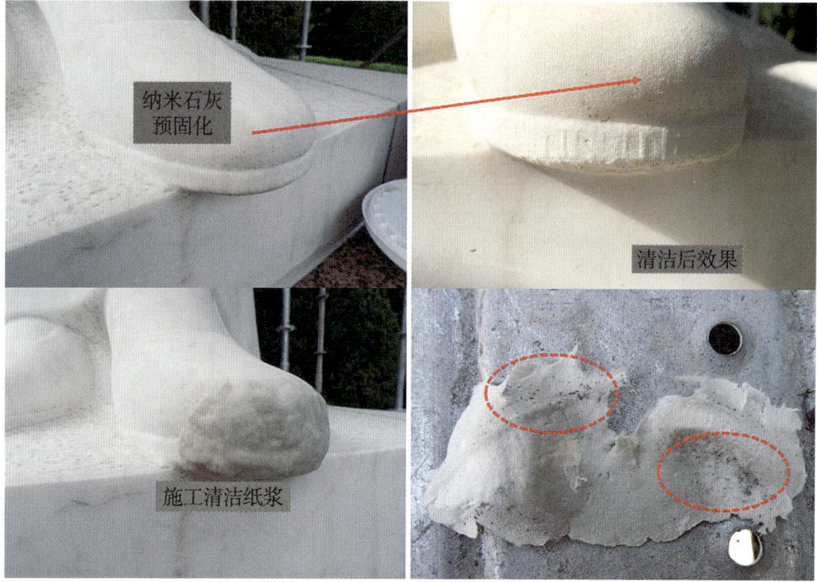

图 5-3 在汉白玉表面先用酒精杀灭微生物，然后用纳米石灰预固化，再用清洁纸浆有效去除污垢及微生物

5.3 渗透增强材料

指低黏度的无机或有机材料，通过毛细作用或正压力、负压力等渗透到砖石及砌筑灰浆本体材料内部，增加砖石及灰浆等材料的自身强度的材料。渗透材料类型有石灰、无机硅酸盐（钾基水玻璃、锂基水玻璃等）、正硅酸乙酯等。无机硅酸盐的性能见 2.2.4 节。本节重点对使用较多的硅酸乙酯类增强剂的固化原理进行分析。

正硅酸乙酯是过去数十年最常使用的无机材料增强剂。其原理是硅酸乙酯 [$Si(OC_2H_5)$] 与水蒸气 (H_2O) 反应，生成二氧化硅胶体 [$SiO_2(aq)$]，成为新的胶结物（5–1），从而使矿物材料的强度增加。乙醇 (C_2H_5OH) 为副产物，通过挥发去除，一般不产生副作用。

$$Si(OC_2H_5)_4+2H_2O = SiO_2(aq)+4C_2H_5OH \quad (5\text{–}1)$$

硅酸乙酯分"经典岩石增强剂"（含或不含溶剂的增强剂）和弹性硅酸乙酯增强剂两类（图 5–4）。经典硅酸乙酯增强剂具有如下的特点：砖石增强和憎水保护分开，可以满足不同的保护需要；单组分，无或含溶剂，成熟的工业制成品，无需现场配制；强度增加适中，从 20% ~ 100%，满足不同的需要；渗透深度大，可渗入到没有风化的砖石部位；形成无机的二氧化硅胶体，耐久性好，并耐紫外线，耐风化；不产生有害的副产物；憎水性一般在 8 周后消失，特别适合在不可以进行憎水的部位施工；对被固化的材料透气性和渗水性轻微改变，被固化的材料干燥速度几乎不改变。

弹性硅酸乙酯的化学反应原理和经典硅酸乙酯相同，不同的是两个正硅酸乙酯分子之间拼接一个弹性基团，使得形成的硅胶有一定的弹性，从而使其比经典硅酸乙酯有更好粘结性，但是渗透性能相应降低。

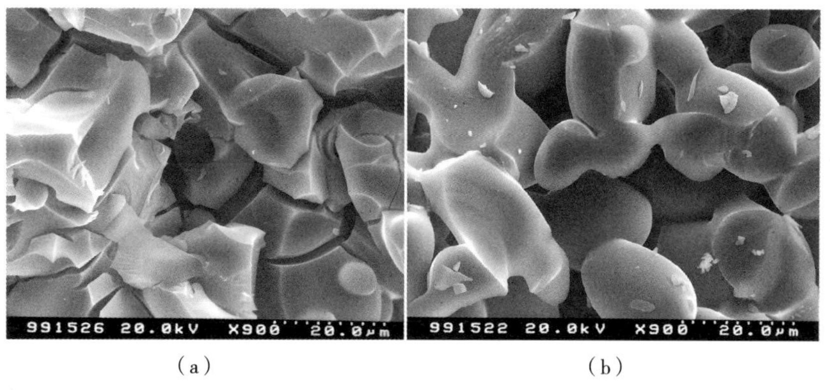

（a） （b）

图 5-4 两种正硅酸乙酯固化形成的二氧化硅凝胶扫描电子显微镜下特点（图片来源：Remmers）
（a）经典正硅酸乙酯；
（b）弹性正硅酸乙酯

不同类型的硅酸乙酯增强剂在分子量、有效组分含量、固化后有效组分含量及适用范围存在差异（表 5–2），不同生产企业生产出的材料性能也有别。在保护极其重要遗产时，原则上需要对比不同材料或材料组合的效果，再决定采用哪种类型的材料。

表 5–2 不同类型硅酸乙酯的特点

代码	有效组分①（wt%）	固化后的胶粘剂比例②（wt%）	添加剂
K100	20	12.9	未知
K300	99	22.2	未知
K300Hv	95	26.3	碳酸盐岩耦合剂①
K300E	50	30.7	聚酯
K500E	85	54.9	聚酯

注：①生产企业资料。
② T. Berto，S. Godts & G. De Clercq 实验资料
（表格来源：参照 T. Berto，S. Godts & G. De Clercq 补充）

硅酸乙酯类增强剂适合多孔硅酸盐类天然岩石与人造岩石（如砂岩、青砖、陶器、土、三合土、抹灰砂浆、壁画等）的增强保护。硅酸乙酯材料的增强效果是肯定的，但其最佳增强效果和硅酸乙酯材料的类型、浓度（宜低不宜高），岩石风化的特点，施工量（必须足量），施工时的温度、湿度等有关。硅酸乙酯类增强保护剂不适合用于潮湿含盐高的砖石，和非常潮湿的土壤。高浓度、高湿度、施工量不足等情况常常导致起壳，必须避免。

不同类型、不同浓度的正硅酸乙酯可以配合使用，施工时可采取流涂、浸涂、点滴、注射或真空负压工艺。

5.4 憎水材料

又称表面“防护”材料，是改变多孔材料毛细孔隙的毛细活动性、使水在自然重力作用下无法渗透到内部的一类材料，使用得当可以提高风化

砖石等的耐候能力，延缓其风化。但是，使用这类材料前需要对本体所处的环境、水溶盐等进行分析。重要的文物原则上不宜使用憎水材料，在建筑墙面的使用需要具体问题具体分析（见 3.4.2 节）。

5.5 裂隙加固材料

材料本体的开裂以及结合缝需要采取合适的材料填充，增加完整性或防止雨水进入建筑内。

5.5.1 弹性和塑性材料

对于非活动性裂隙，可以采取刚性材料填充，但是对于活动性裂隙，则需要采用具有韧性的材料。韧性材料分成弹性和塑性材料两类（图 5–5），前者包括有机硅树脂、聚氨酯等，后者包括沥青等。

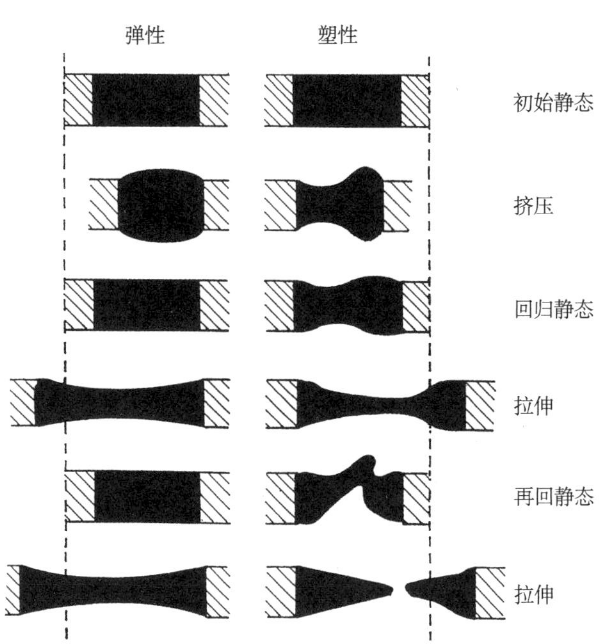

图 5–5 填缝使用的弹性材料和塑性材料的区别（图片来源：Baust，1988）

5.5.2 用于粘结加固的有机材料

粘结类加固材料指具有一定粘结强度的无机、有机或复合材料，它们通过重力或压力进入裂缝中，粘结失去结合力的砌体或不同构造层。

到目前为止，遗产建筑修复中使用过的有机粘结材料（有机合成树脂及其改性的粘结材料）包括：环氧树脂（EP）；丙烯酸树脂（PMMA）；聚氨酯（PUR）；有机硅树脂；正硅酸乙酯（SAE）及其软化衍生材料；聚酯（PE）等。代表性材料的性能简单介绍如下。

1. 环氧树脂

指分子结构中含有环氧基团的高分子化合物。常用的环氧树脂由双酚 A 和环氧氯丙烷缩聚而成。商品环氧树脂一般为双组分，A 组分为树脂，B 组分为固化剂，当 A、B 组分混合后，环氧基团开环进行线性聚合（所谓固化），也可以交联固化。当其固化时，在金属及非金属材料表面有很强的粘结力，使其成为建筑工程中应用最广的裂隙粘结加固材料。20 世纪 70—90 年代，在文物保护、遗产建筑修缮工程中就曾大量使用环氧树脂。

高质量的结构加固环氧树脂特点：100% 固含量；低黏度；与水 / 油兼容；适合包括特殊环境（如潮湿的裂缝等）的裂缝结构加固。

环氧树脂材料在应用到遗产建筑保护时需要注意的问题是：相对传统材料，其强度太高，常常是加固粘结好的裂缝本身不开裂，在其周边部位重新出现开裂。同时，环氧树脂不耐紫外线，在很短的时间内会变色。不透气，仅适合没有水运移的裂缝的粘结。环氧树脂的热膨胀性比石材等无机材料高约 10 倍。可再处理性差，从裂隙流淌到表面的部位只有在很短的时间内用溶剂如丙酮清洁，固化以后只能采用机械方法清除。

2. 丙烯酸树脂

是在砖石材料表层加固中使用过的最多的有机树脂。它是甲基丙烯酸甲酯的聚合体，因有很高的光透射率故被俗称为有机玻璃，并有易着色的特性，可着成各种鲜艳的色调。丙烯酸树脂具有较好的热稳定性，质轻不易破碎，可作为玻璃的替代品，也是应用广泛的加固剂。尽管丙烯酸树脂耐紫外线的能力好于环氧树脂，变色程度相对小很多，但是由于其透气性差，热膨胀系数高，使得其在文物建筑修复中的运用越来越受到限制。丙烯酸树脂已经越来越少地直接应用到石材的修复中。如今，丙烯酸树脂主要作为助剂（添加量≤ 1%，）使用到无机修复材料中。

3. 有机硅及硅橡胶

有机硅树脂为网状结构，与其他几种有机树脂相比，硅橡胶具有非常好的耐候性，在民用工程中（如在幕墙中）得到大量使用。但是，硅橡胶不吸水、不透气，在遗产建筑材料上施工的可操作性差，不适合砖石材料开裂及表层修复加固粘结。

4. 聚氨酯

全名聚氨基甲酸酯，是氨基甲酸的酯类或碳酸的酯 – 酰胺衍生物。聚氨酯可以是线型或体型，其制品隔热、耐油、应用广，包括胶粘剂、涂料、（弹性）纤维、弹性体、软硬泡沫塑料、人造革等。发展迅速，就其应用广度而言，在合成材料中几乎占了首位。

聚氨酯涂层是当今涂料发展的主要种类，它的优势在于：涂层柔软并有弹性；涂层强度好，可用于很薄的涂层；涂层多孔，具有透湿和通气性能；耐磨，耐湿，耐干洗。其不足在于成本较高。

聚氨酯胶粘剂除具有无毒、无污染、使用方便等优点外，还具有其他胶粘剂无法比拟的优点，即优良的耐低温、耐溶剂、耐老化、耐臭氧及耐细菌性能，在建筑铺装材料的应用中发挥着重要作用。广泛应用于弹性橡胶地垫、硬质橡胶地砖和铺设塑胶跑道运动场中。新型双组分聚氨酯胶粘剂突破传统胶粘剂剪切强度与剥离强度的矛盾，可使两者同时达到较高使用强度，在建筑用钢板的粘接中表现出优异的性能，粘接牢固且不易产生形变，而且可室温下调固化速度，使该聚氨酯胶在使用上方便易行，应用广泛。前人曾经研究采用低黏度、低浓度聚氨酯渗透固化风化的砂岩、黏土砖等，但由于聚氨酯与遗产建筑材料不兼容，这一技术没有得到广泛应用。

材料选择上，需要考虑开裂的类型（图 5-6），即现有的开裂属于活动型还是静态型。活动型的墙面开裂需要采用弹性材料密封。

有机树脂用于遗产建筑的结构加固、露天开裂文物的修复时，需要注意如下问题：

1）只有在必要时才采用；

2）控制使用量，如采用点粘结代替面粘结；

3）优化配合比，特别是通过添加无机填料克服其缺点；

4）和无机材料结合使用。

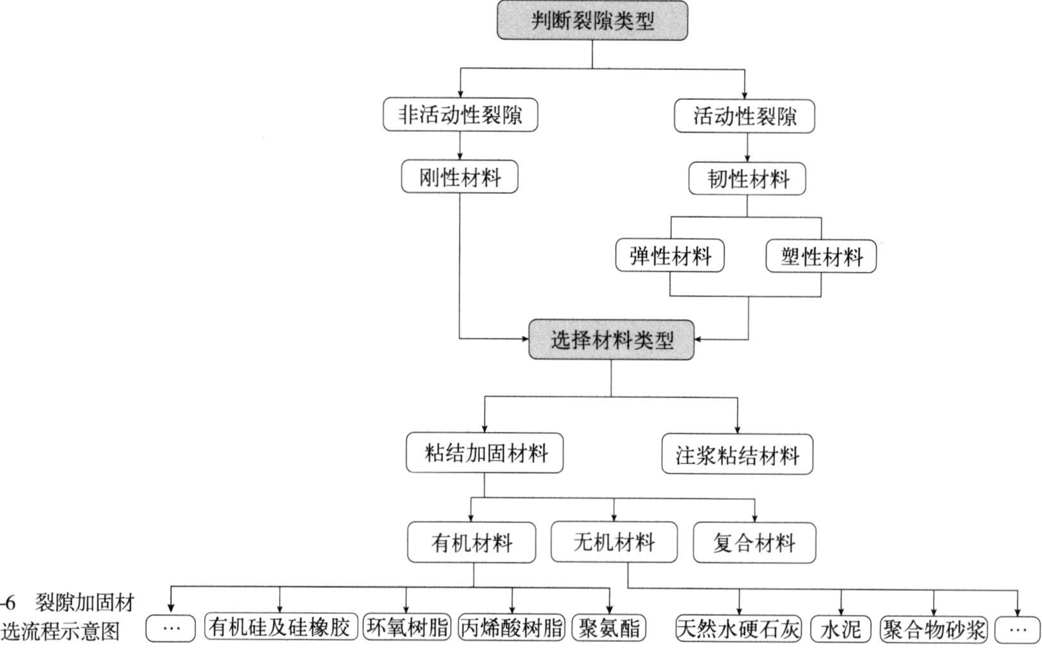

图 5-6 裂隙加固材料遴选流程示意图

5.5.3 石灰及水泥基注浆粘结材料

石灰水泥基注浆材料类型包括无水泥的天然水硬性石灰注浆料、水泥注浆料、聚合物砂浆注浆料等。水泥基注浆料是除环氧树脂外应用最多的既有建筑加固粘结材料，它在遗产建筑的混凝土结构砖石砌体等加固中有着广泛应用，其强度可以通过添加各种助剂进行调整。低强度的泡沫混凝土，可用于砖石砌体的注浆加固。但是，由于其含有较高的水溶盐，在文物和遗产建筑修缮中的应用受到限制。代替水泥的是天然水硬性石灰，特别是低强度砖石砌体和夯土墙开裂。天然水硬性石灰注浆加固材料可用简单工具施工（图 5–7）。

填充类加固材料指低强度、低粘结力的无机材料，这类材料常用石灰作胶粘剂，进入砖石砌体后可增加砌体的整体性。

除了采用水为载体的建筑石灰外，也可以采用醇为载体的微纳米石灰配制面层修复用注浆料。

图 5–7　石灰基注浆料可以采用注射头加延长管施工

5.6　修补材料

指修补既有材料断裂、残缺的材料。修补对恢复遗产建筑既有美学价值和完整性，提升既有材料功能，减缓既有材料和构件的劣化具有重要意义。采用修补材料恢复原形制的方法又称作塑型修复。

出于对遗产建筑材料的尊重，表面风化破损不严重的砖石等材料，一般采用修补而不是替（掏）换，这样可以多保留文物建筑材料历史信息。此外，修补还具有少干预、可识别、快捷、更安全等优点。基于牺牲性保护理念的修补可有效缓解遗产建筑本体材料的老化。

我国早期建筑保护实践中，主要采用传统无机材料或天然有机材料。进入 20 世纪后，一些特殊的遗产保护工程中开始尝试新材料，如 20 世纪 30 年代开始采用水泥修复石材和清水墙等。20 世纪 90 年代开始进行国际合作后，经过优化的传统材料及所谓高科技材料开始应用到建筑的保护与更新中。保护实践中使用的大部分材料在抢救遗产免于毁灭上起到了积极作用，但是其安全性、耐久性等尚缺乏客观的系统监测与科学评估。

5.6.1　修复用砂浆类型

砖石修补材料按照胶粘剂类型有无机修补剂、有机修补剂（如云石胶等）两大类。有机修补剂只适合室内装饰石材等修补，室外使用不仅自身容易变色，也可能会加速原有石材劣化。

修复用的以石灰 – 水泥为主要胶粘剂的无机砂浆（含建筑嵌缝砂浆）可以按以下方式分组：

A 型：以石灰膏或者纸筋石灰为主要成分的非水硬性砂浆；

B 型：以石灰膏和类似火山灰的活性组分为（如火山灰、低温烧制的黏土砖磨细的粉等）主要成分的水硬性砂浆；

C 型：天然水硬性石灰为主要胶粘剂的水硬性砂浆；

D 型：采用气硬性石灰和低碱水泥配合的砂浆，即混合砂浆；

F 型：水泥基，主要用于混凝土或水泥基饰面的修补。

上述砂浆中，无机胶粘剂的添加量一般为 15% ~ 25%，可以添加微量树脂，增加可施工性。骨料采用和本体相同的石粉或待修材料类似的骨料，并根据理论级配曲线优化。砂浆类型的选择需充分考虑砖石材类型、现状，特别是劣化程度和外露程度等因素，颜色应参照历史材料的新鲜表面。

5.6.2 古砂浆的复配

用于保护的砂浆需要同时满足力学性能和保护工作的美学、化学和物理性能要求。适合遗产建筑补砌的砂浆、勾缝的砂浆与现代建筑的砂浆的要求截然不同，砖石艺术品修复采用的砂浆和建筑修复的也不同。为了真实性修复历史构件，通常需要复配具有该历史时期特性的砂浆。通过湿化学砂浆分析（详见 4.3.2 节）获得关于砂浆成分和比例的信息。需要注意的是，受风化影响的砂浆在成分上会发生变化，在取得的古代材料样品分析的成分可能与原始成分大不相同。此外，许多砂浆（包括室内使用的砂浆）因混合不良，活性胶粘剂的量可能与某些分析确定的总胶粘剂含量不同。

对于重建工程，例如对外墙面重新粉刷，或对倒塌的砖石建筑重新建造，或在古代砂浆脱落并且修复不当的地方重新修补时，需设计新的砂浆。在这些情况下，砂浆成分及其比例的选择首先取决于砌体的状况，其次取决于外露的严重程度。

复配既可以在修复现场，也可以在专业实验室（如类似干混修补砂浆等）。现场配制常需要非常专业的、有丰富材料学知识和经验的修复师，根据具体保护要求优化。其优点是可以根据修复对象配制出需要的浓度或色彩质感，以及传统的不均匀性，缺点是质量需要严格的管理，否则会导致材料不稳定等。

工厂配制好的修复材料指在工厂按照配方及特定的生产工艺生产好后运送到工地的材料。按照具体保护建筑的材料及环境要求量身定做修补材料将成为未来趋势。

5.6.3 商品修补剂

商品修补剂是在工厂加工包装后提供到保护修复现场的材料。目前，市场提供的商品砖石无机修补剂（干混修补砂浆）主要有 3 类：第一类为水泥砂浆，其特点是快硬，但是脆性、透气性差，容易泛碱；第二类为无水泥修补剂，为采用水硬性石灰等配制的修补剂，具有中－低强度，高透气性等优点；第三类为添加少量水泥的混合修补剂，由耐碱水泥、石灰（天然水硬性石灰）、活性组分如偏高岭土等组成。几乎所有类型的无机修补剂中都含有少量的树脂等添加剂（或称作外加剂，一般小于 1%）以优化性能指标，如降低收缩性，增加可施工性。

砖石修补材料一般需要满足如下性能：与待修补材料的强度接近或低于待修补材料；透气性接近或高于待修补材料；吸水性能接近或高于待修补材料；颜色、质感等接近遗产建筑的材料。不吸水、不透气的有机修补剂不适合作为外墙或地面等部位砖石材料的修补。

5.6.4 修复用砂浆性能检测

遗产建筑、文物修复过程中，如果对修复用材料没有进行性能检测工作，会导致出现质量问题时难以溯源。因此，不仅需要在科研、勘察节点，而且在实施阶段，应根据保护对象的重要性、经费等选择性地对修复材料进行检测。检测方法可以参照表 5–3 进行。

表 5–3 遗产建筑修复用砂浆材料推荐的检测内容及方法

抹灰状态	对象	技术方法	目的
混合后的砂浆（商品砂浆）	胶粘剂（无机胶粘剂、有机胶粘剂等）	光学显微镜（定性）、FT–IR XRD（半定量）、RFA–XRF（半定量 – 定量）、湿化学分析 + 筛分（定量）	组分及比例、有机组分、晶体结构、水溶离子等
	骨料	显微镜分析、筛分	矿物组分及粒径分布；水溶离子
固化后的砂浆	砂浆试块	光学显微镜（定性）、FT–IR XRD（半定量）、RFA–XRF（半定量 – 定量）、湿化学分析 + 筛分（定量）、压汞法测孔隙率	组分及比例、有机组分、晶体结构、水溶离子等、孔隙率、强度、吸水性能、碳化深度等

5.7 建筑涂料

涂料由成膜物、颜料、填料、分散介质、助剂等组成，附着在物体表面起保护和装饰作用（图 5–8）。大部分涂料可起到保护作用，有的已经成为遗产价值的一部分，需要研究和保护。部分遗产建筑在修缮时需要涂刷新的涂料，以满足经济、美观、保护等功能。因此，掌握涂料的基本知识对理解遗产建筑、保护利用遗产建筑均有重要意义。

图 5–8 历史街区骑楼立面涂料起装饰和保护作用

5.7.1 涂料的组成

1. 成膜物

成膜物也称树脂、胶粘剂或基料。它将所有涂料成分粘结在一起，形成整体均一的涂层或涂膜，同时对基层或底漆发挥润湿、渗透的作用，进而形成必要的附着力，并满足涂层的基本性能要求。因此，成膜物是涂料的基础成分。成膜物主要有天然树脂、天然油脂、合成树脂、无机黏合物等类型。

1）天然树脂与天然油脂

传统建筑木构件所用涂料的成膜物以天然树脂和天然油脂为主。以天然树脂作为主要成膜物的涂料叫作漆，常用的天然树脂有生漆、松香、虫胶。生漆质量指标见表 5–4。

表 5–4 生漆质量指标

<table>
<tr><th colspan="2">项目</th><th>一级</th><th>二级</th><th>三级</th></tr>
<tr><td rowspan="6">感官检验</td><td>色泽</td><td colspan="3">乳白色至深棕褐色乳状液</td></tr>
<tr><td>转艳</td><td colspan="2">由乳白色渐变至深咖啡色</td><td>层次分明，先后都快</td></tr>
<tr><td>气味</td><td>酸香味浓</td><td>有酸香味</td><td>酸香味淡，无异味</td></tr>
<tr><td>米星</td><td>较明显</td><td>明显</td><td>一般不明显</td></tr>
<tr><td>丝路</td><td>丝条细长，回缩快</td><td>丝条较短，回缩较慢</td><td>丝条粗短，似缩非缩</td></tr>
<tr><td>含渣量（%）</td><td><3</td><td><4</td><td><5</td></tr>
<tr><td rowspan="5">理化指标</td><td>煎盘分数（%）</td><td>>73</td><td>>68</td><td>>63</td></tr>
<tr><td>漆酚总量（%）</td><td>>65</td><td>>58</td><td>>50</td></tr>
<tr><td>加热减量（%）</td><td><27</td><td><32</td><td><37</td></tr>
<tr><td>含氮物与树胶质（%）</td><td colspan="3">6 ~ 14</td></tr>
<tr><td>表干时间（h）</td><td><4</td><td><3</td><td><3</td></tr>
</table>

注：摘自国家标准《生漆》GB/T 14703—2008。

以天然油脂为主要成膜物的涂料叫作油，天然植物油有桐油、苏子油、梓油、亚麻籽油等，桐油质量指标见表 5–5。

表 5–5 桐油质量指标

指标名称	优等品	一等品	合格品
外观	黄色透明液体		

续表

指标名称	优等品	一等品	合格品
色泽（加德纳色度）	<8	<10	<12
气味	具有桐油固有的正常气味，无异味		
透明度（20℃，24 h）	透明	透明	允许微浊
水分及挥发物（%）	<0.10	<0.15	<0.20
不溶性杂质（%）	<0.10	<0.15	<0.20
相对密度（20/20℃）	0.9350 ~ 0.9395		
酸值（KOH）[（mg/g）]	<3	<5	<7
碘值（I）[（g/100g）]	163 ~ 175		
折光指数（20℃）	1.5185 ~ 1.5225		
皂化值（KOH）[（mg/g）]	190 ~ 199		
黏度（20℃）[（mPas）]	200 ~ 350		
总桐酸（%）	>80	>80	>70

注：摘自行业标准《桐油》LY/T 2865—2017。

2）合成树脂

现代涂料的一种分类方法是按照成膜物来划分（表 5–6）。常见合成树脂有丙烯酸酯类及其改性共聚乳液、醋酸乙烯及其改性共聚乳液、聚氨酯、氟碳等树脂等。

表 5–6　建筑涂料分类方法

主要产品类型			主要成膜物类型
建筑涂料	墙面涂料	合成树脂乳液内墙涂料； 合成树脂乳液外墙涂料； 溶剂型外墙涂料； 其他墙面涂料	丙烯酸酯类及其改性共聚乳液； 醋酸乙烯及其改性共聚乳液； 聚氨酯、氟碳等树脂； 无机胶粘剂等
	防水涂料	溶剂型树脂防水涂料； 聚合物乳液防水涂料； 其他防水涂料	EVA、丙烯酸酯类乳液； 聚氨酯、沥青、PVC 胶泥或油膏、聚丁二烯等树脂
	地坪涂料	水泥基等非木质地面用涂料	聚氨酯、环氧等树脂
	功能性建筑涂料	防火涂料； 防霉（藻）涂料； 保温隔热涂料； 其他功能性建筑涂料	聚氨酯、环氧、丙烯酸酯类、乙烯类、氟碳等树脂

注：摘自国家标准《涂料产品分类和命名》GB/T 2705—2003；主要成膜物类型中树脂类型包括水性、溶剂型、无溶剂型等。

3）无机胶粘剂

有石灰、水硬性石灰、水泥、硅酸盐等。这类涂料在国内应用不多，但在遗产建筑保护及提升方面有很好的应用前景。

2. 颜料和填料

是色漆或有色涂层的必要组成成分。颜料赋予涂层色彩、着色力、遮盖力，并增强机械强度，具有耐介质性、耐光性、耐候性、耐热性等。颜料以微细固体粉末的形式分散在成膜物中，其细度、粒度分布、晶型、吸油度、表面物理化学活性等直接决定颜料的着色力和遮盖力，并与树脂相互作用、分散稳定性、流变特性紧密相关。涂料中常用的颜料包括无机颜料（钛白粉、铬黄、红丹、烟黑、白垩、色土、天然氧化铁等）、有机颜料（喹吖啶酮颜料、偶氮颜料、酞菁颜料等）。

填料又称体质颜料，通常是白色或稍带颜色的，但不具有颜料的着色力和遮盖力。填料主要来自天然矿石，其化学稳定性好，耐磨性、耐水性好，在涂料中起骨架作用，同时降低涂料的原材料成本。涂料中常用的填料有碳酸钙（重钙、轻钙）、重晶石粉（硫酸钡）、滑石粉、高岭土（瓷土）、多孔粉石英（二氧化硅）、白碳黑、沉淀硫酸钡、云母粉、硅灰石、膨润土等。

3. 分散介质

是涂料的液体部分，也叫“载体”，黏度低且透明，使涂料有适度的黏度能够进行生产和施工。分散介质最终能够在空气中挥发。

水性建筑涂料的分散介质是水，而溶剂型涂料的分散介质是溶剂（又称稀释剂）。传统的溶剂型涂料成膜后，溶剂会挥发到大气中，成为空气污染源之一，且绝大多数有机溶剂都有一定毒性，易燃易爆。随着限制挥发性有机化合物（Volatile Organic Compounds，VOC）和有害空气污染物（Hazardous Air Pollutants，HAPs）使用的法规要求日趋严格，建筑涂料的环保性要求成为强制性指标，水性涂料、高固体分涂料和粉末涂料成为涂料行业的发展趋势。

4. 助剂

又称添加剂，在现代涂料的生产、贮存、运输和涂饰等不同阶段中，助剂对保证涂料的涂饰性能起着重要作用。尽管用量占比很少，助剂却是现代涂料中不可或缺的组分，一般留在涂层中成为其组分之一。常用的建筑涂料助剂包括润湿剂、消泡剂、分散剂、流平剂、防霉防藻剂等。

5.7.2 传统建筑涂料

一般包括刷浆、油灰（表 5–7）、油漆（表 5–8）等。这些油灰、油漆常常在施工现场加工，现做现用（图 5–9），性能和质量和匠师的知识和经验密切相关。

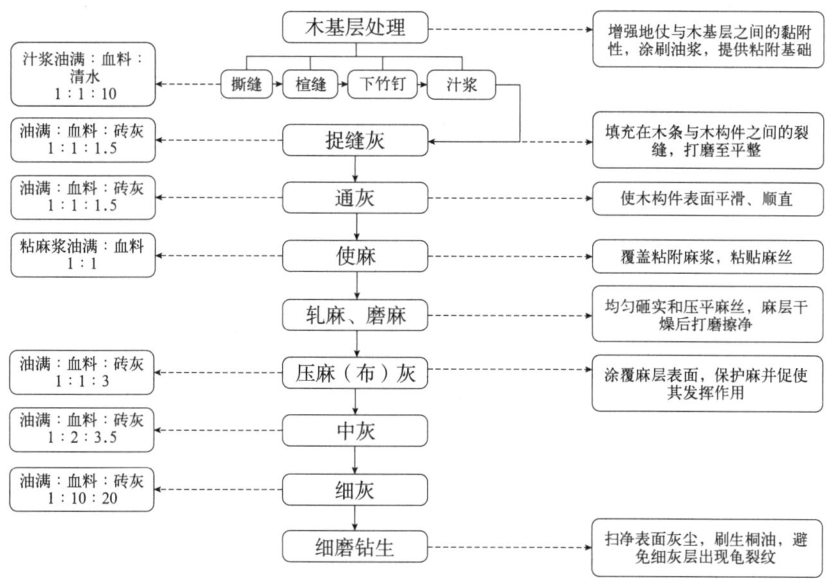

图 5-9　传统“一麻五灰”工艺流程

表 5–7　常用油灰类型

类型	定义
捉缝灰	由油满、血料、粗砖灰按比例调制而成，是古建筑地仗的头道灰层。因为灰籽粒大，调得灰油满比例大，因此干燥快，用于镶嵌木构件中较大的裂缝和找补缺陷处
扫荡灰	又作“通灰”，即满覆构件表面的灰层。是地仗灰层中的第二道，在捉缝灰之上。由油满、血料、砖灰按比例调制而成。因所用砖灰籽粒较大，油满多，粘结力强，因而可以用来补充头道灰之不足，起衬平和连结上下工序的作用
压麻（布）灰	“一麻（布）五灰”工序之一（图 5-9）。在麻（布）干后，用金刚石或缸瓦片把麻磨起茸（但不得将麻丝磨断），用笤帚打扫后用水布掸净，以皮子将压麻灰抹在麻上来回压实，再覆够一定厚度，以不露麻为好
中灰	古建筑地仗施工中披抹于压麻灰或压布灰之上的灰层。由油满、血料、中号砖灰按比例调制而成，因灰料多，油满少，所用砖灰籽粒较小，因而平光性较扫荡灰强，只是粘结性稍差。中灰作用仍是衬平和粘结，如遇线脚，中灰又用来扎线。中灰层不宜太厚，否则容易龟裂
细灰	古建筑地仗施工中各种灰的最后一道灰层。由油满（有的以光油代油满）、血料、细砖灰按比例调制而成，因油满少、砖灰多，灰质细腻、平光性很好，用于找齐秧角、边框、上下围脖、框口、线口以及下不去皮子的地方。厚度一般不超过 2mm。有线脚者，在中灰之上再扎细灰一道

注：皮子：彩画油漆地仗、抹灰时使用的一种工具。原用牛皮革制成，故称皮子。现采用旧汽车外胎及橡胶垫制成，规格可按木件的大小制作。制作时大皮子较硬些，小皮子较软些，使用前需磨出坡形口。

（表格来源：王效清 . 中国古建筑术语辞典 [M]. 北京：文物出版社，2007.）

表 5–8　传统油漆主要类型

名称	解释
大漆	又称生漆、天然漆、国漆、土漆等。天然树脂漆的一种，是从漆树身上割取出来的乳白色汁液，经过初步加工滤去杂质的原漆，又称生漆。未经加工的天然大漆内含水分较多，漆膜干燥快，光亮度较弱。多用于调漆灰及做底，做漆膜时与熟漆按比例掺和使用

续表

名称	解释
棉漆	大漆经多次过滤，再经日晒脱去水分的漆，并经特殊精制而成的纯生漆，又叫精制生漆
夹生漆	用大漆或棉漆加入 10% ~ 30% 坯油[①]而成
广漆	用大漆或棉漆加入 40% 坯油而成
熟漆	大漆经过熬炼后，再加适量坯油和少量未经熬炼过的大漆，称为熟漆
色漆	熟漆加入矿植物颜料，配制成各种颜色的色漆[②]

注：①熬制的桐油；
②传统色漆无钛白粉。
（表格来源：路化林 . 中国古建筑油作技术 [M].2 版 . 北京：中国建筑工业出版社，2020.）

5.7.3 现代建筑涂料

随着合成树脂的出现，原料廉价、批量生产成本低、功能多、应用更为广泛的现代建筑涂料应运而生，几乎全面取代了应用千年的传统涂料。和砖、石灰抹灰等相比，墙面涂料具有较低的吸水性能，在风雨导致墙体变潮湿时，涂刷涂料是解决方法之一。这是有很大一部分遗产建筑外墙被涂刷了涂料的原因之一。

现代建筑涂料分“墙面涂料”“木器涂料”“地坪涂料”“防水涂料”4 类。

现代建筑涂料的基本构造一般包括基层、腻子、底漆、面漆。随着建筑涂料的装饰效果和功能要求进一步提升，涂料构造还增加中间漆或者罩面清漆，形成复层涂料构造。

1. 墙面涂料

目前市场可得并可应用到遗产建筑保护 / 翻新的主要现代墙面涂料类型及特征见表 5–9，这些涂料可以采用辊涂、批刮、喷涂等方式（图 5–10）施工。因 VOC 含量限制等环保因素，溶剂型墙体涂料（包括丙烯酸酯、聚氨酯、氟碳等）在建筑内外墙装饰的应用已被限制，而水性氟碳漆和水性金属漆更适合现代建筑风格，但在遗产建筑保护中应用较少。

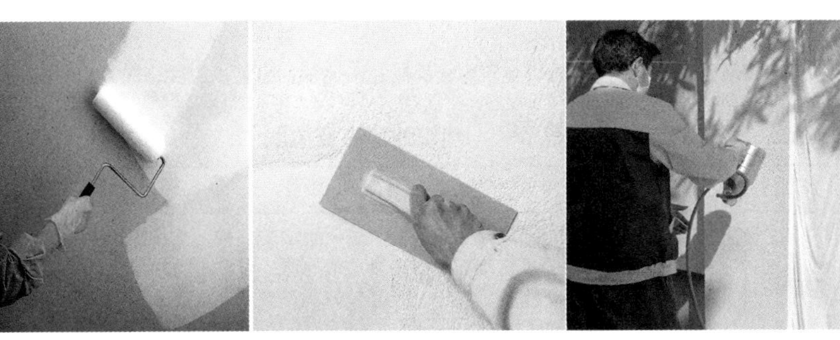

图 5–10 施工工艺中的辊涂、批刮、喷涂
（图片来源：任孝树）

表 5–9 现代墙面涂料主要类型及特征

主要类型	特征
内墙底漆	以合成树脂乳液为成膜物，与颜料、填料及助剂配制而成，分有色底漆、透明底漆。作为内墙涂料的配套底漆，通常用来增加后续涂层的附着力，内墙底漆通常不与外墙面漆配套。施工工艺有刷涂、辊涂、喷涂
外墙底漆	以合成树脂乳液为成膜物，与颜料、填料及助剂配制而成，分有色底漆、透明底漆。作为外墙涂料的配套底漆，通常用来增加后续涂层的附着力，封闭基层碱性的作用，不同面漆采用不同底漆，不得随意搭配。施工工艺有刷涂、辊涂、喷涂
合成树脂乳液内墙涂料	俗称内墙乳胶漆，以合成树脂乳液为成膜物，与颜料、填料及助剂配制而成，根据乳液品质分类，有醋丙乳胶漆、苯丙乳胶漆、纯丙乳胶漆等。施工工艺有刷涂、辊涂、喷涂，是目前市场上比较经济的内墙装饰材料
合成树脂乳液外墙涂料	俗称外墙乳胶漆，以合成树脂乳液为成膜物，与颜料、填料及助剂配制而成，根据乳液品质分类，有苯丙乳胶漆、纯丙乳胶漆、硅丙乳胶漆等。施工工艺有刷涂、辊涂、喷涂，是目前市场上比较经济的外墙装饰材料
弹性涂料	以弹性合成树脂乳液为成膜物，与颜料、填料及助剂配制而成，施涂一定厚度（干膜厚度大于等于 150μm）后，产生的细小皱纹作用的功能性涂料；施工工艺有辊涂、拉毛两种，适用于易龟裂的墙面
弹性质感涂料	以合成树脂乳液为成膜物，与颜料、石英砂等填料及助剂配制而成的厚质涂料，具有较好抗裂性和透气性，与外墙外保温系统匹配，特别适用于别墅、洋房外墙装饰。施工工艺有批刮、喷涂等，干膜厚度与最粗骨料颗粒有关，一般为 1 ~ 3mm
真石漆	以合成树脂乳液为成膜物，与天然彩砂或煅烧色砂或树脂岩片及助剂配制而成的厚质仿天然花岗石效果的厚质涂料，具有较好抗裂性和透气性，与外墙外保温系统匹配，适用于有仿石效果要求的高层、多层建筑装饰。施工工艺有喷涂、批刮等，干膜厚度与最粗骨料颗粒有关，一般为 1 ~ 3mm
水性多彩建筑涂料	一种复合悬浮分散体涂料，涂覆后发生色散而获得多种颜色花纹效果，达到仿花岗石涂装的逼真效果。与石材干挂搭配使用，效果最佳，多用于多层洋房、高层项目。施工工艺为喷涂，作为薄涂层单独使用，还可与弹性质感涂料、真石漆搭配成复层涂料，仿石效果更逼真
液态无机涂料	以合成无机硅酸盐、硅溶胶等为成膜物，可添加高分子有机物，并加入颜料、填料及助剂配制而成的水性液态涂料。保色耐久，透气性好，不燃，可吸收潮气，不易结露。施工工艺以辊涂为主。目前因室内消防要求提高，液态无机涂料在室内应用增长较快
水泥基饰面砂浆	俗称装饰砂浆，以无机胶凝材料、填料、无机颜料、添加剂和骨料所组成的用于建筑墙体表面装饰的干粉状材料。透气性好，不燃，易发花，施工工艺以批刮为主，适用于地中海式风格的别墅洋房
硅藻泥	以无机胶凝材料、硅藻材料为主要功能性填料组成的干粉状内墙装饰材料。施工工艺以批刮为主，透气性较好，可吸收潮气，不易结露

2. 木器涂料

广义的木器涂料指所有用在木制品上的涂料，通常可以分为水性漆、油性漆和木蜡油 3 类。油性木器漆包括大漆、清漆（varnish）、硝基漆（NC 漆）、聚氨酯漆（PU 漆）、聚酯漆（PE 漆）、紫外光固化木器漆（UV 漆）。石蜡、桐油、松节油大约按 2 ∶ 2 ∶ 6 混合在一起，就可以制成室外用的木蜡油。需要注意的是，户外木材保护需要的油漆需要在满足装饰的同时具有屏蔽紫外线、耐久、透气等性能。

3. 地坪涂料

指涂装在水泥砂浆或混凝土等基面上，对地面起装饰和保护作用，同时满足具有特殊功能（防静电性、防滑性等）要求的涂装材料。根据国家标准《地坪涂装材料》GB/T 22374—2018，地坪涂料按其分散介质分为水性地坪涂装材料、无溶剂型地坪涂装材料、溶剂型地坪涂装材料、聚合物水泥复合型地坪涂装材料。

4. 防水涂料

防水工程作为隐蔽工程，是建筑的重要组成部分。防水材料包括防水涂料、防水砂浆、防水卷材等。防水涂料分为无机防水涂料和有机防水涂料，无机防水涂料可选用掺外加剂的水泥基防水涂料和水泥基渗透结晶型防水涂料；有机防水涂料可选用反应型、水乳型、聚合物水泥等涂料。

聚合物水泥防水涂料（JS 防水涂料）是一种常见的防水涂料，由丙烯酸酯、乙烯—乙酸乙烯酯等聚合物乳液和水泥混合而成，适用于防水要求高的部位，一般为双组分。根据国家标准《聚合物水泥防水涂料》GB/T 23445—2009 的有关规定，JS 防水涂料按物理力学性能分为Ⅰ型、Ⅱ型和Ⅲ型。其中，Ⅰ型适用于活动量较大的基层，Ⅱ型和Ⅲ型适用于活动量较小基层。

5.7.4 涂料性能指标

指涂料产品的技术参数。不管是内部品控，还是设计选型，都需要参考涂料的具体性能指标。

1. 装饰性指标

涂层可以赋予所涂饰的基层绚丽色彩、不同光泽、丰富质感的装饰效果，满足客户个性化和多样化的装饰需求。为便于设计师或客户选择，涂料制造商配有标准色卡和样板，以便双方确认。装饰性指标包括：颜色、光泽、纹理、颗粒粒径等。

2. 保护性指标

暴露在一定大气环境下的建筑物会遭受多种腐蚀介质的侵蚀，比如雨水、潮气、二氧化碳、紫外线、微生物及其代谢产物等。雨水和二氧化碳会导致混凝土碳化，氯离子随着雨水从裂缝进入基层进而加剧腐蚀。涂层能够隔离并屏蔽腐蚀介质与底材接触，或者通过特殊添加剂延缓腐蚀而达到保护底材的目的。根据不同的使用环境，涂层可选用不同的保护性指标。

3. 功能性指标

随着材料技术的发展和创新，建筑涂料除了保护和装饰作用外，还需具有特定功能。满足各种功能性指标的检测方法应运而生，如反映涂层耐火能力的燃烧性能，反映透气性的水蒸气透过率，与防霉有关的耐霉菌性，与吸收潮气有关的调湿功能等。

4. 环保性指标

建筑涂料的环保性要求是强制性指标，相关参数有 VOC、有害重金属、放射性等。从环保及生态健康角度使用涂料等材料时需要考虑的因素有：

1）易燃易爆炸材料尽可能满足现有的运输储存等要求；

2）尽可能少使用会产生较多的有机挥发组分的产品；

3）使用时严格按照材料说明书进行操作；

4）施工时使用的污水在没有处理之前不能排泄到市政管网。

思考题

（1）水清洁在哪些情况下不适用？蒸汽喷雾清洁在哪些情况下不适用？

（2）在对建筑表面采用水清洁前，需要先做哪些工作？

（3）对于较脆弱的建筑表面，进行敷贴法清洁前应当先做哪些工作？

（4）硅酸乙酯系列材料和硅酸钾系列材料在成分、固化机理等存在哪些共同点和区别？

（5）硅酸乙酯系列材料的增强效果与哪些因素有关？

（6）对于活动性和非活动性裂隙如何选择加固材料？

（7）防止雨水浸入饰面的材料类型有哪些？

（8）对古代砂浆脱落部分重新修补时，如何确定新的砂浆成分和比例？

（9）完全暴露在日晒、风雨环境下的户外木材需要采用什么类型的油漆？

（10）遗产建筑修缮工程实践中选择涂料时应考虑哪些因素？

（11）为什么说真石漆、弹性质感涂料等现代建筑涂料仿砖工艺不能用于清水砖墙修复？

第 6 章　木材

木材是来自森林的自然产品，是具有特殊生物、物理和化学性质的天然材料。广义的木材指木质材料，既包括森林采伐的原条、原木、锯材，也包括木材加工制成品。狭义的木材仅指产自通常所说的树木（乔木），甚至只是把树木中树干部分的木质部称为木材。遗产建筑中所应用的木材一般指狭义的木材，常称为实木。应用在建筑中的木材可以称之为建筑木材。本章重点介绍 4 方面内容：1）木材作为一种建筑材料与其他建筑材料的区别性特征；2）木材作为建筑构件在使用中容易出现哪些病害以及如何勘察；3）勘察和检测方法；4）保护技术。

6.1　木材材料特性

木材是建筑材料中唯一的生物质材料，具有可再生、绿色低碳的特点（图 6–1），因此木材一直作为人类发展史中与人类关系最为密切、与环境发展最为协调的建筑材料之一，具有悠久的历史。

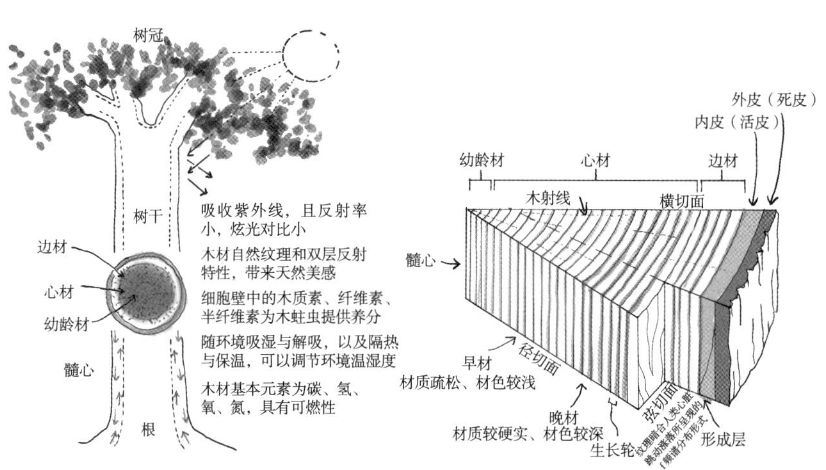

图 6–1　木材的特性
（图片来源：张子玥根据 *Timber* 改绘）

6.1.1　木材的优点

和砖、钢等材料比较，木材具有如下优点：

1）木材同时具有很高强重比（强重比是每单位质量下强度的值，计算时以强度与密度的比值表示，是材料学和工程力学比较注重的指标），远高于钢材、混凝土等；2）木材加工性良好，材质较软，容易进行锯、刨、打孔等工作，易组合建造房屋，因此成为我国早期建筑的主要材料之一；3）木材具有良好的感官特性，视觉上带给人们温暖感和舒畅感，其纹理会带给人轻松愉悦感；4）木材对光线具有反射特性，使具有独特光泽，带来天然美感；5）木材具有更好的紫外线吸收功能，且反射率小，木质材料的炫光非常小，可以减轻眼睛的疲劳程度；6）木材具有良好的隔声特性，用木材制作室内顶棚、墙壁和地板，能够营造良好的室内声环境；7）木材能够调节室内环境，相同厚度下木材比混凝土或玻璃棉等隔热性能和温度调节性能好，木质建筑在夏天能够有效隔热，冬天能够存热保温；8）木材具有良好的调湿性能，一定程度上可保持室内环境湿度的稳定。因此，对于木质建成遗产的保存，可以考虑科学利用木材对环境温湿度的调节作用。

6.1.2 木材的缺点

木材也存在天然缺陷问题：1）开裂、收缩、变形、节瘤，这些缺陷在建筑营建之初匠人会根据实际情况加以避免。2）木材长期暴露在空气环境中，容易受到真菌、害虫、化学因子、大气污染及水分等因素影响而劣化。在木结构建筑中最为常见及破坏性较大的劣化是生物性病害，如腐朽、虫蛀等。当生物性病害危害木材使其产生空洞时，实际承载面积减小，严重时会影响整个建筑的结构稳定性。3）木材主要由碳、氢、氧、氮等元素组成，是一种可燃性材料。国内外发生过数起标志性木质建成遗产火灾事故，带来了巨大的损失，如法国巴黎圣母院发生严重火灾，塔尖在大火中被摧毁。对于传统建筑木结构来说，建筑内使用大量木材，火灾负荷大，耐火等级低；同时，木构件含有助燃成分，如传统建筑木结构采用的松、柏、杉等含有大量可挥发树脂，会起到助燃效果；传统木结构建筑内部大都空间高、跨度大、门窗多，供氧充足，加之内部陈设的各类物品，具备良好的燃烧和火焰传播条件。4）木材具有各向异性，即木材在沿纤维方向具有很大承载力，在垂直纤维方向承载力相对较弱。

6.2 木材在建筑中的应用及树种类型

6.2.1 遗产建筑中木材的应用

我国第一代建筑学家梁思成先生早在 20 世纪 30 年代提出“以木材为主要构材”是我国传统古建筑的主要特征之一。传统建筑木结构中，以木材作为主要的建筑材料，其中起承重作用的主体结构构件“大木作”，包括梁、额、枋、檩、椽、斗栱及柱；起装饰作用的构件“小木作”，包括门、窗、藻井、格栅等（图 6–2）。近现代建筑中，使用木材建造门窗、地板、楼梯、梁、隔栅、柱、镶板、天花板、椽子、挂瓦条、灰板条、屋架等部位（图 6–3）。

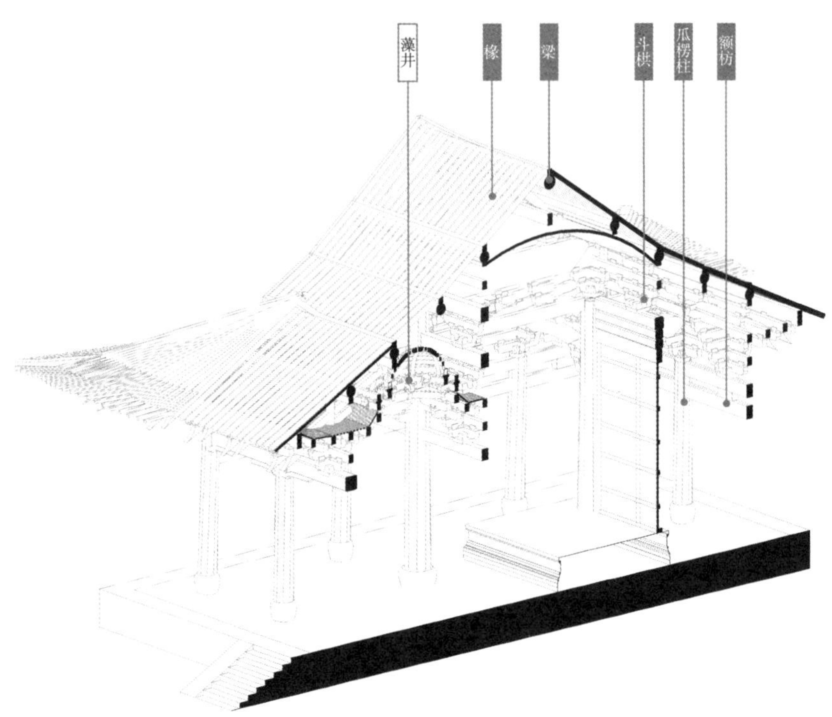

图 6–2 传统建筑（以保国寺大殿为例）中的木构件
（图片来源：张子玥根据文献改绘）

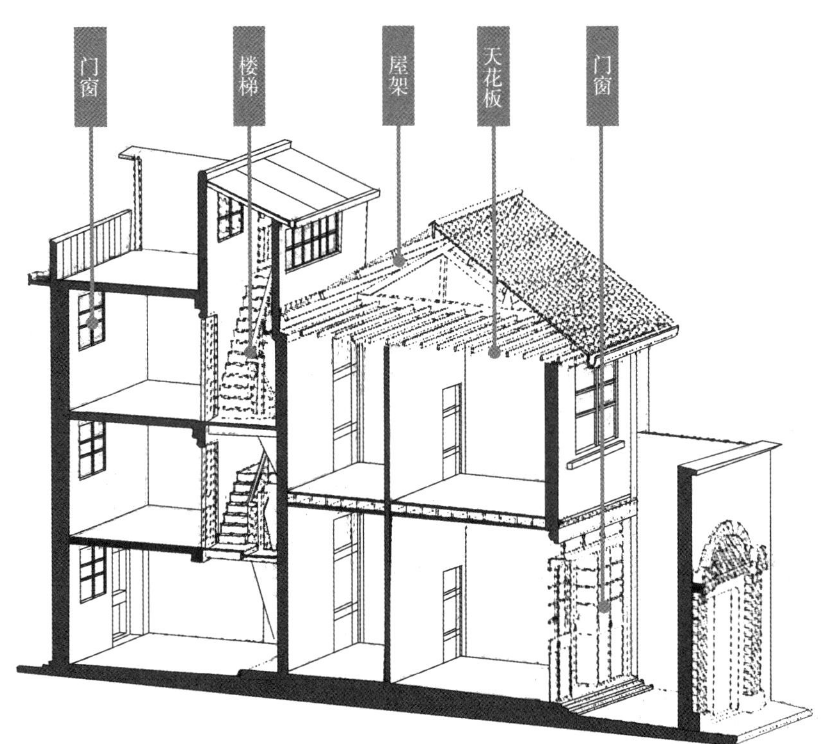

图 6–3 近现代建筑（上海里弄建筑为例）中的主要木构件
（图片来源：张子玥根据《勃艮第之城》改绘）

6.2.2 遗产建筑中常用的树种

遗产建筑中常见的用材树种，可分为针叶材和阔叶材两类，针叶材的树干通直高大，纹理顺直，密度小，胀缩变形小，耐腐蚀性较强，材质相对均匀，材质软，容易加工。阔叶材的树干通直部分较短，密度较大，木质较硬强度大，纹理漂亮，胀缩变形大，容易开裂，加工较难。常用针叶材树种有柏木、东北落叶松、铁杉、油杉、鱼鳞云杉、西南云杉、油麦吊云杉、丽江云杉、侧柏、建柏、油松、红皮云杉、丽江云杉、红松、樟子松、杉木、黄杉、软木松、硬木松、马尾松；常用阔叶材树种有青冈、椆木、栎木、槭木、水曲柳、刺槐、锥栗、槐木、桦木、楠木、檫木、樟木、榆木、苦楝、枫香、红柳桉等。针叶材在建筑中一般应用于承重结构构件和门窗、地面用材及装修骨架，阔叶材一般应用于制作家具、装修贴面等部位（图 6–4）。

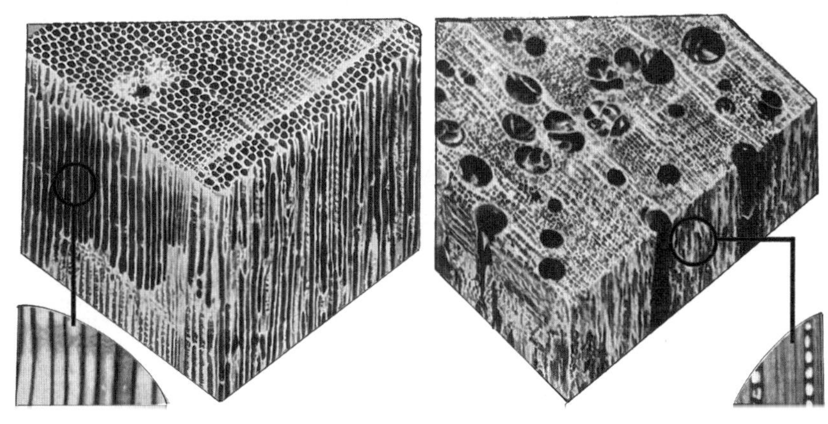

图 6–4 针叶材（左）与阔叶材（右）
（图片来源：张子玥根据 *Indentifying wood* 改绘）

6.3 木材病害

木材取自于自然，树木在生长过程中会存在天然缺陷。故建筑在营建之初，匠人有明确的选材标准，会避免使用具有天然缺陷的木材。因此，本教材中木材病害主要指建筑木材在后期使用过程中产生的材质性能降低的劣化问题。木材在使用中受到环境因子影响而出现劣化的现象，称为木材病害。建筑木材病害的产生是非生物性劣化、生物性劣化等在建筑上的综合表现（图 6–5）。

6.3.1 非生物性劣化病害

由物理化学因素引起的病害如开裂、风化、变形等为非生物病害。非生物病害不改变木材内部组成，破坏程度相对较小。

1. 开裂

建筑木材置于室外环境中，会与环境中的水分产生交换，木材含水率发生交替变化。遇水吸湿而膨胀，木材尺寸变大，在干燥环境中又会失

（a）

（b）

（c）

（d）

（e）

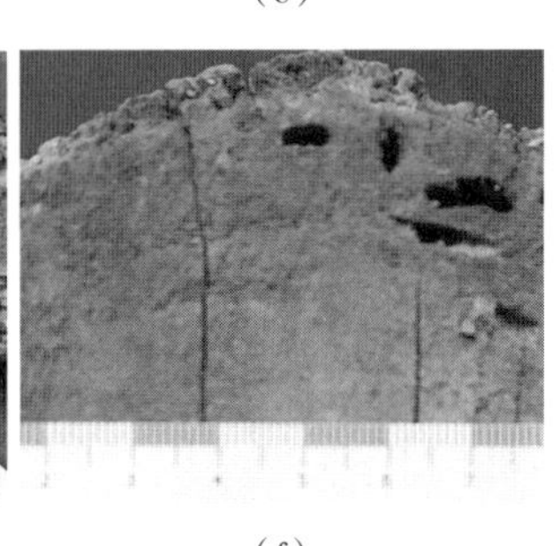

（f）

图 6–5　木材代表性病害
（a）木构件发生径裂、环裂和弧裂；
（b）白腐；
（c）褐腐；
（d）白蚁嚼食质地软的早材而留下较坚硬的晚材；
（e）白蚁侵害的木材呈分层深沟状；
（f）天牛对边材进行蛀食，也见径裂

水而收缩、木材尺寸变小。这种交替作用使木材表面和内部存在含水率梯度[①]而产生内应力，引起木材表面开裂。

按裂纹发生在木材的位置，可分为端裂和纵裂。端裂主要发生在木材横切面上，包括径裂、环裂 [图 6–5（a）] 和弧裂；纵裂主要发生在木材顺纤维方向，包括冻裂、震击裂、干裂、浅裂、深裂、贯通裂、炸裂等。

2. 风化

指在光（特别是紫外光）作用下的褪色（变色）、开裂等现象。随紫外光的辐射时间延长，影响逐渐从表层转移至对内层木材结构的分子链的破坏加速，导致从表面向内 2 ～ 3mm 的木材强度降低。

3. 变形

指由环境中的风、水等因素引起的木构件形体尺寸的改变。一般 3 ～ 4 级及以上的风力扬起的尘埃、砂粒、石砾，长期作用于木材表面，使木材受到机械磨损和分离。轻者引起木材表面粗糙、纤维起毛，严重者造成针叶树木材或软阔叶树木材表面出现槽沟，细裂并伴随出现端裂，板材翘曲变形等，从而影响木材使用。环境中的水分不仅会使木材产生生物性病害，同时木材在环境中吸水和失水，木构件膨胀收缩，且木材具有各向异性，在膨胀收缩过程中木构件便会发生变形，且这一过程常不可逆。

6.3.2　生物性劣化病害

由生物性因素引起的腐朽、虫蛀属于生物病害，因其改变木材细胞

① 含水率梯度表示不同位置的含水率差异值。

组成，从而影响木材的各项物理及力学性能，对建筑中木结构件的危害较大。建筑木材主要的生物性病害主要包括：腐朽、虫蛀。

1. 腐朽

木腐菌的生长发育需要一定的条件，主要包括营养物、温度、湿度（水分）、氧等因素。木材主要由碳（约 50%）、氢（约 6.4%）、氧（约 42.6%）、氮（约 1%）等元素组成，可以为木腐菌提供营养物，所以只要在空气中达到一定的温湿度条件，木腐菌便会生长发育。白腐和褐腐是遗产建筑木材中最主要的两种腐朽类型。木腐菌中 90% 的种类造成白色腐朽，白腐菌不但能够在针叶树种上生长，更能在阔叶树种上生长。而褐腐菌主要在针叶树种上生长，个别种类也能在阔叶树种上生长。

白腐主要由白腐菌分解木材内的木质素，同时将纤维素缓慢分解，并将色素破坏使木材呈漂白状，故称白腐[图 6–5（b）]。遭受白腐破害的木材呈白色或浅黄色，多为海绵状、轮状、筛状或大理石状，因此白腐也称筛状腐朽或腐蚀性腐朽。白腐菌一般分解木质素，因此木材往往留下大部分纤维素。而木质素相当于细胞壁结构中的结壳物质，发生白腐的木材基本能够保留木材外形，但静力强度比正常材有所降低。

褐腐主要由褐腐菌分解木材中纤维素，保留大部分木质素所形成，腐朽木材呈龟裂状或方块状，材色呈褐色、深棕色，纵横交错裂缝间有时有菌丝存在，故称褐腐[图 6–5（c）]。遭受褐腐破害的木材通常呈红褐色，质脆，中间有纵横交错的裂隙，呈现龟裂状腐朽。因褐腐菌破坏了细胞壁的“骨架物质”——纤维素，腐朽的木材很容易用手撵成粉，因此褐腐也称粉末状腐朽或破坏性腐朽。

2. 虫蛀

危害木材的昆虫可分为湿木害虫和干木害虫两类，在遗产建筑木结构中的木害虫大多为干木害虫，主要有等翅目木白蚁科、鼻白蚁科、原白蚁科、白蚁科，鞘翅目天牛科、粉蠹科、长蠹科、窃蠹科，膜翅目木蜂科。有些种类干木害虫直接以木材为食，有些仅仅在木材中做巢栖生。干木害虫对水分要求较低，通常能适应较干燥的栖生环境，会在被害木材上产生重复危害，其中有些危害性更大的种类既能在干燥环境下生存，也能在潮湿木材中生存。湿木害虫在树木未砍伐前就已存在，一般不需要进行过度处理，而干木害虫是建筑建成后进入木材生长繁殖，会对木结构产生严重破坏[图 6–5（d）、图 6–5（e）、图 6–5（f）]。

6.4 木材病害勘察与分析

6.4.1 勘察的意义

鉴于建筑木材的生物质特点，在一定环境中，木材容易发生腐朽、虫蛀等劣化，尤其木材所处环境比较潮湿时，木材会加速劣化。当劣化程度相对严重时，会影响整个建筑的结构安全。因此，需定期开展对木质建成遗产的勘察检测，勘察检测要以"最小干预木结构、最大程度保持原有木结构的特征"为原则，综合利用传统勘察技术与现代定量－半定量勘察技术。同时开展木材树种鉴定、病害类型（腐朽、虫蛀、开裂、断裂与劈裂等）和材质状况评估，最终提供数据化的科学、准确的勘察结果，利于针对性地采取相关保护修缮措施（图 6–6）。

木材树种鉴定是根据待检木材样品的宏观特征、微观构造及密度等特性，参照已发布实施的相关标准或正式出版的木材识别文献，与正确定名的木材标本进行比对，确定木材树种名称或木材名称的过程。木材树种鉴定结果，一方面可以为考证建筑原材料来源提供依据，另一方面可以指明木材的具体指标，指导修缮选材，以实现木构建筑的真实性。

6.4.2 传统勘察技术

传统勘察技术是最简单、最直接的勘察方法，可以通过肉眼观察、拍照记录、敲击测试等方法实现，是一种快速定性判断的勘察技术。

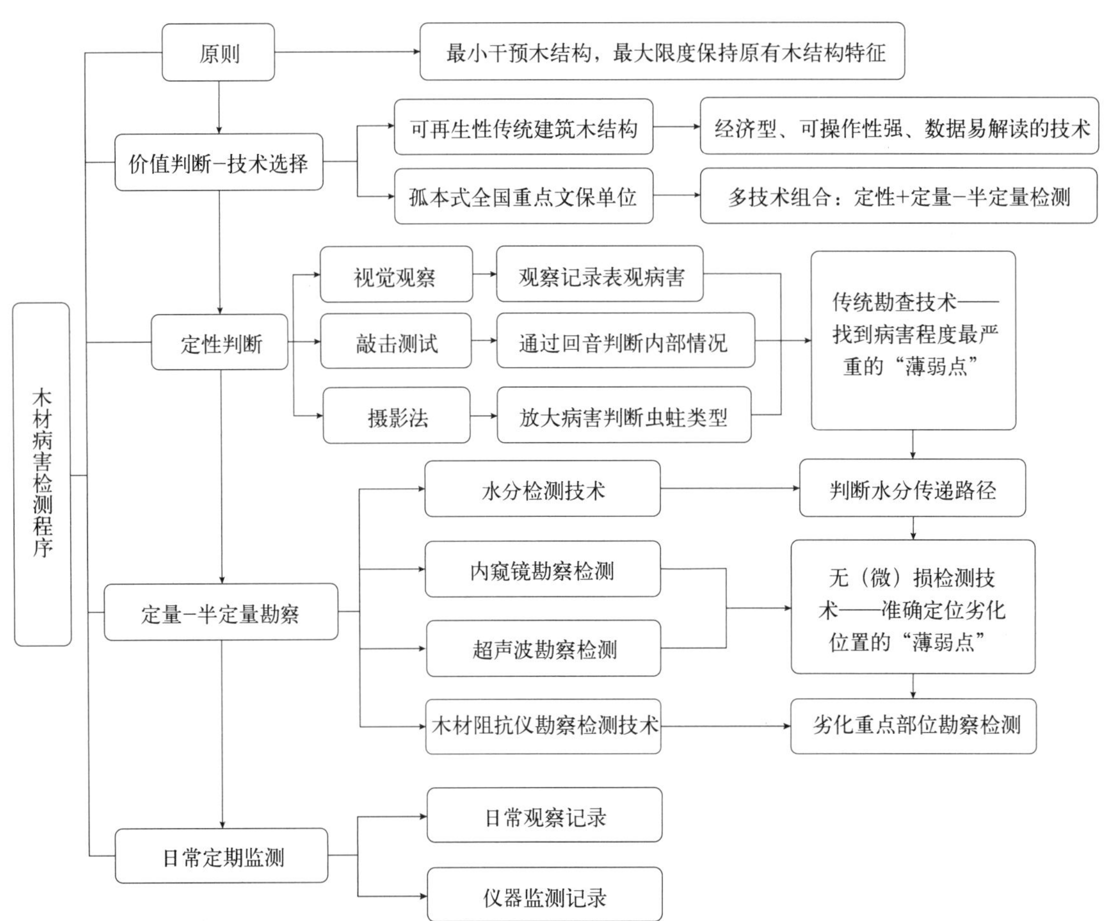

图 6–6 木材病害检测程序图

1. 视觉观察

木材的表观病害，如表面开裂、腐朽、虫蛀、变色、老化等，可以通过肉眼观察直接获得。通过对现场情况的观察，勘察人员对建筑现状有初步认识，作为进一步勘察工作的基础，应做好相关记录。

2. 敲击测试

视觉观察无法判断木构件内部情况，可用锤子对木构件进行敲击，通过反射的声音辨识木构件内部材质情况。当木构件内部存在空洞时，声音呈现比较“闷”的回声，而当木构件材质良好时，回声比较清脆。这种通过敲击反射的声音来判断木构件内部是否存在空洞的方法自古代一直沿用至今。敲击测试是一种对木构件内部情况进行初级判断的有效方式，在敲击测试基础上可以结合后续的无损检测，准确地判断木柱内部的材质状况。

3. 摄影法

摄影法是在肉眼观察的基础上，应用照相机（见 4.1 节）、摄像机、显微镜成像系统等电子设备对木材表观病害进行拍照或录像记录，利于分析、存档。为判断虫蛀的类型，要对虫洞大小、形状，以及蛀蚀道的走向等进行微观拍摄。而鉴定木腐菌种类，需要在摄影后现场采样，送交专门的生物实验室采用现代分子生物学技术进行检测。

6.4.3 现代定量 – 半定量勘察技术

传统勘察技术主要依靠人工经验对木材状况进行初步的定性判断。非破坏性的木材检测技术可以实现对传统建筑木结构定量 – 半定量的勘察。非破坏性检测技术指的是在对木材材质进行检测时不会对木材自身的内部构造及外观特征造成影响的技术，又称无（微）损检测技术。这种检测方式在检测的过程中通过对各种检测对象的物理学现象与经验值进行对比，得出准确的结果。由于木质建成遗产无法拆卸、不可破坏，无（微）损检测技术实现了在不破坏木构件的前提下准确评估的可能性，为下一步木质建成遗产的保护与维修提供科学、准确的依据。

从一定程度上说，水分是造成木材生物病害的必要条件，因此通过对木材中的水分进行检测，以了解建筑的现存含水率，判断是否达到发生病害的临界值，分析水分来源，为下一步预防与保护木结构提供数据参考。

对传统建筑木结构进行现场含水率检测时，要对容易产生局部高含水率的重要构造节点（椽、柱、望板）以及通风不良处，进行系统的勘察；对于近现代建筑中的木构件，需要关注木材与其他材料交接处的含水率，如深入砖砌体的木梁，除此之外还要对通风不良及潮湿处如屋顶、地板等位置进行重点检测，含水率的检测结果需要表明木构件的含水率范围、分布，是否达到发生病害的临界值。对于木柱的含水率检测，还需要找到含湿率分布与木柱高度的关系。

微波检测技术（4.7.2 节）侧重于检测木构件一定深度内所含的水分，不一定具体对应木材的含水率数值，可以检测木材所处微环境的湿度。例如宁波保国寺大殿宋柱具有 3 种形式（图 6–7），其中四段合柱及八段包镶柱都是采用小木拼接的形式拼接成径级较大的木柱，与整木柱不同的是，木柱拼接之间存在空隙。采用微波勘察技术检测距离表面不同深度的木材与空气所形成的微环境的湿度，可以通过数据的相对值，找到水分在木柱与环境中进行传输交换的方向。检测结果显示，对于任何一根木柱，都存在这样一个规律：同一高度，测试深度为 11cm 的湿度最大，7cm 次之，3cm 最小。对于木柱而言，水分来源主要分为 3 个途径：从空气中吸收水分；屋面漏雨或生物（如蝙蝠）排泄物中的水分传递到木柱中；石柱础的冷凝水顺着木纤维传递到木材内部。如果是从第 1、2 种路径传递的水分，木柱不同深度的湿度差别应该不明显。所以，保国寺大殿宋柱的水分主要是从空气中吸收并向木柱内部传递。

6.4.4 木构件内部木材劣化定位勘察检测技术

传统勘察检测的目的是找到建筑构件病害程度最严重的“薄弱点”，再利用无（微）损检测技术可以基本实现对“薄弱点”及劣化程度的准确定位。木材内部劣化的无（微）损检测技术主要有内窥镜勘察检测技术、超声波勘察检测技术和阻抗检测技术。

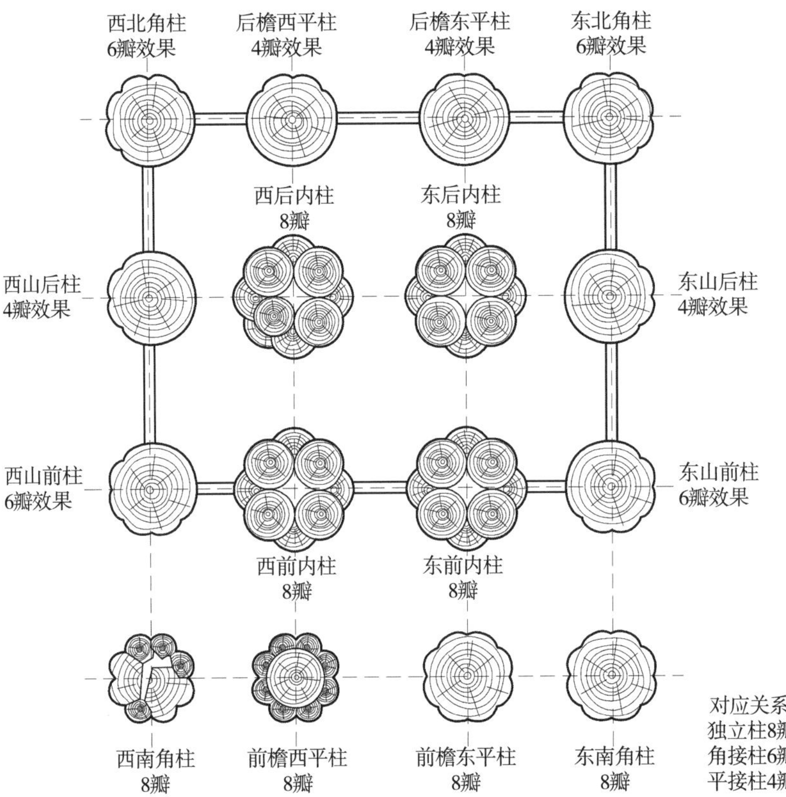

图 6–7 保国寺大殿 3 种形式的宋柱分布图

1. 内窥镜勘察检测

是将微小的 CCD 摄像头直接置于内窥镜头后端，将光学图像转换成电信号进行传输，通过视频控制器在屏幕上显示或存入计算机，完成对肉眼无法观察到的狭小空间的探测。这种方法利用木构件表面的开裂或是构造间的缝隙，将探头伸入检测对象，通过对探头的实时操控，实现对木构内部材质情况进行勘察，直观地观测木柱内部是否存在开裂、腐朽、虫蛀等病害。

2. 超声波勘察检测

原理是根据超声波波速在木材中的变化来检测木材病害。超声波在密实木材中的波速大于在带有空隙的木材中的波速，所以可以根据波传播速度的快慢来判断木材内部是否受损。

由于木材属于非均质材料，用超声波检测的波速数值不具有绝对值参考价值。采用控制变量的方法，控制影响超声波波速的其他因素，应用超声波勘察检测技术对木构件进行测试，所得数值通过进行相对值的比较，来判断不同木构件或相同木构件的不同位置的材质变化。

3. 阻抗检测技术

木材阻抗检测技术的原理和砖石钻入阻力检测法大同小异。根据检测获得的阻抗曲线可以判断木材内部具体部位的空洞、腐朽情况，为判断木材内部腐朽、虫蛀程度提供有效可靠的依据。

对于直径小于探针量程的木柱，可采用穿透式检测方法 [图 6–8 (a)]；对于木柱直径大于仪器检测范围的木柱，采用木柱两侧对穿的方式进行测试，尽量保证对称的对穿测量在同一条直线上 [图 6–8 (b)]。

现场勘察检测后，再采用相应软件对现场测试结果进行阻抗曲线整理。结合木材密度、年轮等相关木材学知识，对阻抗曲线进行分析。将阻抗曲线合成在木柱横截面上，并用 Auto CAD 软件绘制各测试点不同程度的腐朽空洞截面图，实现从一维阻抗曲线到二维病害截面示意图的转化。

图 6–8　木材阻抗检测方法
(a) 穿透式检测方法；
(b) 对穿式检测方法

在病害截面图上，如阻力曲线呈正常值，早晚材区分明显，为健康材；阻力曲线出现低值，且早期晚材不可识别，宽度较大，为空洞，用蓝色表示；而阻力值大于空洞的阻力值小于健康材的阻力值，早晚材不可识别，为腐朽，阻力值接近于健康材的腐朽为轻度腐朽，用黄色表示；阻力值接近空洞的腐朽为严重腐朽，用红色表示。

6.4.5 监测

《中国文物古迹保护准则》中明确提出："监测是认识文物古迹蜕变过程及时发现文物古迹安全隐患的基本方法。对于无法通过保养维护消除的隐患，应实行连续监测，记录、整理、分析监测数据，作为采取进一步保护措施的依据。监测包括人员的定期巡视、观察和仪器记录等多种方式。监测检查记录包括对可能发生变形、开裂、位移和损坏部位的仪器监测记录和日常观察记录。"因此，随着木结构无（微）损检测技术的发展，对木结构进行无（微）损定时检测也成为对木结构建筑监测的重要工作，其定期、准确、科学的监测记录成为保护维修木结构的有效依据。

6.5 木材生物病害防治

木材一旦出现腐朽、虫蛀的情况，会直接降低材料的使用性能，严重时影响整个建筑的结构性能，造成不可挽回的损失。病害防治包括治理和预防两方面。治理是对已经出现病害的部分采取针对性的措施抑制、防止病害转归、发展，从而达到维持现存状态或减轻病害的目标；预防是根据病害产生机理，采取具体综合性措施，通过控制、改造环境条件和提高材料本身特性，消灭病害发生诱因，杜绝达到病害发生、发展的条件，从而避免病害发生。本节主要介绍治理方法，部分治理措施也具有预防效果。

防腐处理就是采用材料和某种技术措施，消除微生物产生及其生存的某个必要条件，以达到阻止其生长繁殖的目的。

古人在对木材的使用过程中，已经意识到木材作为一种生物质材料存在着一些弱点，主要是易腐、易蛀和易燃。早期人们使用天然材料及工艺来对木材进行保护。公元前 2000 年，希腊用地沥青浇灌木材；公元前 14 年，用火烤碳化木材或油灰涂抹来保护木材；340 年，"铜青涂木，入水不腐"，用铜的氧化物来提高木材防腐性。在木材防蛀方面，1570 年，牙买加开始使用升汞和氧化砷处理木材，防止白蚁蛀蚀；1657 年，Joham Glauber 先用火将木材烧焦，再浸入木醋液中，用于防止海生钻木动物的危害。在阻燃方面，曾用明矾水浸泡木材，起到阻燃效果。直至 1718 年，"木材防腐剂"的名称被首次提出，随后世界各国研究人员开启了对木材化学防腐剂的研究工作，包括汞类、锌类、铜类防腐剂。我国于1957年建立第一个国营现代化木材防腐厂。1960年，人工合成有机木材防腐剂开始大量应用。由此可见，木材的应用伴随着木材保护材料与工艺的发展，其目的就是为了对木材进行改性，克服使用弱点，延长使用寿命。

6.5.1 木材化学防腐剂类型

一般的防腐剂都包括有杀菌和杀虫成分，分为有机药剂和无机药剂两大类。有机药剂分为油类和有机溶剂型（油溶性）药剂两类；无机药剂主要包括一些水溶性的盐类。

1）油类防腐剂是一类广谱型药剂，对多种木腐菌、害虫及海生钻孔动物都具有良好的防腐杀虫效果。油类防腐剂主要包括克里苏油（煤杂酚油）、煤焦油等。

此类药剂耐候性好，抗雨水或海水冲刷能力强，药剂效果持久；对金属低腐蚀。油类防腐剂有辛辣气味，对皮肤产生刺激，处理木材后会产生变色（一般呈黑色），不易于胶合和油漆。一旦发生燃烧，会产生大量刺激性浓烟。此类防腐剂处理后木材的成分变化较大。油类防腐剂主要用来处理在恶劣环境中使用的枕木、海港桩木等。

2）有机溶剂型防腐剂是一种具有杀菌、杀虫毒效的有机化合物。有机溶剂型防腐剂主要包括五氯酚、环烷酸铜、8-羟基喹啉铜、有机锡化合物、百菌清、林丹、氯丹、辛硫磷、二氯苯醚菊酯等。此类药剂防腐、防虫效果好，持久性好，不溶于水，抗流失性强，渗透性优于水溶性药剂；不腐蚀金属；处理后木材形变小，不会引起木材膨胀，木材表面清洁，易于后续处理。有机溶剂型防腐剂价格较为昂贵，溶剂多数可燃，增加火灾风险。

3）水溶性防腐剂是一种以无机盐类为主的防腐剂。水溶性防腐剂主要包括氯化物、氟化物、硼化物、铬盐、砷化物、铜盐、五氯酚钠、烷基铵化合物（AAC）、氟酚或氟铬酚合剂、氟铬砷酚、硼酚合剂（BP）、酸性铬酸铜（ACC）、铜铬砷合剂（CCA）、铜铬硼（CCB）、氨溶砷酸铜（ACA）、氨溶季铵铜、铜－硼－唑复合防腐剂。此类药剂使用方便，不影响木材的油漆和胶合性能，处理后木材表面干净，无刺激性气味，适合于对古建筑木结构的保护修缮，喷涂处理后，表面24～48h即可干燥。处理后不会影响木材的燃烧性能，部分还具有一定的阻燃效果，如硼砂。水溶性防腐剂处理木材会引起木材膨胀，膨胀率与吸药量相关。水溶性防腐剂抗流失性差，一般不适合处理与地面接触的木构件。

6.5.2 防腐剂的使用注意事项

在遗产建筑中，对于与地面接触的木构件，应该选择广谱防腐剂，并且具有一定的杀虫效果；其具有较好的抗流失性，在木材中较好留存；防腐剂处理时要浸渍一定深度，以达到较强的防腐效果。对于不与地面接触的木材，一般选择无机防腐剂（图 6–9）。如建筑中的木质门窗，防腐处理后不应影响油漆、涂饰；防腐剂处理深度适中，对金属连接件、腻子、玻璃、木材无损害，对环境无污染；处理后能够保证木材的尺寸稳定性。我国国家标准《防腐木材的使用分类和要求》GB/T 27651—2023 中，根据木材的使用环境、暴露条件、不同条件下生物破坏因子对木材的危害程度进行分类。此标准与国际标准化组织 ISO 分级一致，可供遗产建筑中木材进行防腐处理时作为主要参考标准。

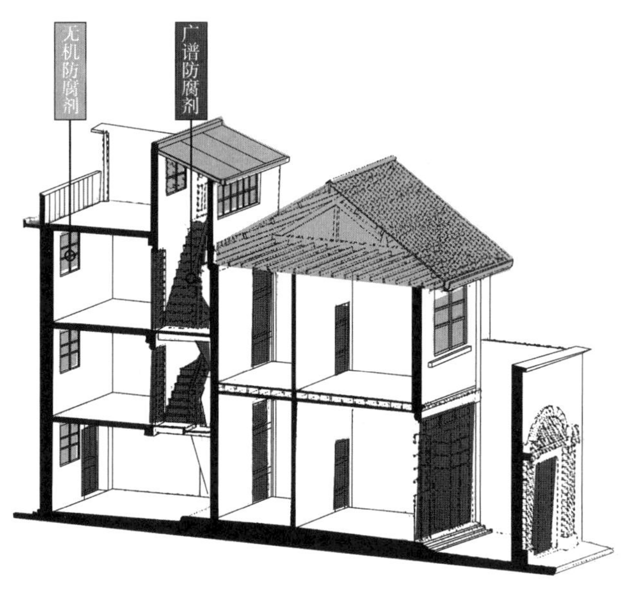

图 6–9　防腐剂使用部位示意图——以里弄建筑为例（图片来源：张子玥根据《勃艮第之城》改绘）

木材的含水率是影响木材吸收药剂的一个重要因素。我国古建筑维修中规定木结构防腐处理时含水率应在 20% 以下，木材在干燥情况下，防腐处理是对药剂溶液的直接吸收。而对湿材的防腐处理，当木材含水率超过 30% 以上时，防腐（虫）剂应采用水溶性、高渗透深度并在处理时采用有利于药剂扩散的措施。对建筑木材的防腐工程一般都在维修现场，配合施工进度同时进行，常用的方法有浸泡、真空浸注、热冷槽、喷淋、涂刷、吊瓶滴注及加压注射等方法。

目前木材防腐主要采用的就是利用化学药剂（防腐剂）的有效成分达到防腐效果。遗产建筑的防腐剂选择既要考虑在既有建筑多数构件不能拆卸的情况下，根据木材所处的环境及发生腐朽的部位、类型，选用合适的防腐剂，采用简单的处理工艺达到最佳的防腐效果，同时也要注意仍在使用的遗产建筑木构件防腐处理过程及服役中的环保问题。

6.5.3　木材防蛀

在木材害虫防治方面，可以分为化学法防蛀法和非化学防蛀法。

1. 化学防蛀法

指使用具有防虫效果的防腐剂达到防治蛀虫的效果，常用的木材防虫剂类型有：触杀剂、胃毒剂、熏蒸剂。

在对遗产建筑进行防虫处理时，可根据木材的使用环境选择合适的防虫药剂，配合对应的处理工艺以达到防治效力大、安全环保的效果。常见的防蛀处理方法有：涂刷法、喷涂法、浸渍法、扩散法和加压法。其中涂刷法和喷涂法适合对遗产建筑在低干预原则下的现场处理；浸渍法、扩散法和加压法可以处理遗产建筑中拆卸下来的木构件。

2. 非化学防蛀法

包括生物防蛀法及物理防蛀法。

生物防蛀法是利用生物或生物技术消灭有害生物的方法，包括以虫治虫、以微生物治虫等。在以虫治虫方面，例如利用肿腿蜂防治木材蠹虫。肿腿蜂幼虫是一种寄生蜂，在蠹虫幼虫体内产卵，卵在幼虫体内孵化长大使蠹虫幼虫死亡。此方法对防治窃蠹、长蠹和粉蠹均有明显效果。除此以外，还可以使用一些生物性制剂，如各类激素、外激素、植物性制剂（如除虫菊酯）、微生物性毒剂和化学不育剂等。与化学方法不同的是，生物防治不具有毒物质，可以避免环境污染。在人工合成的杀虫剂中，二氯苯醚菊酯、三氯杀虫酯，杀灭菊酯、氯菊酯和氰氰菊酯等对白蚁防治效果突出，其中二氯苯醚菊酯、杀灭菊酯对防治木材蠹虫具有一定效果。

物理防蛀法包括γ射线法、高频电磁波法、超声波法、热能法、冷冻法。物理防蛀法杀虫不破坏木材，不造成环境污染，但物理杀虫没有预防作用，因此需要与化学防蛀法结合使用。

国际上还存在应用热风法进行杀虫、杀菌的方法。热风法不仅应用于杀灭昆虫，也用于消除干腐菌。对于液态防腐剂无法杀灭的干腐菌，可以选用热风法。但是，热风法不能起预防作用，热风法结束后，昆虫也可能再次侵蚀。因此，经常与化学防蛀法联合使用，预防木材受害。

6.6 木材阻燃材料及工艺

6.6.1 木材的燃烧级别

木材是易燃生物质材料，具有可燃性、耐火等级较低等特点。当建筑着火时，火势蔓延迅速，消防扑救工作十分困难。近年来，世界各地发生多起历史木构火灾事故，给社会带来巨大的经济及文化损失。木材的防火问题引起社会广泛关注，国家标准《建筑设计防火规范（2018年版）》GB 50016—2014 明确规定了木结构建筑不同构件的燃烧性能和防火极限，《木结构工程施工质量验收规范》GB 50206—2012、《木结构通用规范》GB 55005—2021 等国家标准对木构件在设计及工程验收方面做出防火阻燃的具体要求。按照国家标准《建筑材料及制品燃烧性能分级》GB 8624—2012，将建筑材料及制品的燃烧性能等级分为 A（不燃材料制品）、B_1（难燃材料制品）、B_2（可燃材料制品）、B_3（易燃材料制品），未经阻燃处理的木材属于 B_2 可燃材料制品，因此木材在使用中应进行阻燃处理以提高材料的燃烧性能。

6.6.2 木材阻燃处理方法

可分为物理方法和化学方法两类。

物理方法主要利用木材及木材内不燃成分，降低可燃成分含量，隔断从火源传来的热及外界的氧气，在木材表面形成一层难燃层。

化学方法主要在木材中注入具有阻燃作用的药剂，在热分解、燃烧过程中，药剂渗入材料之中，保护材料以防发生热降解。

按照分子结构的组成分类，阻燃剂可分为有机阻燃剂和无机阻燃剂两大类。有机阻燃剂多为卤系阻燃剂、有机磷、有机硅和有机硼等，阻燃效果较好，但其热分解产物往往具有一定的毒性，对人体和环境的危害较大；无机阻燃剂多属添加型，主要包括氢氧化物、无机磷系化合物、硼酸盐、氧化锑、钼化合物及层状硅酸盐。无机阻燃剂具有低毒、环保、价格低廉等优点，但随着使用时间延长，阻燃剂性质会发生变化，并发生析出现象。

木材及木制品的材料阻燃处理主要有深层处理、贴面处理等。深层处理需要将木材浸入阻燃剂中，并达到一定的深度，渗透性差的木材还需配合真空加压法（仅适合处理拆卸后的遗产建筑中的木构件）。贴面处理是在木材表面覆贴具有阻燃作用的材料，如无机物、金属薄板、石膏板等。此种方法易改变木材表面风貌，对建筑原真性有较大影响，不作为遗产建筑阻燃处理的主要方法。

遗产建筑中木构件的不可移动性，使其阻燃处理多在现场环境下开展，因此多采用在木构件表面涂刷或喷淋阻燃涂料的方法。阻燃涂料是一种功能性材料，可以起到装饰和保护基材的作用，很好地满足了安全和防火要求。阻燃涂料一般由基料和阻燃剂两部分组成，其中能够起到阻燃作用的是涂料中的阻燃剂。

不可移动木结构表面涂刷阻燃涂料有时虽然满足不了现行防火标准的要求，但能有效提升既有木结构的耐火水平。

6.7 木材的替换修补及油饰

6.7.1 木材的替换修补

木质建成遗产病害程度较为严重时，木构件的空洞、缺失，容易削弱木结构整体的承重性能。此时出于对结构整体性、稳定性、安全性考虑的标准通常高于其他价值观，因此需要采用替换技术在"最小干预""可逆性"等原则的要求下进行抢救性的修补维护处理。

修补替换处理技术有嵌补、挖补、包镶、墩接、更换新构件几种形式（图 6–10）。对于柱、梁枋等构件出现开裂、裂缝较宽的情况，需要用木条嵌入裂缝中，并用胶粘剂进行粘接，嵌补的木条最好是顺纹通长。国家标准《古建筑木结构维护与加固技术规范》GB/T 50165—2020 第 7.4.7 节指出粘接木构件的胶粘剂，宜采用改性环氧结构胶。对于以下三种情况通常采用挖补和包镶处理：

存在轻微腐朽，仅仅是柱子表皮存在局部腐朽，不影响柱子应力的情况；

腐朽部分沿柱身圆周一半以上深度不超过柱径的 1/4，柱心完好的柱子；

梁头位置在漏雨处或在天沟下表层发生腐朽的木梁以及发生局部腐朽的木构件。

当柱脚腐朽虫蛀严重，但自柱底面向上未超过柱高的 1/4 时，可采用墩接柱脚的方法处理。墩接时，可根据腐朽虫蛀的程度、部位和墩接材料，选用不同的墩接方法，如刻半墩接或齐头墩接等。进行墩接处理时，要注意保证墩接后的强度，一般柱子的墩接长度不得超过其柱高的 1/3，而明柱是以 1/5 为限，暗柱以 1/3 为限。墩接一般采用榫卯连接的方式，不额外使用胶粘剂。而对于病害极为严重的木构件，无法通过以上方法进行维护时，需考虑更换新构件。

国际上对遗产建筑木结构采用替换维护技术也是屡见不鲜，但是由于保护理念差异，替换材料的选择也不尽相同。新加坡维多利亚音乐厅穹顶的维护加固就采用纤维增强型复合材料以及玻璃纤维进行处理，即将其包裹木梁；而对新加坡天福妃宫妈祖庙被白蚁蛀空的木梁，则在空洞处采用环氧树脂混合木屑填充，并用纤维增强复合材料（Fiber Reinforced Polymer，FRP）包裹木梁。在我国，对于木质建成遗产的修补替换提倡

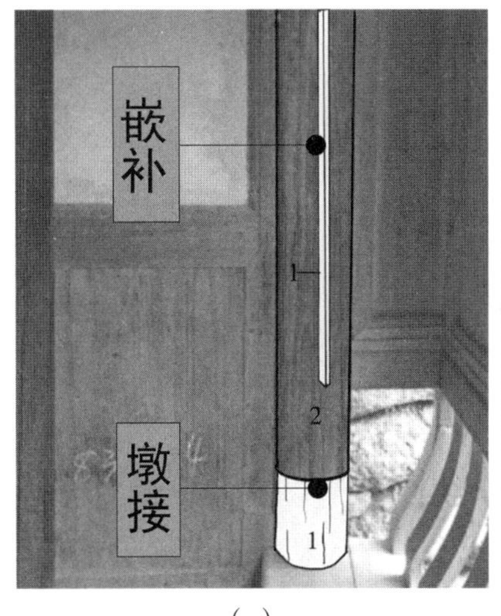

（a）

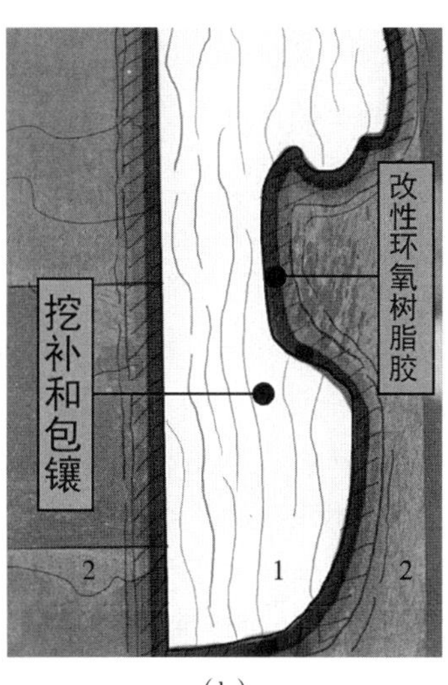

（b）

图 6–10 木柱修补替换处理技术示意图
（a）实景；（b）剖面
1– 新木；2– 旧木

"以木修木"。无论是官式建筑还是乡土建筑的维修，主要还是采用木材进行替换。

对木质建成遗产进行修补替换的维护方法，在国际和国内都有相关规范、条例做出具体要求。1999 年国际古迹遗址理事会（ICOMOS）颁布了《木构历史建筑保护原则》。其中关于木构历史建筑的维修和替换做出了具体要求："新的构件或其组成部分应采取与原置换构件相同或（在适当的情况下）材性等级更好的木材。条件允许的情况下，木材的自然特性也应相似。选取的置换木材的含水率和其他物理性能应与现存木结构历史建筑结构相一致协调。"2017 年在印度德里举行的第 19 届国际古迹遗址理事会全体代表大会，通过了《木质建成遗产保护准则》，对于木构的替换问题上，在其第 14 条提到对于干预措施，"任何用于替换的木材应尽量满足如下条件：①与原构件属于同一树种；②与原木构件含水率相近；③可见的部分与原木构件有相似纹理特征；④加工时采用与原构件相似的工艺和工具"。《古建筑木结构维护与加固技术规范》GB 50165—2020 中明确规定古建筑木结构承重构件的修复或更换，应优先采用与原构件相同的树种木材，当确有困难时，也可采用强度等级不低于原构件的木材代替。

由此看来，对于木质建成遗产的替换材料主要还是以木材为主。如采用水泥砂浆修补木材，不仅影响了建筑美观，而且由于水泥砂浆强度高于木材，会导致木材发生明显的变形、开裂等现象。

6.7.2 木材的油饰

1. 建筑木材油饰及其检测

油饰木材不仅可以满足装饰及美观的要求，更具有突出建筑色彩、强化建筑艺术美感的功能。采用不同色调的油饰象征着不同建筑等级、功能及使用者地位，反映了当时社会的政治、经济、科技发展水平。从材料的角度来看，木材油饰对木构件起到防腐、防晒、防潮等保护作用，有些可以起到防虫蛀作用。

在保护实践中，对木材上残留的油饰如属于彩绘，应按照第 12 章的内容进行保护修复。如属于一般油饰非彩绘，也应对其原始色彩进行勘察、记录。并在可能的情况下将完整的装饰层的不显眼区域留作建筑物油漆历史的物证。实际操作时，一般在木构件边角处，新剖一个截面，在体式显微镜下进行拍照，并将颜色与色卡进行比对，并将颜色信息进行记录。而对于尺寸小的样品，不满足剖切一个新截面的条件时，可采用树脂包埋技术进行处理，以便进行剖切分析颜色层（图 6–11），也可采取化学、矿物学等分析技术分析有价值油饰层的胶及颜料的成分。

2. 传统建筑油饰修复

传统建筑木结构的油饰工艺一般先在木材上做"地仗"处理再进行

油漆涂饰工艺，地仗层按照不同的成分组成及工艺可以分为“一麻五灰”（见 5.7 节）等。传统建筑木材油饰缺损部位应采用传统材料和工艺修复。需要注意的是，地仗层虽然可以解决木材开裂对油漆效果的影响，起到找平补齐作用，但是后期油饰完全遮蔽木纹，厚层漆膜影响木材内部水分的正常交换，有时会引起木构件局部含水率过高而出现生物病害。因此，采用传统油饰要求木材应充分干燥，上升水、冷凝水应被隔断。

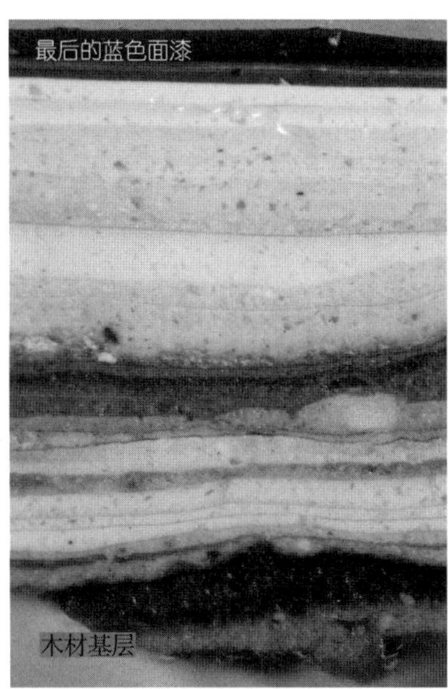

图 6–11　一个建于 19 世纪末期蓝色木门的色彩历史（图片来源：Gesa Schwantes）

3. 近现代木材

近现代建筑室内外的木材，一般都要进行油饰处理，多见于木质门窗、栏杆、地板、楼梯等处。这个时期的木材表面油饰更多呈现的依然是浑水漆的效果。油漆保护层长时间暴露在环境中，受紫外线、水、氧等因素影响，发生老化现象。在整个老化过程中，油漆层会逐渐劣化。木材表面的漆膜在长时间的使用过程中还会因为外界条件，如机械损伤或腐蚀介质的侵蚀而造成不同程度的损坏。因此，此时漆膜起到牺牲性保护层的作用，需要定期把旧的漆膜去除干净再涂上新的漆膜。

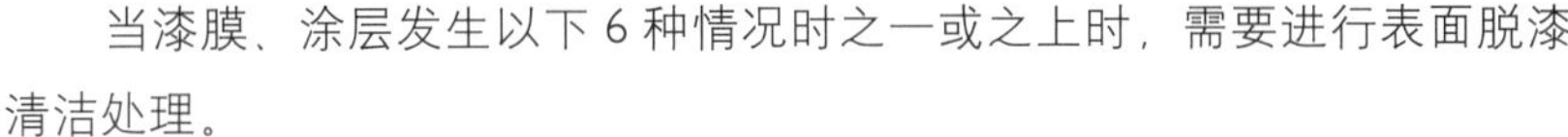

当漆膜、涂层发生以下 6 种情况时之一或之上时，需要进行表面脱漆清洁处理。

1）木材漆层发出现龟裂状；

2）涂层之间出现剥落现象；

3）漆膜从木材基层剥落；

4）漆膜起泡；

5）油漆表面起皱；

6）油漆表面大面积褪色、开裂、剥落。

常见的脱漆处理方法有机械法、热处理法、化学法（脱漆膏）等。

当无法通过机械打磨方法达到去除油漆时或具有雕刻的木构件，可以采用化学法（脱漆膏）进行表面脱漆处理。涂刷脱漆膏前，确保表面清洁，均匀涂刷，期间使用保鲜膜覆盖，静置 1 ~ 2h 后，使用小铲刀去除软化的漆层（图 6–12）。

4. 重建部位木构件的油饰

根据重要性及价值，重建部位木结构既可用传统工艺油饰，也可用现代工法（如水性漆，一般一底两面），在满足完整性、协调性的同时，体现出与时俱进的可识别性。

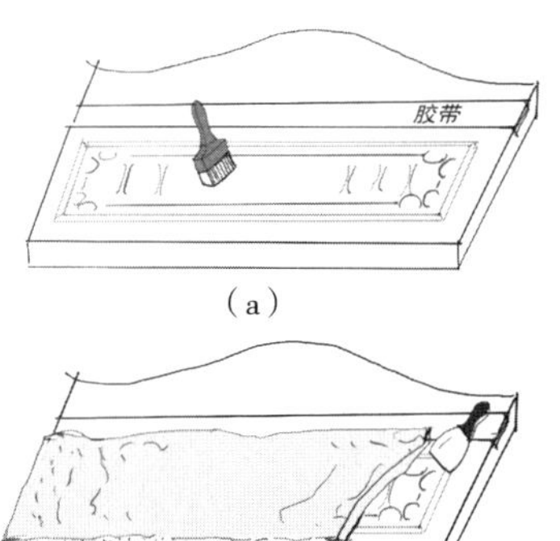

（a）

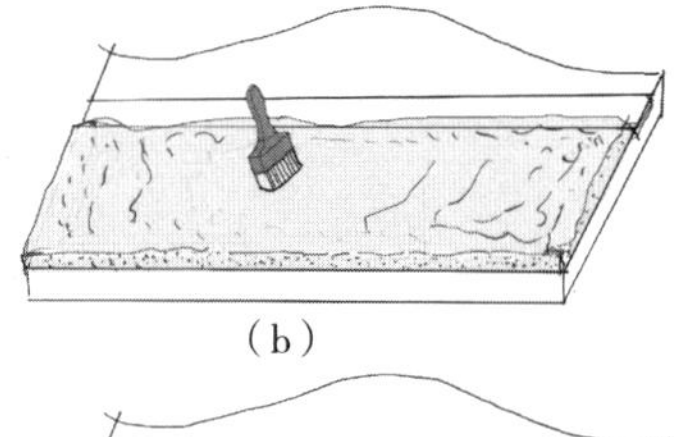
（b）

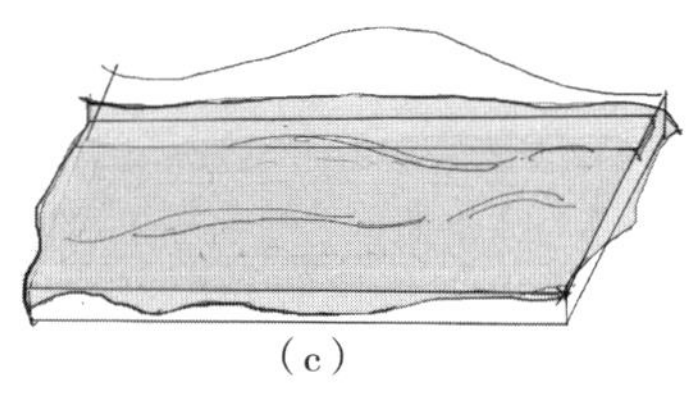
（c）

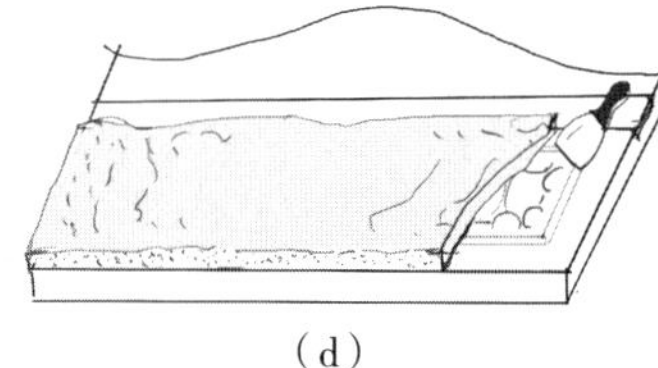
（d）

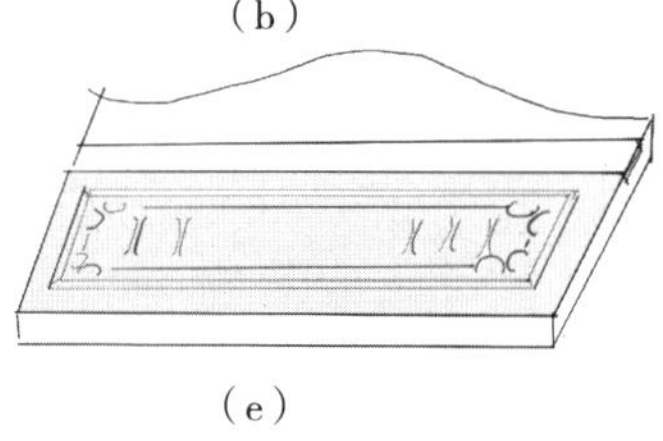
（e）

图 6–12 脱漆膏处理木构表面（图片来源：张子玥绘制）
（a）清除旧木构表面灰尘；
（b）使用刷子将脱漆膏产品涂于旧漆表面，需要均匀覆盖，厚度 2 ~ 5mm；
（c）覆盖透明薄膜在已涂刷的脱漆膏表面，常温条件下等待 1 ~ 2h；
（d）涂层软化后用铲刀去除旧漆；
（e）脱漆后的效果

思考题

（1）木材与其他建筑材料的主要区别是什么？

（2）结合木材在建筑中的使用，简述木材的特点。

（3）木材树种分类及在建筑中的应用。

（4）木材主要病害及对应保护措施有哪些？

（5）在遗产建筑中如何勘察和检测木材出现的病害？

（6）木材在不同类型建筑中的应用部位有哪些？

（7）为什么需要进行树种鉴定？

（8）在建筑使用过程中哪些方法能够提高木材的耐腐、耐蛀性能？

（9）对于遗产建筑中的木构件现场应采用哪些有效的方法提高木材的阻燃性能？建成的不可移动木材阻燃指标是否必须满足现有消防规范？

（10）木材修补过程需要注意哪些问题？

（11）遗产建筑木材在日常使用过程中需要监测哪些内容？

第7章　土

7.1　概述

土是地球表面的岩石在大气环境中经受长期风化搬运、沉积而形成的、覆盖在地表上碎散的、没有胶结或胶结很弱的颗粒堆积物。土与岩石共同构成地球表面的完整地质循环，岩石经过风化、搬运、沉积形成土，土在长期的地质年代中经过地质成岩作用又重新形成岩石。

生土指只通过简单的机械加工（非化学或热加工）就被作为建筑材料使用的材料。以这种生土材料作为主体建造的建筑，通常被称作为生土建筑或土质建筑。在国际上，生土建造工艺的分类总计有20余种。国内主要有6种常见的工艺，包括将草和泥土混合在一起形成草泥、干打垒夯土、湿打垒制成土砖。此外，常见的生土建筑工艺还包括覆土、木骨泥墙、竹骨泥墙等。

另一类重要的土质遗产为土遗址，包括土为主要材料的考古遗址（图7–1）。土遗址可按不同标准分为不同的类型。根据保护形式可分为露天遗址和室内遗址；根据赋存环境可分为干旱区土遗址和潮湿区土遗址等。

中国古代在描述建造时经常会用到"土木"这个词，在有据可依的古遗址中，最早可以追溯到半坡文化时期，在半坡文化的遗址中有着大量的夯土遗存。我国大多数传统建筑基础、城墙如西段长城（包括嘉峪关在内）的内部结构，主要采用夯土建造。

全国重点文物保护单位分类中涉及土质遗产的类型主要有古遗址、古墓葬、石窟寺、近现代建筑及革命遗产建筑，其中土质古遗址和古墓葬占绝大多数。根据调查结果，不同类型的土质遗址保存状况存在明显差异，其病害的发育程度也不同。

在从事土质遗产保护时，需要认识土的特性、影响土耐久性的因素，以及保护土的主要技术方法。

(a)

(b)

(c)

图 7-1　代表性土质遗产
(a) 考古遗址；
(b) 建筑遗址；
(c) 土质建筑

7.2　土的材料学特性

由于地理、气候等因素的影响，不同地域的土的性质、固态颗粒成分也会产生巨大的差别。土作为一种普遍使用的建筑原材料，其特性主要表现在其颗粒构成、粘结性和塑性等方面。

7.2.1　土的三相

土的类型很多，但不管何种土，均由三相组成：固相、液相和气相（图 7-2）。

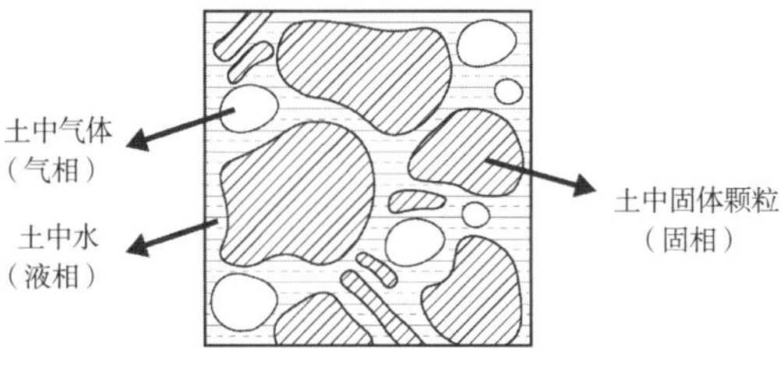

图 7-2　土的三相示意图

固相，即土的固体颗粒如砂黏土、有机质等。固体颗粒的成分、颗粒分布决定了土的类型，固体颗粒之间的相互联结或架叠构成土的骨架。

液相，即土固相之间空隙的水。当土骨架的孔隙全部被水占满时，这种土称为饱和土；当一部分空隙被水占据，另一部分被气体占据，称为非饱和土；当固相骨架的孔隙中仅含有空气时，就称为干土。

气相分为自由气体、封闭气体、溶解在水中的气体，以及吸附于土颗粒表面的气体。其中，自由气体指土中与大气连通的气体，对土的性质影响不大；封闭气体指土中被土颗粒和水封闭的气体，其体积与压力有关，这种水会增加土的弹性，阻塞渗流通道，降低渗透性。

这三种组成部分本身的性质，特别是固体颗粒的性质，直接影响到土的工程特性。同一种土，密实时抗剪强度高，松散时抗剪强度低。对于细粒土，水含量少时硬，反之则软。这说明土的性质不仅取决于三相组成的性质，而且和三相之间的比例关系有关。

7.2.2　土的固相组分及颗粒级配

土的固相组分中主要含有矿物（含岩石碎屑）和有机质。

固体颗粒的粒径级配是影响土的物理力学性质的第一个要素。土中固体颗粒是大小不一的，为方便描述，将不同大小的颗粒按一定的粒径范围进行分组，其特点见表 7–1。

其中，以砾石和砂粒为主要组成的土是粗粒土，也称无黏性土。以粉粒、黏粒和胶粒为主要组成的土是细粒土，也称为黏性土。

表 7–1　土的粒组划分

粒组	颗粒名称		粒径（d）的范围（mm）
巨粒	漂石（块石）		$d > 200$
	卵石（碎石）		$60 < d \leqslant 200$
粗粒	砾粒	粗砾	$20 < d \leqslant 60$
		中砾	$5 < d \leqslant 20$
		细砾	$2 < d \leqslant 5$
	砂粒	粗砂	$0.5 < d \leqslant 2$
		中砂	$0.25 < d \leqslant 0.5$
		细砂	$0.075 < d \leqslant 0.25$
细粒	粉粒		$0.005 < d \leqslant 0.075$
	黏粒		$d \leqslant 0.005$

（表格来源：住房和城乡建设部 . 土工试验方法标准：GB/T 50123—2019 [S]. 北京：中国计划出版社，2019.）

颗粒级配曲线是描述土质材料中各粒组质量所占的累计百分比，与土粒的大小和分布有关。可以采用筛分法、水分法（密度计法）等方法测定出土的颗粒分布，绘制出土颗粒级配曲线（图 7–3）。筛分法使用孔径大小不同的筛子将不同的粒组区分开来，适用于粗粒土。水分法适用于细粒土，常采用密度计法。

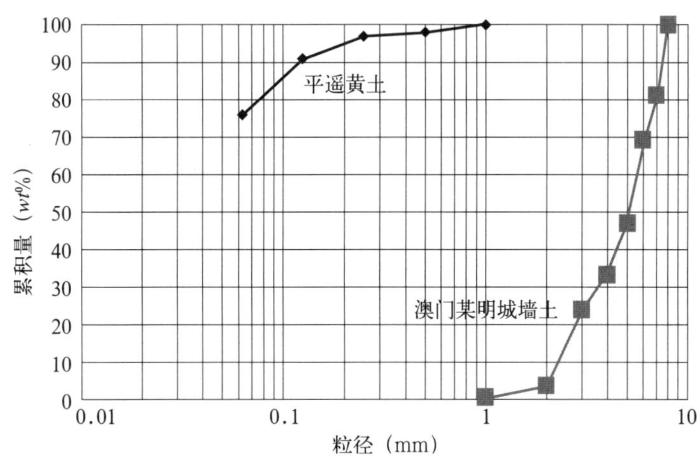

图 7–3　两个代表性城墙（平遥黄土、澳门某明城墙土）用土颗粒级配曲线

土颗粒级配曲线可分辨土的类型，一般来说曲线越陡，土粒越均匀，级配越不好；反之，曲线平缓，则表示颗粒大小相差悬殊，级配良好。土颗粒级配曲线可为真实性修复提供依据，同时也为选择石灰提供帮助。含黏土的细粒土原则上需要气硬性－水硬性石灰固化，而粗粒土一般需要水硬性石灰固化。

固体颗粒的矿物成分是影响土的物理力学性质的第二个要素（图 7–4）。

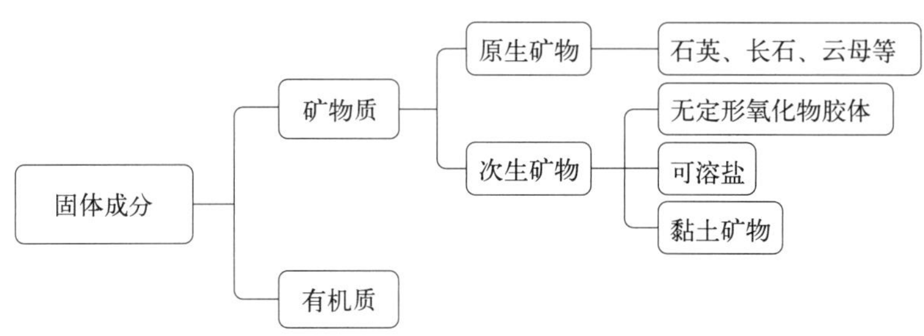

图 7–4　固体颗粒的矿物组成部分

固体颗粒由矿物质和有机质组成，其中矿物质又分为原生矿物和次生矿物（表 7–2）。原生矿物指岩石经过物理风化而形成的碎屑，其原来的化学组成和结晶构造均未改变，颗粒较粗，包括石英、长石、云母等（表 7–3）。次生矿物是岩石经过化学风化而形成的新矿物，其原来的化学组成和构造相对于原生矿物都有所改变，颗粒纤细，结晶较差，主要包括黏土矿物、可溶盐和无定形氧化物胶体（表 7–2）。

表 7–2　土固态颗粒的成分、特点及对工程性质的影响

固相构成		颗粒大小	特点及对土工程、力学性质的可能影响
矿物质	原生矿物（含岩石碎屑），如石英、长石、云母等	粗大，呈块状或粒状	性能稳定，吸附水的能力弱，无塑性
	次生矿物，如黏土矿物、可溶盐、无定形氧化物胶体等	细小，呈片状或针状	高度的分散性，呈胶体性状，性质不稳定； 有较强的吸附水能力，含水率的变化易引起体积胀缩；蒙脱石，层状结构，属于蒙皂石族（smectite）矿物之一，是重要的黏土矿物。具有吸水剧烈膨胀的特点。 对于黏土矿物，它的结晶结构的差异很大，会带来土工程性质的显著差异； 具塑性
有机质		细粒和胶态	亲水性强，含大量的有机质土壤不适宜作为建筑材料

表 7–3 平遥古城 2018—2019 年维修用黄土（新土）矿物成分（体积比，%）

样品号	石英	长石	方解石	绿泥石	水云母	蛭石	其他微量矿物
PTL–1	40 ~ 45	15 ~ 20	10	10	10 ~ 15	—	角闪石
PTL–3	55 ~ 60	10 ~ 15	10	5 ~ 10	—	—	铁质矿物
PTL–4	50 ~ 55	10 ~ 15	5	10	10 ~ 15	少量	蒙脱石

注：X PERT PROX 射线衍射法 – HX 041。

从矿物学角度，石英、长石、云母是遇水相对稳定的矿物，对土的性质影响最大的是黏土矿物。黏土矿物特点见 2.2.1 节，在天然土中常见的五种黏土矿物见表 7–4。

表 7–4 天然土中主要黏土矿物及其特点

矿物名称	描述
高岭石	是一种含水的铝硅酸盐，是长石等硅酸盐矿物天然蚀变的产物，一般为白色，高岭石经风化或沉积作用变成高岭土，而高岭土则是制作陶瓷的原料
伊利石	伊利石是常见的一种黏土矿物，常由白云母、钾长石蚀变形成。其粒子尺寸细小，容易被风化。伊利石的晶体结构类似于云母，其层间含有钾离子。伊利石广泛存在于沉积岩、变质岩和土壤中，常与其他黏土矿物共生
蒙脱石	又名蒙皂石，层状结构，属于蒙皂石族（smectite）矿物之一，是黏性土的主要矿物，具有很强的吸附膨胀特性
绿泥石	层状结构硅酸盐矿物，通常呈绿色或浅绿色。常见于变质岩和沉积岩中，在土壤中广泛存在
云母（水云母等）	云母类矿物，是呈层状构造的片状矿物。呈银白、黄、棕、绿、黑等色。含钾、铝硅酸盐矿物。其层状结构使其易分裂成薄片。具有较高的绝缘性和耐热性

固体颗粒的形状是影响土的物理力学性质的第三个要素。

原生矿物一般颗粒较粗，呈粒状，有圆形、浑圆形、棱角形等。次生矿物颗粒较细，多呈针状、片状、扁平状。比表面积指单位质量土颗粒所拥有的总表面积，它是代表黏性土特征的一个很重要的指标，反映了对于黏性土的土颗粒大小与四周介质（特别是水）相互作用的强烈程度。

7.2.3 土的液相及与黏土矿物的作用

土的液相主要为水，土中水的含量决定了土的性质。

水分子的正、负电荷总体是平衡的，但在空间分布上却是不平衡的。因此，水是极性分子。片状黏土颗粒表面常带有电荷，电荷通常为负电荷。黏土颗粒表面带负电，形成电场，水中阳离子被吸引，极性水分子在黏土颗粒表面发生定向排列。这种颗粒表面的负电荷构成电场的内层，吸引的阳离子

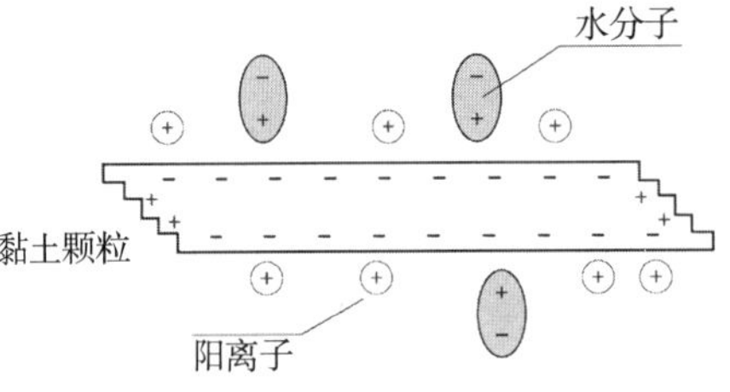

图 7–5 黏土颗粒双电层现象的示意图

和定向排列的水分子构成外层的现象称为双电层（图 7–5）。

此外，土中的水常溶解了各种离子，在干燥的过程中，这些离子会随水运移到土的表层或表面并结晶，这会对土或相邻的材料产生破坏。所以，开挖的土遗址在干燥的过程中，应采取预防性措施，敷贴诸如纸浆等，使盐分集中到纸浆中，避免盐破坏文化层表面。

7.3 土的重要物理性质

描述土的重要物理性质的是塑限、液限及塑性指数。

塑限（W_p）指土由半固体状态过渡到可塑状态时的界限含水率，液限（W_L）指土从由可塑状态到流动状态的界限含水率。塑性指数（PL）指液限与塑限的差值。土的分类依据就是液性指数（LI），即土中实际含水率（W_n）与塑限（W_p）的差值比塑性指数（PL）。

$$LI=(W_n-W_p)/PL \tag{7–1}$$

$LI \leqslant 0$，土表现为脆性；$0 < LI \leqslant 1$，土表现为塑性；$LI > 1$，土表现为黏性。

土为低强度、不耐水的材料。所有的修复，如同其他材料的修复一样，必须采用与土在物理化学方面兼容的材料，理想的材料为石灰与土的改性材料，水泥及大多数的聚合物被证明不适合土建筑的保护修复。而且水泥浆中含有水溶盐，这些盐会导致夯土表层损坏。了解土的塑限等参数对预测土质遗产在洪水下的垮塌风险有参考意义。如某城墙夯土塑限为22%，而连续雨后土的含水率达到 23% ~ 24% 时局部发生垮塌。为预防此类垮塌发生，应在监测到含水率接近塑限前采取措施。

7.4 土的加工

土的加工是将松散的土加工成建筑构件或饰面的过程，传统方法有夯实、制坯、抹面、塑形等。

7.4.1 夯实

夯土是通过夯击造成的振动和挤压排除土孔隙中的空气，使土固态颗粒密实从而在强度和耐久性等方面得到提升的土质材料。夯土中常添加碎石、砖瓦碎片（图 7–6）、石灰、桐油或其他组分以降低收缩、改进强度或降低吸水性能。也有在夯筑过程中添加竹、木等以增加抗拉性能。没有添加石灰的土有时称为素土，添加石灰的土称为灰土。

图 7-6 平遥古城城墙土（左，20 世纪 90 年代修补夯土）和澳门城墙风化后的夯土（右）

夯实的目标是通过机械力将土壤夯实，降低土中气相的比例，以提高固态土壤的密实度和承载能力。由于土是由固态颗粒、液相和气相三部分组成的，液相的比例（含水率）成为夯实过程中的关键因素。要达到最佳的夯实密度，需要减小土壤颗粒之间的摩擦力，促使颗粒更好地紧密排列，那么土中水的含量需要适中。太干的土壤颗粒间摩擦力大，会使夯实效果变差；如果水含量过高，土颗粒之间有很多水，当这些水蒸发后，气相的比例增加，夯土的强度也会降低。古代采用生土建造时，如果采的土很湿，需要晾晒以降低含水率，达到最佳夯实密度。

夯"出汗"是生土夯筑建造质量的一种评价经验方法，就是在最佳含水量的土中，通过夯筑，使气相比例降到最低，表面出现"水膜"。现代工程中通常采用击实实验，确定达到最大夯实密度的最低含水量。

部分传统营造的夯筑工艺，如藏式建筑的"打阿嘎"已成为非物质文化遗产而得到保护。

7.4.2 土坯

土坯是在土中添加适量水，使土的含水率超过塑限，低于液限，以确保土壤具有足够的塑性，但不过分湿润，使其能够在模具中成型，并在干燥后保持稳定的形状（图 7-7）。为了改善土坯的性能，通常会添加一些辅助材料。例如，加入砂可以增加土坯的强度和耐久性，而加入稻草、麦秆等纤维材料可以减少土坯收缩，并增加其抗折性能。

图 7-7 由夯土和土坯共同建造的西藏阿里地区的土质遗产，饰面采用土抹灰（左），类似的构造也常见于山西平遥等（右）

7.4.3 填充及抹面

直接用土或者添加纤维（如麦秆）、石灰等作为分隔墙体的填充物，或作为抹面（图7–7），或作为石灰装饰面的底层。土也是我国大部分传统石窟寺壁画的支撑层的主要材料（见第12章）。

7.4.4 塑型

采用添加草、麻等纤维材料的泥塑形的艺术品，除了可移动的如佛教泥塑外，很多脆弱石窟寺文物也采用泥塑工法修复保护（图7–8）。这些泥皮也可以从保护理念角度定义为牺牲性保护层。

（a）

（b）

图7–8 砂岩质石雕古代采用泥塑补配及其在24年后出现的劣化特征
（a）1998年10月1日（Prof. Struebel拍摄）；
（b）2022年1月6日（戴仕炳拍摄）

7.5 土的石灰改性

素土，即不进行加固的土，无论多结实，遇水后均会崩解。原因是土中或多或少含有黏土矿物（表7–4），它们有较强的吸附水能力，含水率增加易引起体积膨胀直至变成可塑状态或液态。通常情况下，原状土不能满足工程的强度和变形要求，需要对其进行改良加固，化学改良是解决这一问题最经济的方法。改性材料对土改性的机理是，改性材料在激活剂的作用下生成大量的水化物，增强了黏土颗粒间的作用力，提高了土的密实性，从而使改性土具有较高的强度及耐久性。化学改良方法中，最常用的是石灰和水泥改良土。石灰来源广泛、易于就近取材、造价较低且环境友好，已在世界各地保护工程中得到广泛应用。

添加石灰的方法既是传统方法（图7–9），也是最安全可靠的方法。

适量石灰的掺入使土骨架颗粒之间及其表面附着的胶结物逐渐增多，孔隙被胶结物质填充，土体中的不稳定孔隙逐渐减少，整体性增强；但当石灰掺量过大时，多余的石灰会堆积于团粒之间，影响团粒之间的胶结，有可能导致灰土强度的降低。

生石灰和熟石灰均可以用于土的改性。如果条件许可，尽可能采用生石灰。生石灰遇水消解过程会放热，热一方面可以促使水分蒸发，降低潮湿土的含水率，另一方面也会加速石灰与土的反应速度，使石灰土更密实（图 7–9）。

图 7–9 由黄土夯筑的城墙顶部灰土垫层起稳定墙体并有吸水透气等作用

7.5.1 采用石灰、水泥改性土的化学原理

气硬性石灰能够加固土的原理是，在石灰强碱性的环境下，土中黏土矿物被部分分解出三氧化二铝胶体和二氧化硅胶体，它们与石灰反应形成钙硅酸盐或钙铝酸盐水合物。

$$2SiO_2 \cdot nH_2O+3Ca(OH)_2+mH_2O \longrightarrow 3CaO \cdot 2SiO_2 \cdot 3H_2O+nH_2O \quad (7\text{–}2)$$

$$2Al_2O_3 \cdot nH_2O+3Ca(OH)_2+mH_2O \longrightarrow 3CaO \cdot 2Al_2O_3 \cdot 6H_2O+nH_2O \quad (7\text{–}3)$$

在持续的石灰供给（保持碱性）、保持潮湿、缺二氧化碳的环境下，同时保证足够的时间，上述反应使土的强度提高，达到耐水、耐冻的效果。

而水硬性石灰及水泥改性土的原理是，水硬性石灰的水硬性组分水化形成胶粘剂（见 2.2.2 节、2.2.3 节），固化石英、长石等砂颗粒，其中的氢氧化钙等则改变黏土矿物。

7.5.2 石灰类型的选择

石灰类型及添加量与土中黏土颗粒含量有关，黏土含量在 15% ~ 30% 之间的土最适合采用气硬性石灰改性。参照现代道路路基改性夯土的经验（图 7–10），当黏土含量低时，则需要添加一定量的水硬性组分。

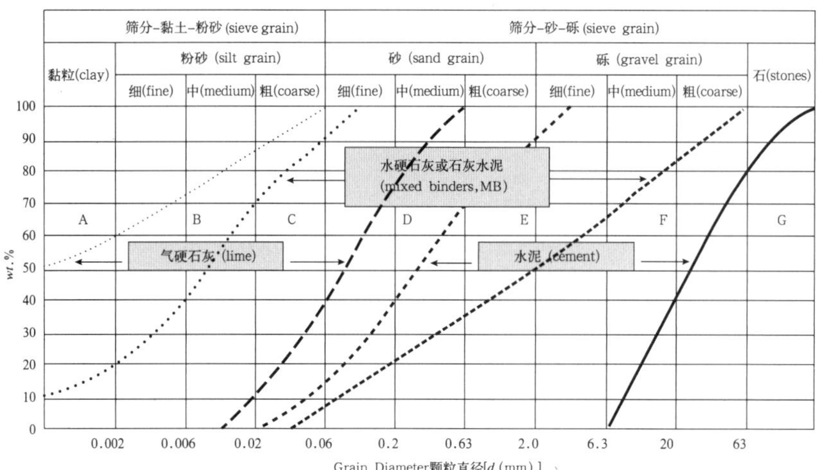

图 7-10 现代道路地基夯土的颗粒分布与添加石灰等无机胶粘剂类型的关系（图片来源：O. Kuhl）

7.5.3 其他材料对灰土性能的影响

研究表明，生桐油可以有效增加石灰改性夯土的强度（增加 2 ~ 3 倍），降低吸水率（降低 60% 以上），而有机硅乳液等虽然可以降低吸水率，但是至少会降低夯土 50% 以上的强度。

7.5.4 采用石灰改性土的质量控制

采用石灰改性的土，要达到提高强度的目标，仍需要注意如下问题：

1. 石灰添加量

理论上，土中的石灰的最佳添加量应是，添加的石灰保证使黏土矿物的分解彻底，胶凝反应充分完成。同时，还需要部分多余的石灰，以保持灰土长时间处于碱性状态。石灰掺量过高时，过量的石灰影响了土颗粒之间的胶结作用，使抗剪强度降低。原则上来说，当达到最大干密度时，石灰添加量越高，强度越高，传统三七灰土可以达到较高的强度和众多因素有关。

2. 混合均匀

混合得越均匀，土和灰的反应越充分，强度（特别是早期强度）和耐久性都能得到保障。

3. 闷土时间

添加气硬性石灰的土可以在 6 ~ 24h 内夯筑，添加水泥的土则必须在 1 ~ 2h 内夯筑，添加天然水硬性石灰的土需要在 2 ~ 12h 内夯筑。

4. 保湿

由于石灰与土发生反应需要水分 [式（7–2）、式（7–3）]，所以，在缺水、空气干燥的地区，需要保湿（使石灰改性土的含水率达到饱和）养护，时间至少 7 天。

7.6 土结构的病害及保护材料

7.6.1 土结构的病状、病理

土结构的病害表现在开裂、坍塌、粉化、酥碱、装饰层分离等。机理上主要和水及水溶盐有关（图7–11）。

土材料的粘结性主要表现在固体颗粒与水的结合，水分渗入土体内部，吸附在颗粒表面上形成水膜。在湿润状态下，黏土颗粒间水膜的引力将颗粒排列有序地粘结起来。所以适当比例的水是土材料的天然胶粘剂。土加工过程中，如果土中含水率过低，水无法填充颗粒间的孔隙，不能带动固体颗粒有序排列，便造成土体松散。而含水率过高，土体中游离自由水过多，超过塑限，会使土难以保持固态性状而产生变形，干燥后会形成巨大收缩缝。除了水外，水溶盐也可使土发生粉化，即使是在干燥的状态下。

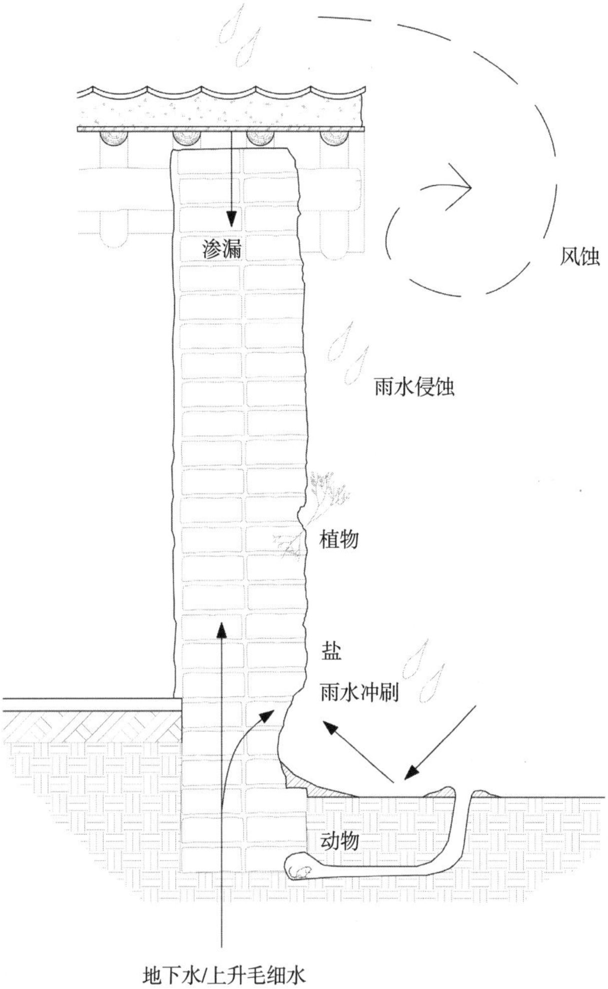

图7–11 山西代表性民居土墙体病害特征（图片来源：武保衡绘制）

1. 开裂与坍塌

土结构开裂按裂缝分布方向有垂直墙体走向、平行墙体走向，以及土与其他材料接触部位的裂隙三大类（图7–12）。

前者主要是土建造过程中，土由湿变干燥过程中由于收缩形成的。

平行墙体的裂缝常常是后期使用过程中由于诸如热胀冷缩、干湿交替导致的，常规下物体热胀冷缩，这种变化随着温度的周期变化而变化，产生的张缩应力，导致土体稳定性下降，具体表现为开裂、脱落等。夯筑过程中质量不均匀，特别是靠近边部夯实密度不足，也可导致局部坍塌。

此外，土与砖石、木等材料之间也存在明显的开裂，这与土收缩及其与其他材料在干湿变化过程中存在很大差异有关。

同时，后期的改建，如新开门、窗洞也导致开裂。后期改建导致应力重新分布，局部容易产生应力集中或张引力，当应力超过土体强度时，会导致土体破坏。

另一种常见病害是由于上升毛细水及相关水溶盐（表2–7）导致的酥碱，这常是夯土墙倒塌的主要原因。可溶盐在水的作用下在土体内迁移运动，根据条件的不同可迁移到土体表面结晶，造成土表面结构的破坏及表

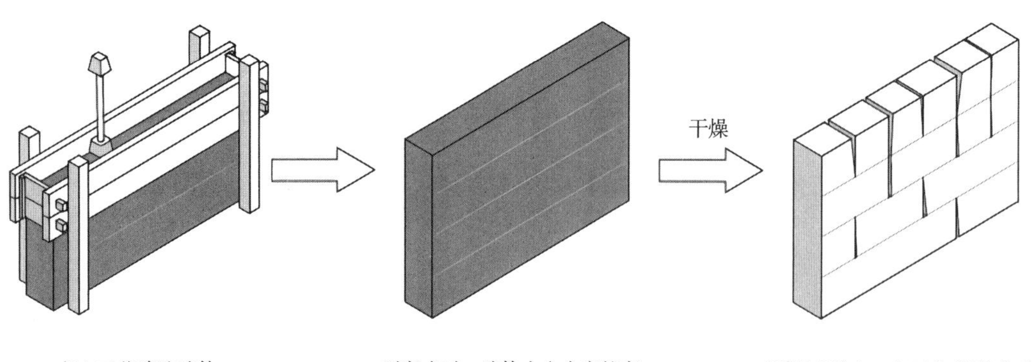

夯土工艺建造墙体

刚完成时，墙体内含水率较高

干燥过程中，由于收缩形成垂直于墙体的裂纹

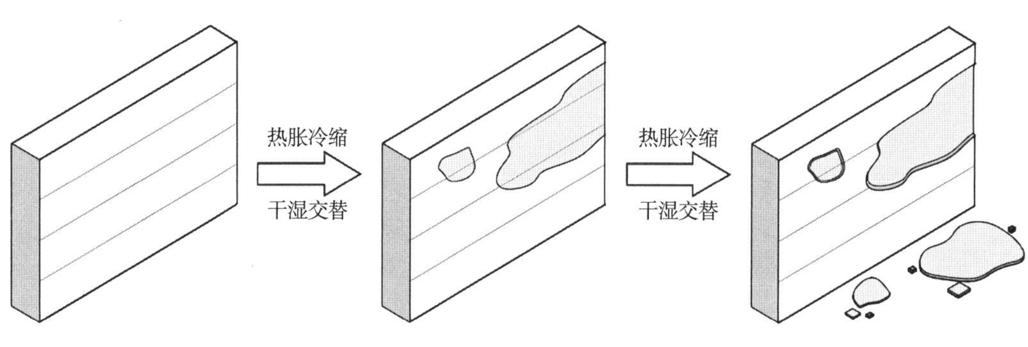

土结构墙体

热胀冷缩、干湿交替导致墙体产生平行于墙体的裂纹

表面土体呈片状风化，并逐步和母体脱离

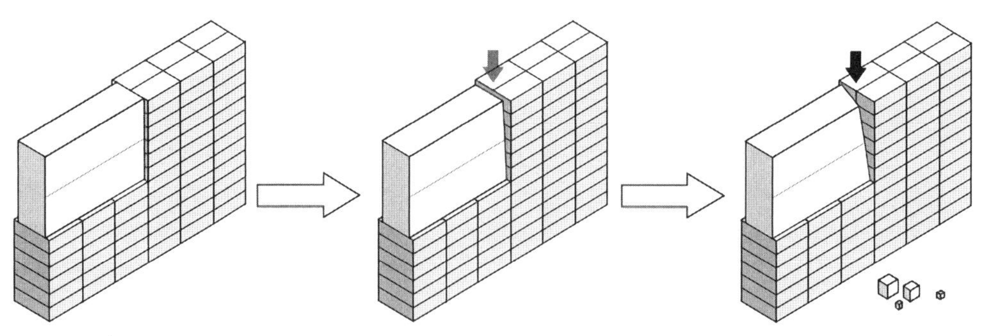

夯土墙与其他材料连接

干湿变化过程中体积变化存在差异

接缝处形成开裂

图 7-12　建造期存在的隐患导致的病害

面外观的改变；也可在土体内部富集结晶，造成空鼓、开裂、表层脱落。酥碱的部位和地下水的毛细上升高度相关，一般集中在下部（图7–11）。

2. 剥蚀（水蚀、风蚀）

雨水和风沙对土体产生的病害有时会严重破坏土质遗产。

土体表层吸收水分至饱和，即稀泥状态，泥浆将阻塞土壤缝隙，阻止水分继续下渗。泥浆沿墙面流下，形成一层泥皮，泥皮在形成的过程中期、后期逐渐和土壤主体脱离，形成龟裂纹，最后老化脱落。

暴露于自然界的土遗址，特别是在西北干旱地区的土遗址，多受风沙的破坏作用。风的压力、沙子的撞击与摩擦，对土体表面都有强烈的破坏作用（图7–13）。

7.6.2 保护干预前的土体材料检测

重要的土质遗产，在进行保护设计前，除了需要对本体进行历史调查、测绘、记录原始建造工艺等外，尚需要在现场或取样在实验室进行材性及病害特征分析（表7–5）。这类分析对了解本体特征，科学制定保护方案及评估最终效果有参考作用。此外，也可以采用钻入阻力法检测土表层劣化程度及深度（见4.4.4节）。

表7–5　土质遗产材性勘察推荐项目及取样要求

试验项目	土样数量					检测目的
	细粒土①		砂土①		过筛标准（mm）	
	原状土（筒）Φ10（cm）×20（cm）	扰动土（kg）	原状土（筒）Φ10（cm）×20（cm）	扰动土（kg）		
含水率	1	0.8	1	0.8	—	潮湿程度
密度	1	—	1	—	—	—
相对密度	1	0.8	1	0.8	—	—
颗粒分析	1	0.8	1	0.8	—	确定土的类型；改性适合的石灰类型（图7–10）
界限含水率	1	0.5	—	—	0.5	—
击实	—	30～50	—	（参照细粒土）②	20，60	—
易溶盐	—	500	—	500	2	评估干燥后泛碱程度
有机质	—	100	—	100	0.15	—
土的矿物组成	—	100	—	100	0.15	—

注：①见《土工试验方法标准》GB/T 50123—2019附录C的定义。
②编者加。

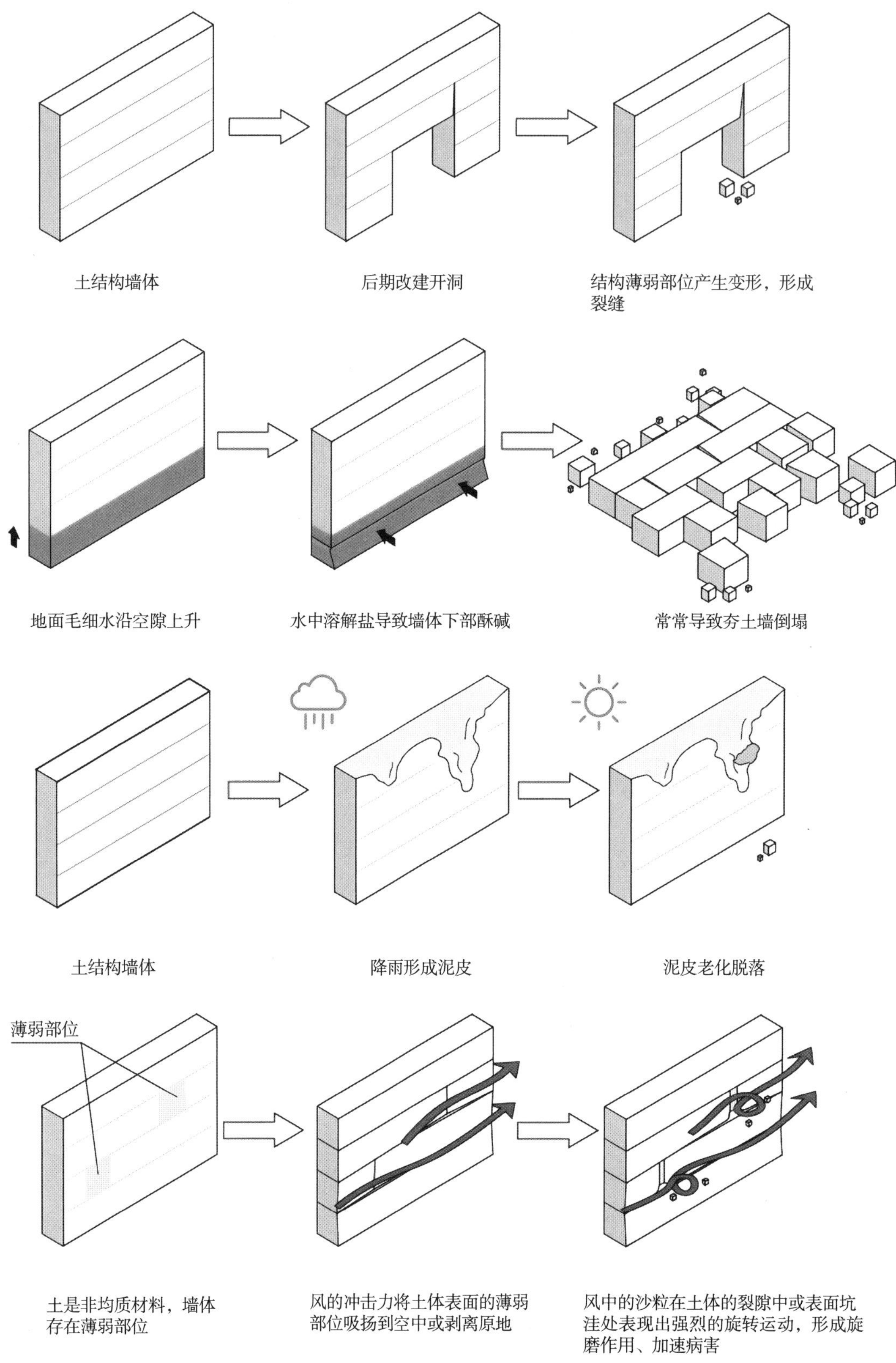

图 7-13　建成后土的病害示意图

7.6.3 保护材料及技术方法

1. 原则

土结构出现开裂、坍塌、粉化、酥碱、装饰层分离等病害时，需要采用适宜的保护材料对其进行填充、加固、补配等保护措施，以增加其安全性和稳定性。应对多种材料进行比较、筛选，在充分试验的基础上，确定被选用的保护材料。对不同的保护级别及不同程度的病害，所需要的修复手段也不同。

土质本体保护材料的基本要求是尽可能使土在干湿交替或雨水作用下不发生崩解，应保证土体结构安全的同时保留一定的"呼吸"性能。材料类型可以分成3类：第一类为化学渗透固化材料，如正硅酸乙酯等，可以增加土的强度，提高耐水性能。而完全改变土的毛细吸水性能所谓化学封护材料，常在已处理和未处理的界面之间发生盐等聚集而使面层分离，在实践中需要慎重使用。第二类为石灰类材料，采用灌、刷或粉的方法施工到土质材料内部或表面而保护历史材料（图7-14）。第三类为"土"，采用新土保护旧土，措施有采用新土补夯、土坯补配等，在旧土表面刷涂新土是既有效又科学环保的保护措施。

图7-14 用正硅酸乙酯沿土裂缝进行渗透结合注浆固化土遗址的边坡

2. 土裂缝、空洞等填充加固

从物理、化学的兼容性与遗产保护真实性角度出发，添加不同含量不同类型石灰（气硬性石灰或水硬性石灰）配制的灰土材料是土质建筑、土遗址开裂、空洞填充的最重要材料。如添加生石灰粉（10% ~ 30%）的灰土浆作为土质建筑空洞、裂隙的灌浆材料（图7-15），添加6% ~ 15%石灰的灰土作为夯土墙的修补材料；添加石灰、草筋等制备的土作为原灰土抹灰的修补料。但是，各种保护需要的准确配方及工艺应该在科学解译传统工艺的基础上进行，并在简单试验后完善，尽可能采用传统材料，改良的传统工艺。

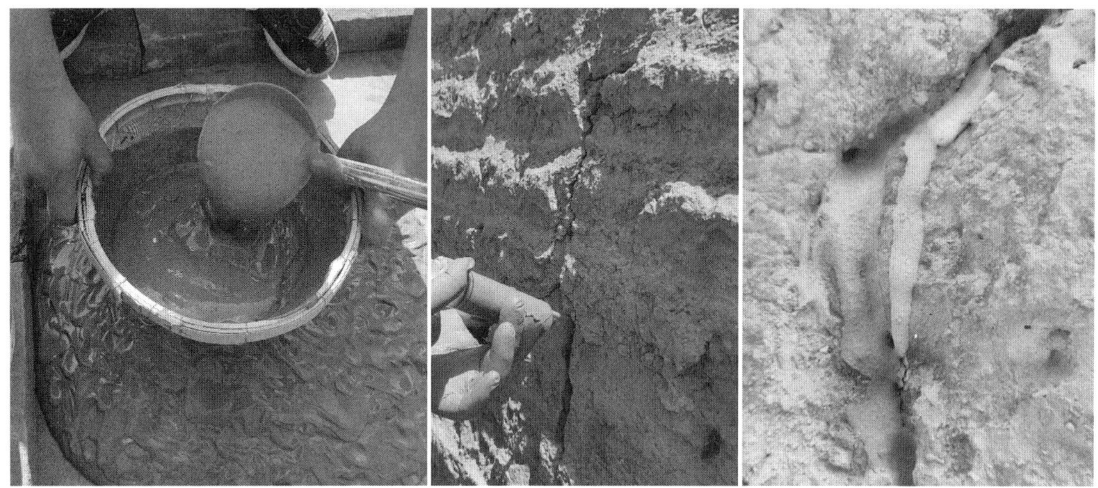

图 7–15 采用石灰和土配置的浆料可以作为土体的加固填充料或加固料

土墙体的裂缝注浆材料需要满足下列要求：

1）性能稳定，不易老化，有一定的抗水浸泡性能力；

2）能够满足注浆或灌浆要求（收缩率较小，强度适中，可灌性好）；

3）经济性好（材料来源广泛，便宜）；

4）操作简单，现场操作人员经简单训练就能熟练操作。

以生石灰泥土浆为例，介绍材料准备及使用方法：30%（质量比，下同）的颗粒小于40目的高钙气硬性生石灰粉添加70%的颗粒小于40目土，先干搅拌均匀，再加水混合到需要的黏度，采用注浆机在≤2bar压力下在1h内灌注。在灌注前，如果土含水率很低，可以先提前一天或数小时灌注石灰水，以湿润裂隙两侧。

注射一般可分为两次，第一次达到饱和度50%，等24h后，再注射达到饱和。如果裂缝宽度≥4mm，可在上述配方中添加50%中粒河砂（0～1mm），采用相同方法注浆。此类石灰泥浆中的石灰具有一定的渗透性，可同时加固裂缝周围的土。

在对注浆料的粘结性能有更高要求时，可采用20%～50%天然水硬性石灰（如NHL2、NHL5）替代高钙气硬性生石灰粉，同时可以添加0.5%～1%的减水剂（相对石灰的质量）等以改善注浆料性能。以水泥为胶粘剂的灌浆料原则上不适合开裂土遗产的灌浆。

7.7 保护案例——南京某土质遗产的保护实验

7.7.1 价值及病害

南京某遗址于2013年公布为全国重点文物保护单位时，保护范围东西长约310m，南北宽约180m。区内当时保存遗址面积约8670m^2。在2013年进行保护方案设计时，批准的规划是大部分现存遗址上方将建设保护展示馆，部分遗址回填保护，少量砖石质遗址室外直接露明展示。考古发掘遗址、建筑基础（图7–16）均为土质材料，属于遗产的重要组成部分，具有重要的历史等价值。根据相关要求，在2013—2015年开展了系统的遗址保护研究及实施。

图7–16 南京某遗址在保护工程实施时新考古现场（左）及发掘的不同年代的夯土断面（右）（2014年）

2014年勘察时，发现土遗址部分存在4种病害：

1. 水的危害

遗址的主体材料为土，过量的水分是土遗址长久保存最大的危害因素。该遗址绝大部分的土遗址在保护建筑完成后位于室内，可有效避免雨水、地表径流的直接冲蚀。如果不对周边展示环境进行特殊的止水处理，室外残留的地表水仍会通过潜水层的上层滞水在水力梯度的作用下入渗到室内土层，甚至在高差较大的坑洼处形成积水，从而导致一系列相关病害。

尽管位于室外的土遗址也将进行覆土保护，但如果不采取有效的排水措施，会造成下部土体含水率过高，达到塑限值，在上部覆土的压力下可能导致土遗址变形。

与此同时，对于室内土遗址而言，土体含水率过高将引发有碍观瞻且难以治理的霉变，乃至植物滋生等问题。对于室外已经覆土保护的土遗址而言，如果覆土厚度不够，也会产生冻融病害。

2. 干缩及开裂变形

土遗址暴露在外环境中，由于环境的剧烈变化，在较为干燥的季节，遗址土体由于缺乏土体间的相互入渗补给，尤其在室内空调环境下，土体的水分会通过遗址表面加速蒸发，从而导致土体的失水干缩，当裂隙达到一定宽度时，即便土体的含水率再度上升，也是不可恢复的。因此，干缩所造成的裂隙、粉化等一系列现象是室内土遗址的通常病害表现。而对于此类失水干缩，目前并无有效的预防方法。

3. 霉变及白化（泛碱）

处于室内环境的土、砖石等遗址材料，在潮湿的室内环境下极可能发生霉变等微生物病害。因水分蒸发导致的可溶盐转移、蒸发界面富集与结晶，会在土遗址表面形成泛碱（俗称白化），这是土遗址粉化、层状剥落的主要成因之一。

4. 结构性坍塌隐患

土遗址部分区域高差变化较大，形成了较高、较陡的土壁，尤其是某考古断面的最大高差达到了 6.75m。在这种情况下，如果遗址周边未采取有效的隔水措施，使得坑底积水，土壁周边或底部含水率过高，达到塑限，上部土体的压力下就有失稳坍塌的可能。最严重的状况可导致管涌式坍塌。而在土体含水率较低，乃至失水干缩的情况下，土体本身的强度会提高，虽然不存在结构性坍塌的可能性，但边坡土体的强度和耐水性要在不改变颜色质感前提下得以提升。

7.7.2 保护技术策略

水会导致一系列病害，所以需要隔断水，技术手段为采取柔性防渗帷幕。通过对遗址区不同类型的土研究发现，未扰动的土在失水过程中具有很高的收缩特点。遗址博物馆建成后，随着土含水率降低会出现泛碱、开裂等病害，因此需要采取预防性保护措施降低水溶盐，对有安全隐患部位（展示断面）的土进行渗透固化，开裂部位采用石灰添加土配制的浆料进行注浆粘结。

7.7.3 柔性防渗帷幕

为了克服混凝土、热沥青等防渗帷幕材料工艺的缺陷，在南京某遗址保护中，保护团队开发了一套柔性窄槽防渗注浆材料。该材料由填充注浆材料（A+B 双组分）和补浆材料（A^{+}+C）组成。其中，A 的主要成分是聚合物改性乳化沥青，B 和 C 为由石灰等组成（不含水泥）的激发剂。

施工时，槽开挖到不透水层，然后向搅拌锅内加入 A 或 A^{+} 组分，在搅拌设备运转条件，严格按照比例缓慢加入 B 或 C 组分，加料后搅拌时间不少于 5min。将注浆管出口深入窄槽底部，连续加压注浆至该段饱满，待第一次注浆结束数天后进行二次注浆。二次注浆管布置间距不多于 2m，分段注浆于搭接处。

7.7.4 土本体保护的实验研究及其结论

保护团队完成了材料检测、土收缩泛碱实验、固化后土的耐水耐冻实验等一系列室内及现场实验研究。得出了如下结论：

1）土质材料是南京某遗址本体最主要的材料。研究表明，其类型多样，既有扰动土，也有文化土，建筑遗址本体为含有瓦砾等杂质的扰动土。遗址下部的土层结构复杂。

2）本体土在干燥过程中会发生不同的收缩变形，并且开裂。未扰动土收缩大，而含瓦砾土收缩小。

3）对比不同的固化材料，正硅酸乙酯被确定为土质材料固化的最理想材料。经过正硅酸乙酯固化后的土适合在室内环境下展示，但达不到具有强降水且有冻融病害环境下露天展示的耐久性要求，建议室外环境的土质建筑遗址回填保护模拟展示。

4）对比不同类型的石灰类注浆材料，开裂的土裂缝注浆修补的最佳材料为添加少量流动助剂的天然水硬性石灰和土的混合物。

7.7.5 本体保护工程采取的技术措施

1. 清理排盐

在出现发白且有明显盐析的部位，进行无损排盐。其做法为，土预固化后，表面敷贴纸浆，自然干燥至少 7 天，去除。

在构建防渗帷幕之后，水补给减少，土体的含水率降低，蒸发减少，可有效抑制水溶盐的表面结晶。在室内空调环境下，经初次排盐之后，土体本身仍会有水分蒸发，从而带动其中的水溶盐表面结晶。因此，仍需周期性地进行表面排盐等维护工作。

2. 本体加固

在构建防渗帷幕且保持一定含水率的基础上，土遗址本体干缩之后能够达到一定的强度，无坍塌风险部位可不进行渗透加固。如遇风化、粉化严重的棱角部位或高差较大、有结构性隐患的特殊部位，特别是需展示的考古断面，需要对其本体加固，采用正硅酸乙酯进行滴注法渗透加固（参见图 7–14）。

3. 裂隙灌浆修补

添加少量流动助剂的天然水硬性石灰和土的混合物应根据裂隙的宽度不同，优化土体裂隙灌浆材料配合比，即石灰含量（重量比）为 10% ~ 30%，加当地的土混合后加水到适当稠度过 60 目筛后采用注射针注射。开裂口表面留 3 ~ 5mm 凹口，撒干土，以达到颜色及质感与周围土相同的效果。

4. 缺损部分修补

对于因缺损较大而需要修补或填补的土遗址部分，采用特制土坯砖。土坯砖的材料为夯筑后的三七灰土，且在密闭潮湿条件下养护 1 ~ 2 月。这种土坯砖具有强度高，可随着修补部分轮廓随意切削，施工简易，不用现场夯筑，对原址土扰动最小的优点。土坯砖衬补完成后，表面不再进行做旧等特殊处理，应显示出土坯砖的肌理，以使衬补部分具有可识别性。

经过上述的保护后，达到了保护与展示的效果（图 7–17）。

图 7–17 保护工程完成 5 年后的效果（土体干燥，未出现明显崩塌等）

思考题

（1）土的三相如何对土的性质产生影响？

（2）简述天然土中黏土矿物对土性能的影响。

（3）土的含水率对其特性有什么影响？

（4）影响夯土建筑耐久性的因素有哪些？

（5）夯土建筑病害的成因有哪些？

（6）简述土质建筑各种病害及病理。

（7）土质遗产开裂的修复方法和材料有哪些？

（8）石灰添加到土中最佳添加量的确定方法有哪些？

第8章　石

本教材定义的建成石质文化遗产指在人类历史发展过程中遗留下来的，以天然石材为原材料建造的具有艺术、历史、科学等价值的遗物或遗迹等不可移动文化遗产。建成石质文化遗产是我国文化遗产的重要组成部分，既是研究我国古代社会生产力、科学水平等物质文明的重要实物资料，也是承载古代人类思想、信仰、艺术，促进中外文化交流、民族融合发展等精神文明的重要物质载体。石器等可移动文物以及石质自然景观遗产不在本章讨论范围内。

8.1　我国石质文化遗产概述

狭义的建成石质文化遗产有石窟寺、不可移动石质艺术品、石质建筑物、构筑物（如桥），以及其他遗产建筑的附属石质构件等。

8.1.1　石窟寺

石窟寺及关联的摩崖造像、石雕、石刻、石碑、经幢等是我国最具特色的文化遗产之一，一般体量大（图8-1），多种艺术品共存，与周边环境关系密切，多为户外保存。石窟寺把大自然与人类生产生活、社会活动、宗教信仰、风土人情等完美结合在一起，成为人们研究古代人类社会的政治、经济、生产、生活、文化，特别是古代艺术的珍贵实物资料。石窟寺等石质艺术品等保护日益得到重视。

石窟寺等建造在自然山体的石刻艺术品材性复杂（图8-1），部分不耐久的地质体常常也成为艺术品的载体，出现差异性风化。而且其赋存的地质、水文及气候环境和石质建筑物存在差异。因此，这类石质文化遗产需要做专项勘察研究。

图8-1　石窟寺属于我国特色石质文化遗产（岩体为钙质泥质胶结的杂砂岩，大同云冈）

8.1.2 石质建筑类文物

指人类历代遗存在地面上或埋藏在地下的有重要历史意义和重要艺术价值的石质建筑物或构筑物（图 8–2），包括石质建筑物、石质建筑群及其内部所附属的艺术品，如石质文物建筑中的石洞、石棚、石殿、石桥、石塔、石墙、石阙、石牌坊、石陵墓、石地板、石台基、石墙基、石柱、石柱础、石栏杆等。建筑遗址的石质部分也属于这一类。

（b）

（a）　（c）　（d）

（e）

图 8–2　石质建筑类型
（a）重庆通远门城墙（建于明洪武时期）；
（b）陕西石卯遗址石刻（公元前 2300 年）；
（c）仿木石柱（紫色砂岩，建于明代）；
（d）近现代遗产建筑天然石材柱饰（绿色凝灰岩，20 世纪 20 年代）；
（e）古代桥梁常用石材（建于明代，2014 年保护修复后）

8.1.3 石质艺术品

石质艺术品指户外保存的独立的雕像、经幢等，一般体量小，材性单一。其保护的美学要求高，勘察及保护修复措施需要考虑艺术修复的要求。

8.2 作为遗产材料的天然石材

天然石材是经过地质作用或成岩作用形成的固态材料，是和木材、土一样最早用于建造的材料。

8.2.1 天然石材分类

天然石材一般是按照地质学岩石的成因进行分类，即三元分类。

1. 天然石材的地质分类

地质学上按成因把石材分成岩浆岩、沉积岩、变质岩三大类。

岩浆岩，也叫作火成岩，由炽热的液态岩浆凝固而形成。岩浆产生于地壳深层或地幔（图 8–3）。若岩浆在地表下方凝固，称之为深成岩；若岩浆穿过火山或沿着相互漂动的大陆板块渗透到地表外，称之为火山岩（喷出岩或火山熔岩）。代表性石材有花岗岩、玄武岩。

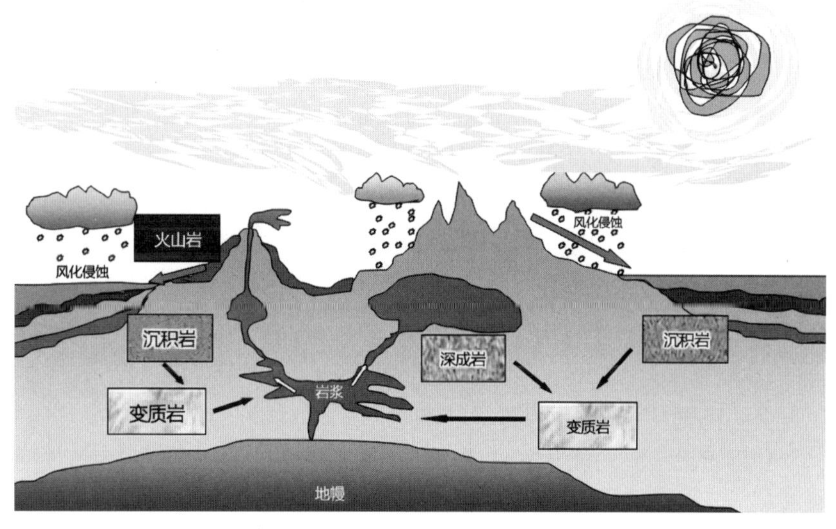

图 8–3 天然石材地质分类类型
（图片来源：米夏尔·奥哈斯，珍妮娜·迈因哈特，罗尔夫·斯内特拉格．石质文化遗产监测技术导则[M]. 戴仕炳，徐一娴，施晓平，译．上海：同济大学出版社，2020.）

沉积岩，沉积物主要在河流、湖泊和海洋中形成。随着新的沉积物的不断堆积，底层不断加固。同时，由于溶解和结晶过程，沉积物的组成部分不断胶合在一起，沉积物就变成了沉积岩。沉积岩分为碎屑岩、生物化学岩、化学沉积岩和火山碎屑岩四大类。碎屑岩产生于固体岩石碎片或矿物碎片的沉积，如川渝地区的砂岩。化学沉积岩大多源自于海水中化合物析出。生物沉积岩来自于活体和死亡生物体的外壳或骨骼，如大部分的石灰岩、生物碎屑灰岩。风成岩形成于风力运输细沙和尘土。比较特殊的石材是由火山喷发的火山灰形成的火山碎屑沉积物，这些灰烬结块形成坚硬的岩石称为凝灰岩，代表性的有产自宁波地区的梅园石（一种安山质灿凝灰岩）。

变质岩来自被转移至较深地层的其他岩石。其特征在于特别的矿物重组（共生次序），通常带有典型的纹理。若变质岩持续下沉到地壳深层处，温度超过其熔点，就会开始熔化，可能会产生新的岩浆岩。其整个周期是封闭的。部分熔化状态下的形成的变质岩石，又称为混合岩。这种岩石的外观往往具有视觉吸引力，特别是最近几年，其已成为非常流行的装饰石材。

如图 8-3 所示，地壳运动也会导致沉积岩和岩浆岩直接下沉入地壳深处，形成变质岩。当变质岩到达地表附近，会风化变成沉积岩。沉积岩也能风化，形成新的沉积岩。因此，这 3 种岩石——岩浆岩、沉积岩、变质岩相互联系并不断相互转化。这也导致早期生命的痕迹很大程度上被破坏，因为带有生命痕迹的岩石已在地质史中经历了至少一次变质或岩浆循环。

2. 天然石材的化学分类

石材地质学的三元分类不能从材料学角度区分其特点。所以，本教材提出了除岩石学外的按照化学特征的二元分类体系。自然界的天然石材是主要由结晶的矿物组成。建筑或文物使用的石材主要含有二类矿物，其中，一类为硅酸盐矿物，如石英（SiO_2）、长石（第 2 章）等，称作硅酸盐石材。几乎所有的岩浆岩（如花岗石）、大部分变质岩、一部分沉积岩（如砂岩）为硅酸盐岩（图 8-4）。

地壳中分布广泛且广泛用于建造的另一类石材主要是由方解石（$CaCO_3$）白云石 [$CaMg(CO_3)_2$] 组成。这类石材为碳酸盐岩石，如大理石、石灰石（青石）、汉白玉等（图 8-5）。我国大部分建造用的碳酸盐岩石均比较致密，这一点与欧洲国家不尽相同。

8.2.2 我国主要建造用石材特点

中国近现代史迹及代表性建筑使用的主要建筑石材类型及其特性见表 8-1。

(a)

(b)

(c)

图 8-4 三个代表性的硅酸盐类遗产建筑
(a) 云冈石窟 - 沉积砂岩 / 杂砂岩；
(b) 宁波保国寺唐经幢 - 火山凝灰岩；
(c) 澳门大三巴 - 花岗石

图 8-5　部分代表性碳酸盐岩石文化遗产
（a）龙门石窟 - 白云质灰岩 - 灰岩；（b）花山岩画 - 石灰岩；（c）明长城新广武段石刻；（d）北京故宫太和殿等汉白玉；（e）蹴鞠图，河南嵩山；（f）北京十三陵地宫汉白玉

表 8-1　中国近现代史迹及代表性建筑使用的主要建筑石材类型及其特性

岩石类型		运用部位	机械物理	化学特性	加工难易程度	代表性建筑
岩石分类	一般用途					
岩浆岩（火成岩）	花岗石（金山石、麻石）	立面、门窗台、台基、地面	强度高；耐损性高；可制作成磨光面、毛面等效果；孔隙度低、吸水率低	以硅酸盐为主，极耐久	难加工	如上海外滩建筑群
变质岩	汉白玉、大理石（青白石等）	地面（室内、室外）、墙面、门墙、雕刻等	强度中等；吸水率很低	以不耐酸的碳酸盐为主	易于加工	上海外滩 18 号室内，北京红楼、清陆军部和海军部旧址等
	青石（蛇纹岩、片麻岩）	同岩浆岩	强度中等；吸水率很低	以硅酸盐为主	不易于加工	北京故宫、天津五大道
	片岩	屋面瓦	较高的抗折强度	耐久	易	徐家汇教堂
沉积岩	红砂岩	墙基、门窗框、雕刻	强度低 - 中等；含一定孔隙，吸水缓慢；耐久性中等到好	以硅酸盐为主，含黏土矿物、碳酸盐矿物等	易于加工、易打磨	佛山简氏别墅门楼等
	青石（石灰岩等）	墙基、台基、地面、过梁	强度中等；致密；吸水率很低	以不耐酸的碳酸盐为主	易加工	石家庄正大饭店等
	火山凝灰岩（宁波青石）	墙基、台基、柱、地面、过梁、雕刻	强度中等；致密；吸水率很低	以硅酸盐为主，含黏土矿物	易于加工	上海外滩 9 号、上海思莹堂等

1. 花岗石

花岗石是使用最广泛的建筑石材之一。

花岗石分布广泛，资源比较丰富，但其质地坚硬，抗压强度达 100 ~ 200MPa，难加工。花岗石饱和吸水率很低，一般小于 1%，具有很好的耐水、耐冻、耐酸雨等能力，因此成为外立面特别是商业建筑装饰中最主要的石材类型之一。

花岗石中主要矿物为无色 – 白色透明（有时半透明）的石英，白色 – 肉色的长石，以及少量（1% ~ 10%）的黑色矿物（云母等）。不同产地花岗石内这 3 种组分含量不同导致其色彩丰富，具有极强的装饰性。使用到遗产建筑外立面的花岗石以毛面为主，较少为抛光面。

2. 青石（碳酸盐类如石灰岩类）

中国民间工匠通常把颜色为深灰 – 浅灰一类的石材均称为青石，从严谨的岩石学、材料学角度出发，青石既可以是沉积作用形成的石灰岩（如太湖石）、灰色砂岩等，也可以是由变质作用形成的灰绿色绿泥岩、片岩、片麻岩等。碳酸盐类的青石（如石灰石，尤其是块状的石灰石）强度高，其抗压强度可达 80 ~ 120MPa 以上，所以可作为地面材料（如青石板）。又因其饱和吸水率很低（0.5% ~ 5%），所以也用作为墙基来隔潮。同时，它比较细腻，硬度由中到低，易雕刻，所以很多石刻、题刻也多采用石灰岩青石。

石灰石的缺点是不耐酸，如大气降水中的碳酸会溶解石灰石，在地质上形成岩溶地貌（喀斯特地貌）以及天然的太湖石等。同样原因，酸雨对石灰石的侵害也十分明显。其中的主要矿物（方解石、白云石）受热时各向异性膨胀、收缩，常发生开裂。

3. 青石（硅酸盐类）

在上海近现代遗产建筑中，有一种风化后呈褐灰色、新鲜面为绿色或灰色的石材，这些石材也俗称“青石”。这些“青石”其实是经过蚀变作用的火山凝灰岩，其化学成分主要为硅酸盐类，矿物成分主要为石英、长石、绿泥石、绿帘石、云母等。这种青石质地坚硬、强度中等、孔隙率极低，同时具有较高的抗折强度，常用于过梁、桥面，以及雕刻等。

但是该石材中含有大量的片状硅酸盐矿物，不耐风化。很多部位特别是接缝部位风化严重，风化后石材呈片状，强度降低，风化后的产物含有碳酸盐类矿物，易被酸雨破坏。此外，冻融和温差易导致这类石材开裂、起皮。

4. 砂岩

砂岩是一类成分复杂、性能差别很大、耐久性差别也很大的天然石材。和欧洲不同，中国全部采用砂岩建造的遗产建筑并不十分普遍。

砂岩大多用于墙基、门窗横梁及装饰部位，砂岩也是多种石雕的材料。砂岩是由河、湖、海中沉积作用形成的砂经压实作用和化学胶结作用而形成，其强度和稳定性因胶结成分、压实程度而异，胶结物为硅质时强度高，而胶结物为黏土（泥质）时则强度低，胶结物为碳酸钙时则强度中等。因此，不同砂岩的强度、耐水性、耐冻性等差异很大，抗压强度变化在 10 ～ 100MPa 间，饱和吸水率变化在 5% ～ 15%。

砂岩的风化特征变化很大，表面起粉是常见的现象，这是由于砂岩中胶结物，特别是碳酸盐和硅质等被溶解掉所造成。砂岩风化的另一种特征是起壳，特别是含泥质（黏土矿物）比较多的砂岩，易形成皮壳状或粉末风化。

5. 大理石（汉白玉）

大理石是由比较纯净的结晶的方解石（碳酸钙）或白云石（碳酸钙镁）组成的变质岩。洁白的白云石大理石称作汉白玉。大理石相对砂岩等比较致密，孔隙度极低，吸水率低，强度中等，硬度中等，易于雕刻。大理石是一种不耐化学风化和对冷热敏感的石材。其中的矿物方解石、白云石等在热作用下，易发生不均匀异向膨胀、收缩，使大理石疏松而变成糖粒状。

6. 玄武岩

民间也称“洞石”“黑石”等，是火山岩，深灰－黑色，含有气孔，致密，吸水率极低。玄武岩是理想的筑城、基础、铺地的材料。

8.2.3 天然石材简易识别方法

识别建成的石材类型对认识建筑历史、对理解病害及制定保护措施都具有重要意义。我国尚没有建立遗产建筑用石材手册。但是，可以依据如下特点判断石材大类。

1. 色彩

特殊的天然石材具有特殊的颜色，如汉白玉为白色，梅园石是紫色－灰绿色，石灰岩为灰色。这也是大部分石作将石材按照岩石颜色命名的原因。但是需要注意区别石材的新鲜面颜色和老化后的古锈色。如拙政园内的“黄石”其新鲜面为白色，老化面为黄色。

2. 结构

如花岗石为块状的结晶矿物集合体，砂岩具有层理，呈砂状。

3. 与酸的反应

石灰石、钙质胶结砂岩等含碳酸钙，与稀盐酸会发生剧烈反应，而同样为白色白云石和酸几乎不反应。所有的岩浆岩遇酸也不反应。

4. 硬度

德国矿物学家莫斯（Fredrich Mohs）于 1822 年将矿物按照硬度分成 10 度，这种硬度称为莫氏硬度（表 8–2）。如花岗石主要由石英和（正）长石组成，硬度为 6.5，为建筑使用的最硬的石材。而石灰岩主要由方解石组成，硬度为 3。用花岗石可以刻石灰岩。准确的石材命名需要专业的地质学家或矿物岩石学家借助光学显微镜等技术手段确定（4.3.1 节）。

表 8–2 岩石中矿物的硬度及常见石材硬度比较

莫氏硬度（Mohs Hardness）	矿物	布氏硬度（Brinell Hardness）	常见建筑材料	日常用品	无机胶粘剂
1	滑石（talc）	3	—	化妆品	—
2	石膏（gypsum）	12	石膏板	指甲 2.5	石膏
3	方解石（calcite）	53	方解石大理石； 太湖石； 白云石＝汉白玉	—	气硬性石灰
4	萤石（fluorite）	64	梅园石：3.5 ~ 5	铜币 3.5 ~ 4	水泥
5	磷灰石（apatite）	137	—	钢刀 5.5	—
6	正长石（orthoclase）	147	玻璃：5.5 ~ 6	—	—
7	石英（quartz）	178	花岗石，水晶	钢锉 6.5	—
8	黄玉（topaz）	304	—	—	—
9	刚玉（corundum）	667	—	防滑地面涂料的添加物	—
10	金刚石（diamond）	采用金刚石压其他矿物	—	钻戒	—

8.3 天然石材的病状与病理

建成的天然石材自开采建造后由于在环境作用及受力等情况下就开始出现风化，呈现不同的状态，这种状态可以称作病状。主要类型有机械损伤、开裂、起皮空鼓、表层劣化、变色污染及生物病害等。后期使用导致的缺损、不当修补，特别是对艺术等价值、耐久性等产生影响的修补，也可以归入病状。

8.3.1 机械损伤

指在外力作用如撞击、倾倒、跌落、地震及其地基沉降、受力不均等因素的影响下，发生的石质文物断裂与残损现象（图 8–6）。

图 8–6 传统建筑台明砂岩（左）、大理岩（青白石，右）发生断裂，不当修复导致的破坏

8.3.2 裂隙

裂隙可分为三大类型，一是浅表性风化裂隙，二是机械性裂隙，三是原生性构造裂隙。

1）浅表性风化裂隙指由于自然风化、溶蚀现象导致的沿石材纹理或薄弱线发育，多呈里小外大的V字形裂隙，一般比较细小，延伸进入石材、石刻内部较浅（图8–7）。

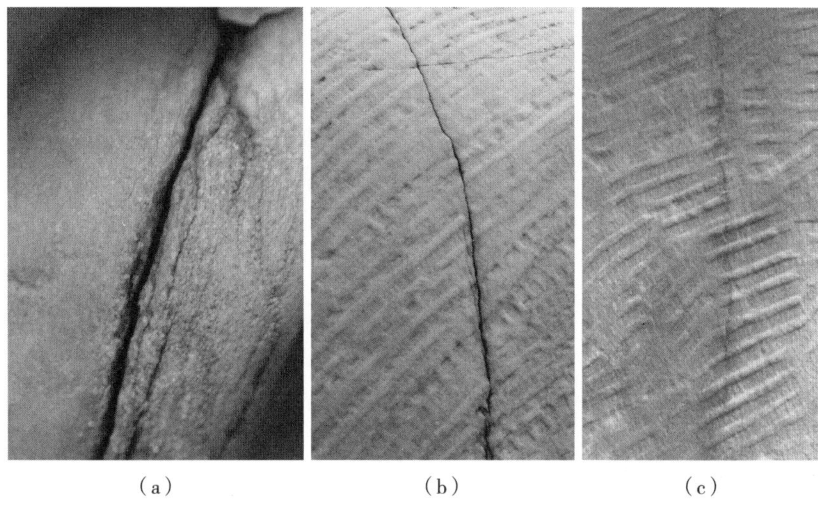

（a） （b） （c）

图8–7 雕刻表面出现的不同尺度的裂隙
（a）贯穿性的机械裂隙；
（b）浅表裂隙；
（c）尚未发育成裂隙的石材原始纹理

2）机械性裂隙指因外力扰动、受力不均、地基沉降、石材自身构造等引起的开裂现象。一般这类裂隙多深入石材内部，严重时会威胁到整体稳定，裂隙交切、贯穿会导致整体断裂与局部脱落。

3）原生性构造裂隙指石材自身带有的构造性裂隙，其特点是裂隙闭合、裂隙面平整、多成组出现（图8–8）。

图8–8 构造裂隙和由原始层理发育而成的水平裂隙常见于石窟寺内的石雕

8.3.3 空鼓起皮

指石材表层鼓起、分离形成空腔，但并未完全剥落的现象（图8–9）。

产生空鼓的原因主要是温差、干湿导致的变形（图 8–9）。另外错误的干预方式（如表层过度固化、表面憎水）也可以导致起皮。

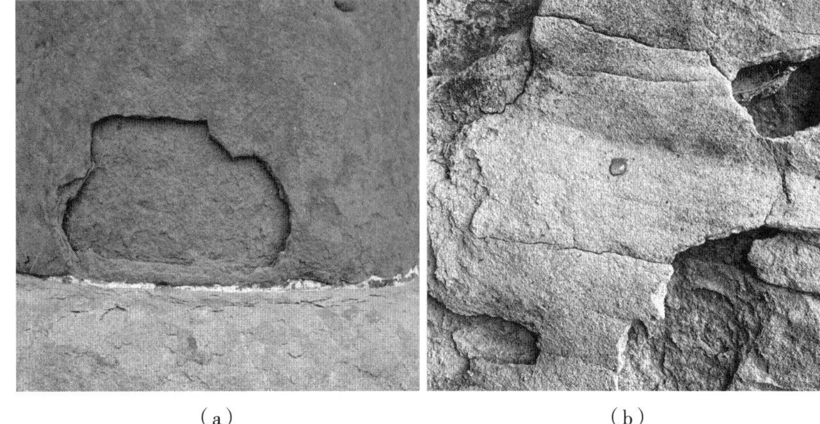

（a）　　（b）

图 8-9　天然石材由空鼓发展到剥落
（a）干湿交替和温差导致；
（b）由于不当干预在干湿交替作用下导致空鼓起皮

8.3.4　表面（层）劣化

指石材由于本身材质力学性能降低以及外界自然因素的作用，导致石质表面或表层出现粉化、片状剥落、鳞片状起翘、泛盐、溶蚀风化现象的病害（图 8–10）。

图 8-10　左为建于明代的红砂岩石柱底部严重的劣化，右为风化严重的汉白玉发生典型的糖粒状现象（北京故宫西华门）

8.3.5　污染与变色

指石材表面由于灰尘、污染物和风化产物沉积而导致的石质文物表面污染和变色现象（图 8–11）。包括大气及粉尘污染，水锈结壳，人为涂鸦、书写及烟熏污染等。在勘察过程中，需要区别哪些属于污染，哪些属于原始或后期彩绘，哪些属于自然老化导致的变色。

8.3.6　生物病害

指石质文物因生物在其表面定殖、生长、繁衍而导致的各类病害。常见的生物病害归类为植物病害、动物病害及微生物病害 3 种类型。

1. 植物病害

树木、杂草生长于石材裂隙之中，通过生长根劈等作用破坏石材，导致石质文物开裂。

图 8-11 左为城市建筑遗产石材立面出现变黑、流挂等污染；右为石窟雕像出现烟尘污染

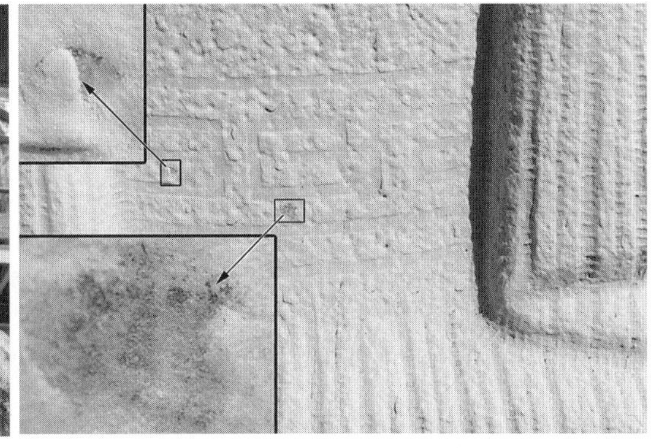

图 8-12 左为德国米尔豪森玛利亚大教堂皇后雕塑头绿色藻类和地衣病害；右为上海某雕像汉白玉表面及片状剥离下裂缝出现的苔藓

2. 动物病害

昆虫、鸟类、鼠类等在石材表面，或在石材空鼓、裂隙等部位筑巢、繁衍、排泄等造成的损害。

3. 微生物病害

苔藓、地衣与藻类、霉菌等微生物菌群在石质文物表面及其裂隙中繁衍生长，掩盖石刻精美纹饰（图 8-12），导致并加剧石质文物表面变色及表层风化的现象。尽管部分苔藓可能会降低石材的冷热、干湿变形，但降低了艺术价值，可归为病害。

8.4 保护设计前的病状勘察、测绘

针对不同类型的石质文化遗产需要开展不同深度的勘察检测，制定相应的保护技术方案。

8.4.1 石质建筑、构筑物及附属石质遗产的勘察检测

石质建筑、构筑物及附属石质遗产等保护修缮之前除了要进行结构检测外，尚需要进行材料类型等系统分析，至少包括如下内容：

图 8-13 对石质文化遗产表层石材进行岩相学研究，一方面可以判断石材类型，另一方面可以掌握微观劣化特征

1）岩石类型及建造方式，修缮历史；

2）病状，并尽可能查明病理。岩相学方法一方面可以查明岩石类型，同时可以确定表面病状特征（图 8–13）；

3）砌筑灰浆、勾缝灰浆的成分及形制（图 8–14）；

4）含水率纵深分布及随季节变化的监测，以查明水的来源；

5）水溶盐含量，即有损定量－定性检测，无损检测等；

6）其他和保护相关的勘察。

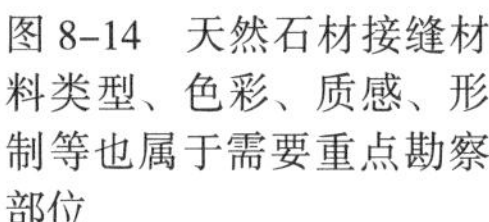

（a）

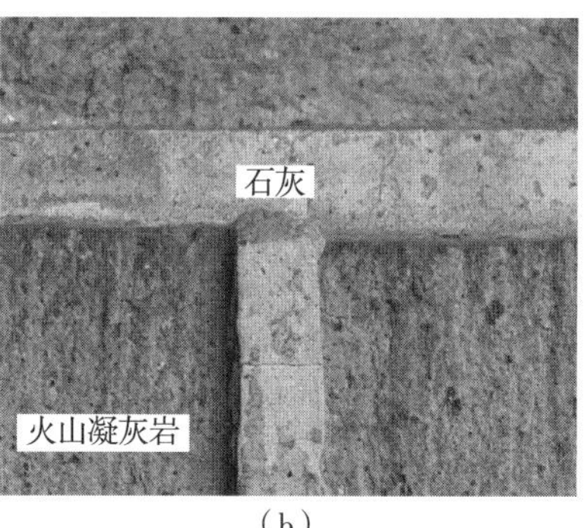

（b）

图 8-14 天然石材接缝材料类型、色彩、质感、形制等也属于需要重点勘察部位
（a）花岗石墙面的桐油石灰平缝；
（b）火山凝灰岩的麻丝桐油石灰的凸缝

8.4.2 石质艺术品的检测

对于石质艺术品的检测除了需要完成对类似石质建筑等的材料、病状等检测外，尚需要对其加工技艺（原始工艺及后期修缮）及各个时期采用的材料进行分析（表 8–3）。由于这些艺术品无法进行取样分析，在勘察中大多需要采用无损技术手段。在采取措施去除旧的涂层等添加物时，需要进行价值评估。始建时期或者重要的历史记录需要保留。

表 8–3 石质艺术品历史上曾经采用的材料的副作用及识别简易方法

材料类型	原始目的	潜在副作用	识别方法	清除方法
有机硅	“封护”“防风化”	有机硅未渗透到的部位水溶盐可能会结晶，导致表层起壳	水滴法（表面不吸水），老化的表面需要去除粉尘后再测试	暂无有效办法
蜡	表面固化，“保护”	变色（蜡会吸附粉尘等），破坏岩石自然的水汽平衡	手摸有蜡的感觉；采用热风变软；不均匀变色	溶剂溶解

续表

材料类型	原始目的	潜在副作用	识别方法	清除方法
石灰水	表面保护	模糊细部	弱酸法等	机械法（刷）
涂料	“封护”“防风化”	起皮、变色	表面不均匀的树脂光泽	环保型脱漆剂
漆和彩绘	装饰	降低面层透气性，会导致片状剥落	微观可见漆膜等	一般需要评估后采取原位保存

8.4.3 病害测绘及保护修复技术方案

对石质文化遗产勘察的结果可以通过病害图展示出来（图 8–15，图 1–5）。我国已经有相应的图示标准，如《馆藏砖石文物病害与图示》GB/T 30688—2014，但是更直观的方法为将病害通过色彩、线条等结合语言描述，病害图是保护技术方案的基础资料。

现状勘察：石质文物受损现状绘图例 来源：德国国家环境基金AURAS et al. 2010

病状	代码	符号		色号	
起砂	1/A	—	—	RAL 1016	
浮雕式	2/B	—	—	RAL 1033	
皮屑式	3/C	—	—	RAL 2008	
皮壳式	4/D	—	—	RAL 3002	
缺失	5/E	—	—	RAL 3015	
大片剥离	6/F	—	—	RAL 4006	
泛碱	7/G	—	—	RAL 5012	
湿痕	8/H	—		RAL 5002	
植被侵蚀	9/I	—	—	RAL 6017	
微生物附生	10/J	—	—	RAL 6005	
块状碎裂	Ia	—	—	RAL 8001	
修补剂缺失	12/L	—	—	RAL 8014	
起壳	13/M	—		—	—
污染	14/N	—		—	—
变色	15/O	—		—	—
浅表性开裂	16/P		—	—	—
填缝缺失	17/Q	—	—	—	
形变	18/R		—	—	—
铁构件	19	—	—	—	
砖	20	—	—	—	
水泥砂浆	21	—	—	—	
穿透性裂纹	22	—	—	—	
膨胀裂纹	23	—	—	—	
平行层理裂纹	24	—	—	—	
拼缝开裂	25		—	—	—
碎砖	26		—	—	—

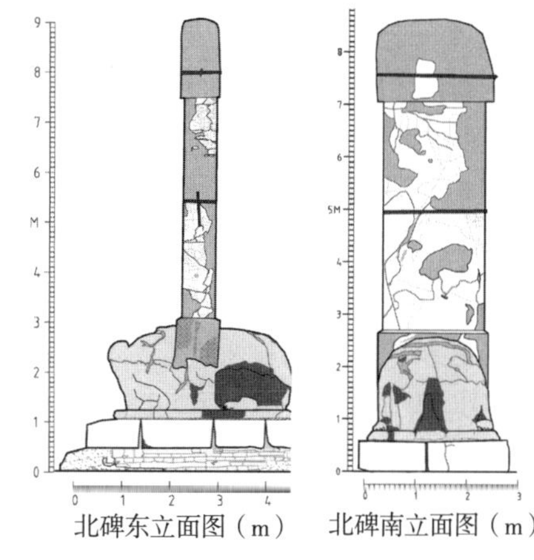

图 8–15 石质文化遗产的病害图示例

石质文化遗产的保护修缮技术方案常包含勘察保护实验、技术措施等。勘察报告内容包括本体信息提取（实录）与资料留存和病害调查成果。技术措施部分需要对石质文化遗产的各种病害，如裂隙、溶蚀、表层剥落、生物、残缺等制定针对性的工艺流程。特殊的石质文化遗产需要进行室内实验和现场实验，并提交实验报告。采用的材料需要明确选择的原则、效果、可能的副作用等。

8.5 石质构件的修复技术要领

8.5.1 价值分析及保护要求

天然石材由于其强度高，耐久性好，是遗产建筑材料采用的主要材料之一。但是在石材使用范围、石材建筑表现手法等方面，中国与欧美建筑存在较大差别。如上海，除外滩等地区外，以天然石材为立面的、大体量的遗产建筑相对较少。

建筑使用的主要石材均为机械物理强度中等、高等，吸水率比较低的岩石类型，如花岗石、石灰岩等。传统建筑中，石材较多的用作墙基、台基、门窗框及装饰。例外的是，风土建筑中存在大体量毛石砌筑而成的石质建筑。只有在受西方影响较大的近现代建筑，天然石材（大多数为花岗石与大理石）才用于高档商业建筑中的外立面及室内装饰。

天然石材具有重要的历史价值、文化艺术价值和经济价值，在普查及保护设计的勘察阶段，除了需要对重要石质文物进行记录评估外，对于没有文物身份的石质构件也需要特别关注。

在制定保护方案时，明确各个石质文物单体是完整的建筑或构筑物的一部分，必须从宏观上进行现状评估、病害机理分析，并制定完整的保护方案。

8.5.2 建筑构件的修复方案及使用的材料

天然石材的保护方法有：清洁 / 排盐 / 降低盐分；归安、替换；固化（正硅酸乙酯或微纳米石灰）、砌体加固、裂隙修复、石材修补、勾缝、牺牲性保护层、特殊表面处理如憎水处理（仅适用建筑立面石材）。

1. 石材的清理、清洁

1）涂料不仅破坏了石材的颜色、质感，而且降低石材的透气性，所以原则上应采用可用水降解的去涂鸦剂 / 脱漆剂脱除掉旧涂料。在清除涂料的过程中，如果发现有价值的标语、口号等，应报告主管部门并讨论、确定是否有必要保留这些标语、口号等。

2）小心地剥离打掉水泥粉刷层或用水泥、环氧树脂等修补的部位，尽可能多的保留历史石材，包括已经粉化、起壳的石材。而对遗产建筑中保留至今并起到积极作用的修复材料应予以保留。同时，由于剥离是需要技巧且费时、费力的工作，在时间、经费及施工人员素质达不到要求时，可暂时保留。

3）强度高的花岗石等可采用低压旋转水枪清洗，除去灰土和污垢，以不损坏基层。有价值的标语、口号等部位的清洗则需要仔细分析材料特点后，再确定最终清洁方案。禁止使用喷砂，或强碱、强酸等化学清洁剂。而强度低的火山凝灰岩、大理石等不可以采用高压水清洗。

4）破损、起皮等石材的水溶盐的含量一般较高，含盐高的部位不仅影响修复的效果，而且会继续破坏石材，需采用无损方法（如敷贴纸浆法）降低石材中的水溶盐（见 5.2 节）。重要遗产建筑排盐前后的效果需要请专业的技术人员检测。采用贴纸浆法的优点还在于排盐的同时可以把松散、没有保存价值的风化石材粉末以及表面污染一起清理掉。

2. 翻阴模及复制

如果有特别复杂的雕刻，可以采用翻阴模的方法印刻出逼真的表面效果。适合的材料包括低收缩的有机硅等材料。采用有机翻阴模的步骤如下：

1）涂脱模剂（如液体肥皂、凡士林等）；

2）施工一道低黏度硅胶，便于真实地翻出来细部纹理，然后再施工一道厚质硅胶；

3）施工保护层；

4）固化后脱膜。

复制时应优先考虑采用预制的修复砂浆，要求强度略低于原石材，低收缩，颜色及质感应与原石材类似。

3. 石材的置换与粘结

当石材的破损厚度超过一定程度（一般超过 30mm）时不仅影响美学，而且影响使用功能（如加速劣化或导致渗漏），可采用新石材置换旧石材（图 9–14），或采用石材背面作为正面使用。新石材宜采用与原始石材尺寸、材料类型、强度、颜色等一致的石材，进行嵌补或粘贴。

粘贴石材或用于断裂石材粘结的胶粘剂宜采用石灰砂浆（见 5.6.1 节的 A 型、B 型、C 型砂浆），采用石灰、天然同质石粉和少量助剂（如丙烯酸）调配而成的胶粘剂，或者经过检测的户外耐久性和天然石材相同的石材胶粘剂。不容许采用水泥或环氧树脂等有机树脂。

天然石材中的非结构性裂缝、空洞，以及大部分结构性裂隙等宜采用天然水硬性石灰注射胶粘剂填充粘结，注射胶粘剂的基本配合比见 5.5 节。

采用天然水硬性石灰胶粘剂时，应注意气候，如干燥时需喷水养护，潮湿时要通风，以保证天然水硬性石灰的正常固化。

4. 表面渗透增强

指采用无色透明的化学材料如硅酸乙酯来增加表层已风化石材强度的处理手段。由于渗透增强是一种不可逆的处理手段，而且如处理不当，不仅起不到保护的效果，反而会产生更为严重的损坏（如层状剥离），因此需要特别注意施工工艺要求。材料类型及固化机理见 5.3 节。

只有多孔隙、含一定硅酸盐的天然石材，才适合采用硅酸乙酯类增强剂增强，施工时，宜湿对湿（wet on wet），无雾淋涂至少 3 遍到风化石材表面，直至饱和。增强的效果需要在对比处理前后的石材表层强度，特别是强度梯度和渗透深度后确定。施工量不足易导致壳状剥离，从而加速风化石材损坏。而表面非常完整的未风化的石材、致密的花岗石、碳酸盐类石材等，则不需要进行增强处理。表面发生劣化的碳酸盐类岩石（如石灰石、汉白玉等）可以采用特殊正硅酸乙酯与纳米石灰等结合的方式进行增强。

条件允许的情况下，若能将维修构件搬移至实验室操作，可选用真空渗透的方式进行固化。真空渗透固化的做法是利用真空泵将待加固区域内的空气抽出，然后将加固剂吸入空隙中。如果能将加固区域密封，则可以做到这一点。

5. 修补

与替换相比，修补则可以最大限度地保留原有历史材料。在科学地选择了修复材料和工艺前提下，修补可以提升遗产建筑的价值。

1）缺损严重且影响美观及使用功能的石材宜采用修复石粉修复；

2）修复时，除清理掉表层风化的粉末外，不建议采用凿毛等损坏基层的处理。

修补材料可参照5.6.1节的类型配制，如采用天然水硬性石灰（NHL2或者NHL5）、不超过5%的525白水泥、天然同质石屑和少量（不高于1%）助剂（如丙烯酸）调配致密岩石的修补剂。修补的厚度越大，石屑的颗粒越大，且需要调配级配达到低收缩。为达到类似的表面古锈效果，可以采用湿壁画工艺（见第12章）在修复的表面刷涂氧化物颜料，再采用拉毛、剁斩等工法进行处理。

6. 接缝处理

1）上海遗产建筑立面上的旧干挂或湿贴的石材的接缝宜采用麻丝、桐油石灰或其他石灰类材料填实，接缝材料强度应低于石材强度，透气、防雨。

2）其他部位的石材接缝部位宜根据气候条件、使用功能等进行处理。原则上选用石灰基材料，水泥添加量需要严格控制。

7. 石材立面防渗漏

采用桐油石灰或添加一定助剂的天然水硬性石灰（NHL），填密实的石材立面后一般已具备很好的防渗漏能力，不需要进行憎水处理，特别是降水量低于蒸发量的北方及中西部地区（如北京、山西平遥等）。如确有需要，可由下而上浇淋溶剂型或水性有机硅，仔细浇淋2～3遍，无遗漏部位。但如果石材中含有盐分，则不宜采用无色透明的渗透性憎水剂。

8. 表面润色处理

经仔细选择及工艺优化，修复后的石材立面一般不需要进行造旧，以保证可识别性。对于新替换的新鲜面与风化面色差大的石材、石材修复的部位等，宜采用天然无机颜料等在修补部位再进行平色处理。平色材料宜为中性，具有低－中等耐久性。

8.6 石窟寺砂岩质文物本体预防性保护材料简介

和建筑用材不同的是，我国石窟寺和摩崖造像中，砂岩占据最重要的地位。砂岩等劣化可导致文物表层的完整性或价值严重受损，这种状态也可称为失稳。为使砂岩文物的劣化得到延缓，需要对本体采取可再处理的预防性干预措施，这些措施可以归纳为“维稳”。维稳，是基于最小干预原则，采取诸如浸渍深层固化等措施使砂岩表层病状得到缓解，提高文物安全性，为未来修复等提供保障的系统技术手段。

基于无法改变石窟寺砂岩赋存的宏观和微观环境前提下的维稳等科学有效的干预治理技术措施及相关的材料要求包括如下 6 点（图 8–16）：

1）垂直表层开裂的加固粘结，由于这些开裂是透水、透气的通道，加固后的原开裂面也应该保持透水透气。所以，加固开裂采用的材料除了在潮湿界面上有粘结强度外，更需要具有吸水性和透气性。理想状态下，其吸水性能和透气性能应高于劣化的砂岩；

2）表层粉化渗透固化。渗透增强材料需要达到效果的硬性指标是增强剂必须能够渗透到未发生严重风化的砂岩深部，而且固化后的强度梯度平缓，更不应在表面形成强度过高的壳；

3）起皮、起壳等粘结加固。加固后的砂岩表面湿润性能不应该被改变，表层透气性，包括毛细活动性，必须得到保障；

4）控制微生物生长；

5）降低水溶盐含量，特别是随温湿度变化而发生相变，或者易吸湿的水溶盐的含量需要降低；

6）采用无机材料补边及局部修补（图 8–16），以增加表面稳定性。

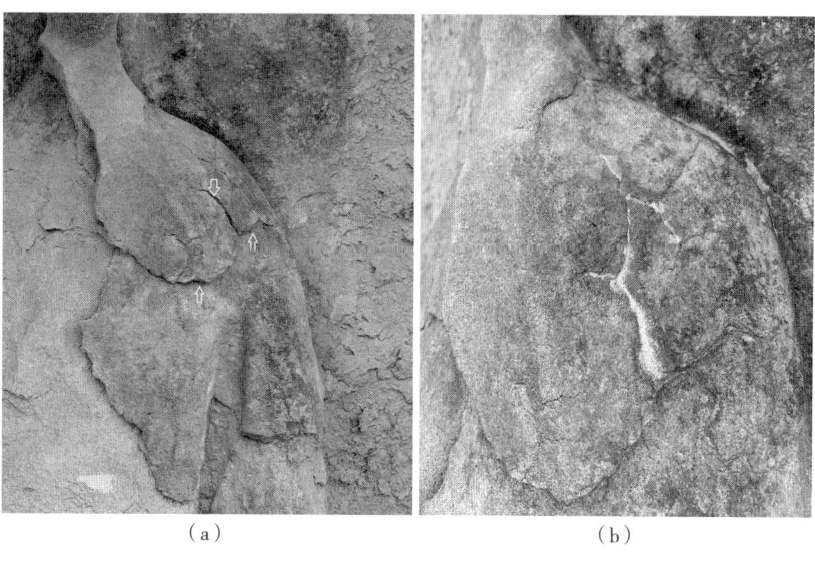

（a）　　（b）

图 8–16 严重劣化的钙质胶结的砂岩表层失稳块体的边部及表面开裂采用石灰基等材料填补，修补部位具有可识别性
（a）修补前；
（b）粘结修补后

8.7 露天汉白玉雕像保护使用的材料——以某汉白玉雕像为例

8.7.1 露天汉白玉雕像病害

某雕像位于上海市区，它自 1984 年落成后就一直于室外展陈，曾涂刷白色油漆并经过多次保护处置。2020 年干预前，在环境污染加剧下开始劣化，并由于其材质洁白细腻而令外观影响更明显。

2019 年现场勘察结果显示，该雕像的病害类型可归类为开裂、生物病害、表面风化、表面污染及变色这 4 类。通过文献和现场取样分析可知，汉白玉病害产生和进一步发育的主要因素为温差与冻融、大气污染及酸雨、可溶盐、鸟粪与微生物，以及人为因素。干预处置需基于最小干预的保护原则，达到延缓或停止雕像病害发育的目的。2019 年提出了以“牺牲性保护”为核心理念的保护方案，并在 2020—2023 年维护保养中予以实施。

8.7.2 材料的选择

根据该雕像的病状勘察结果和病害机理分析，制定了表面清洁、去除鸟粪及微生物、降盐、开裂部位粘结和维稳、加固及表面防护等措施。对于保护材料提出如下要求：

1）具有很好的渗透性、流动性，理想的是达到未风化岩石部位；

2）不形成壳，而形成一种垂直岩石表面的均匀的强度剖面曲线；

3）不形成有害的副产物（如水溶盐）；

4）不改变岩石颜色或略微增白；

5）岩石的特征没有本质性或负面的影响，尤其是透水性和湿热膨胀性；

6）有目的的改变岩石的力学特性，如增加糖粒化岩石表面的粘结强度。

以醇分散体系下的微－纳米石灰为主要的裂隙加固和表面防护材料，并结合正硅酸乙酯和汉白玉石粉等可满足上述要求。采用微－纳米石灰进行表面处理时，形成的固化产物碳酸钙（$CaCO_3$）可结晶成为方解石，能填满石材缝隙并起粘合作用，使石材强度增加，同时能一定程度遮盖表面。而硅酸乙酯增强剂则能生成二氧化硅作为胶凝剂粘结晶体，增加石材强度，同时亦起到固化和降低雨水渗入的作用。醇剂石灰分散体加固剂渗透性良好，反应速度快，不会激活内部水溶盐，反应物与汉白玉具有优异的兼容性，且强度较汉白玉低。虽然这类保护层多少会改变石质文物表面的颜色和质感，但汉白玉本身就是白色，采用石灰作为牺牲性保护层使汉白玉变白，并不会根本性改变文物本体的颜色和质感。

8.7.3 保护工艺

汉白玉雕像保护。工艺流程按工作目的不同可分为：抢救性修复和保养性维护两个阶段。

1．抢救性修复

汉白玉雕像表层存在酸雨侵蚀的产物——硫酸镁，其会加重汉白玉雕像表面裂隙的发育，促使汉白玉晶体松动。抢救性修复的首要任务是降低水溶盐硫酸镁。采取的方法为敷贴法，方法如下：

1）采用无水酒精杀菌；

2）采用二次蒸馏水湿润雕像及纱布；

3）将添加高表面积无机矿物改进后的纸浆批刮到包裹吸水纱布的雕像全身，厚度为 10mm；

4）7 ～ 10 天后去除干固纸浆。

对雕像整体再次采用酒精杀灭微生物，在重点部位（如裂隙）重复 3 次，在裂隙表面周围涂刷一层凝胶；凝胶凝固后，在裂隙上分段选取几个注浆口，分多次注射低浓度微－纳米石灰直到饱和，并及时擦拭溢出部分；用中等浓度微－纳米石灰代替低浓度微－纳米石灰重复上述步骤；注浆完成后揭去凝胶并清理雕件。为防止污染物进入裂隙内部，保持裂隙和周边汉白玉色彩纹理协调，无额外污染。大于 3mm 的裂隙先采用正硅酸乙酯注射填充，表面再采用高浓度微－纳米石灰添加汉白玉石粉配制出修补剂填补，完成后揭去美纹纸并清理边缘。

2. 保养性维护

表面保护的目的是增加或恢复表层风化汉白玉应有的强度，减轻雕像表面粉化现象，并形成牺牲性保护涂层。工艺流程为：清理掉灰尘等，雕像整体喷淋低浓度微－纳米石灰，随后对头部、肩部等重点位置刷涂中等浓度微－纳米石灰。使用去离子水清洗整体后，用湿润的脱脂棉包裹并固定在雕像表面，保湿密封养护 72h 后拆除并清理残留物。通风养护 24h 后整体薄涂低浓度微－纳米石灰；避雨养护 3 天即可展示。

思考题

（1）如何识别天然石材？

（2）建筑用碳酸盐岩石主要类型有哪些？它们和花岗石的区别有哪些？

（3）太湖石属于什么类型的石材，呈现瘦、透、漏、皱等性状有什么材料学原因？

（4）在石质文物的勘测中哪些特征是需要重点勘察记录的？

（5）制定石质文物保护方案时应该注意哪些问题？

（6）强度较低的火山凝灰岩、大理石宜采用什么方式进行清洗？

（7）修补和置换技术应分别应用于何种程度的石材病害？

（8）在稳定严重劣化砂岩时，如何做到补配部位的可识别？

第9章　砖

砖是人造石材，由砖和砌筑砂浆砌筑的清水墙是我国遗产建筑中利用承重砌体直接作为装饰的最重要的一种饰面。总长约 8800km 的明长城至少有 1/3 段由清水墙组成 [图 9–1（a）]。据不完全统计，清水墙占上海优秀遗产建筑外饰面面积的 40% 左右 [图 9–1（b）]。近现代的清水墙既常见于公共建筑，也常见于住宅建筑和工业建筑。考虑我国现存城墙遗址（如南京明城墙），烧结黏土砖是遗产建筑中除木材外最重要的材料。因此，清水砖墙的保护修复是遗产建筑保护领域的重要的课题之一。

（a）　　（b）

图 9–1　代表性的清水墙
（a）明长城 – 金山岭段；
（b）上海近现代公共建筑

另外一种近现代遗产建筑饰面材料为面砖，指采用特殊黏土或瓷土经机器压制成型高温煅烧而成，分素面砖和表面挂釉的瓷砖、陶瓷锦砖等。代表的有在上海被称作"泰山砖"的面砖、大连老城区的馒头砖等。这类砖本身强度比烧结黏土砖高，耐水、耐冻。常采用混合砂浆粘贴，水泥或石灰勾缝。它们修复所采用的材料要求及工艺和烧结黏土砖类似。所以本章侧重烧结黏土砖的保护修复涉及的材料工艺。

9.1 砖烧制与加工

遗产建筑使用的砖的类型非常丰富，按颜色分为红砖、青砖、橙色砖、灰色砖等。不同颜色的砖和土中的微量元素含量有关。钙较多时，烧成的砖呈黄色，添加微量的锰可以烧出棕色的砖，添加石墨可以烧成灰色的砖。砖块烧制后直接出窑的为红砖，经过"窨水"后再出窑的为青砖。"窨水"工艺增强了砖的抗氧化和抗腐蚀的能力。我国传统砖多为青砖，直到民国，民间才开始有烧制红砖的历史。除此之外，根据材质、年代、形状、加工方法、产地等对砖也有不同的分类（图 9–2、图 9–3）。

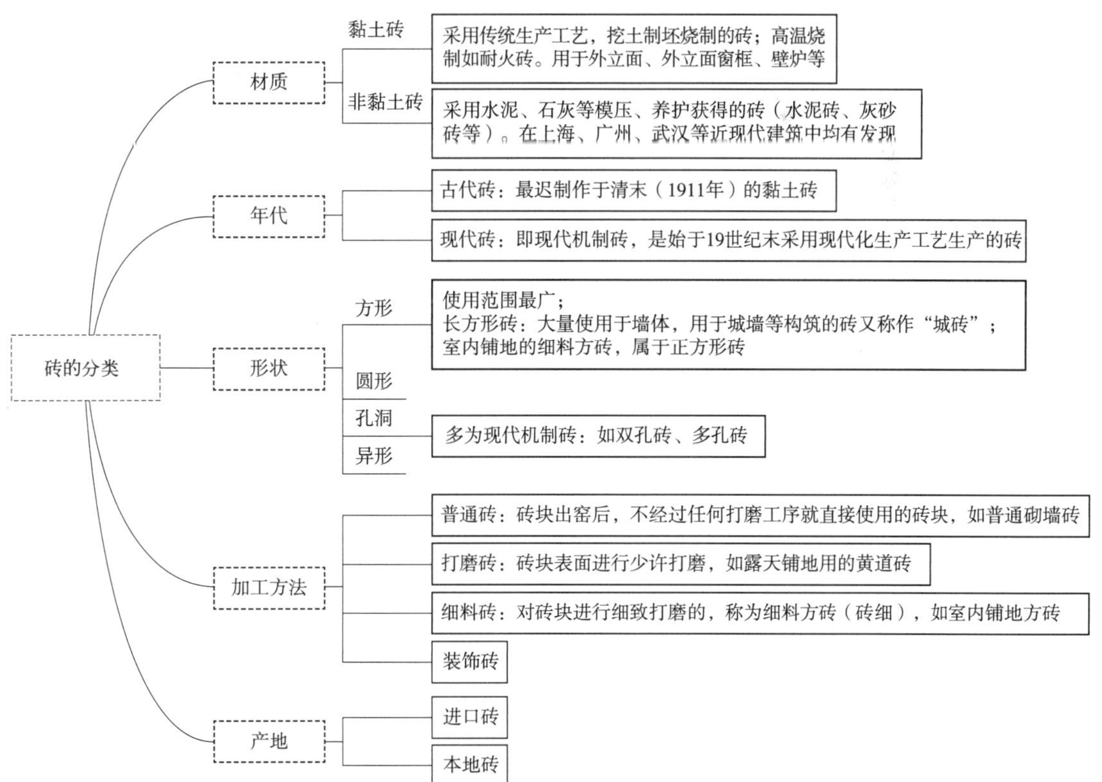

图 9–2 砖的不同分类

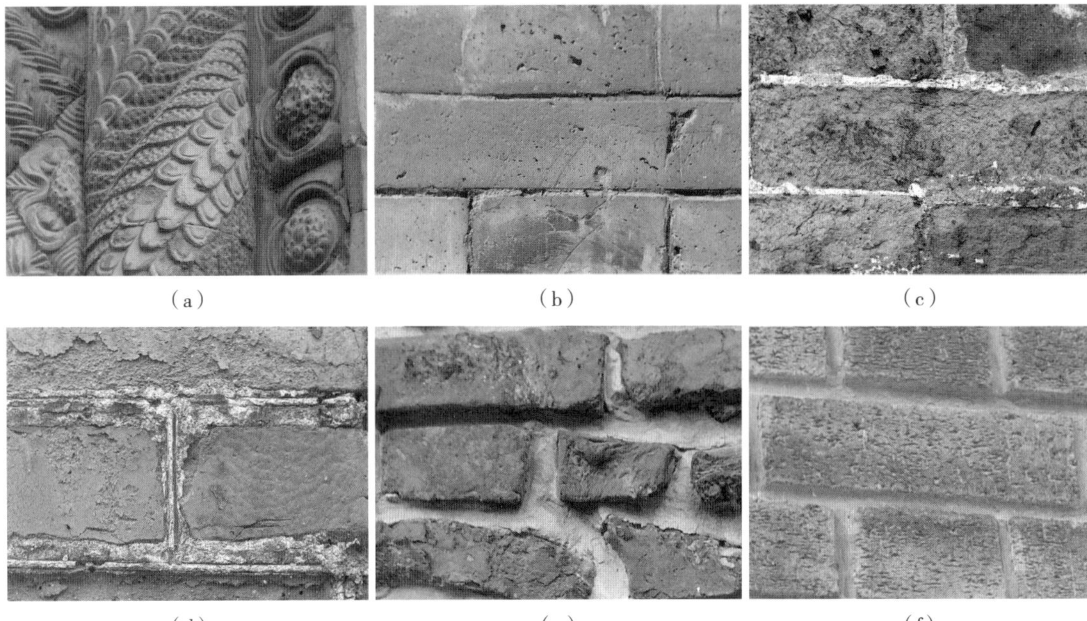

(a) (b) (c)
(d) (e) (f)

图 9–3 代表性的砖
(a)模压青砖，面有彩绘，唐；
(b)水磨青砖，明；
(c)小青砖，清；
(d)机制红砖，20 世纪 10 年代；
(e)耐火砖 – 过火砖，20 世纪 30 年代；
(f)陶砖，又称泰山砖，1930 年

9.2 烧结黏土砖的性能

9.2.1 尺寸、形貌及加工

我国不同地域、不同年代、不同产地、不同用途的砖在形貌和尺寸上均有差异。长、宽、高尺寸均不同的砖称作条砖，长、宽尺寸相同的砖称作方砖，产自苏州一带的传统方砖称作金砖。手工砖的长宽高在尺寸上存在差异，而机制砖的尺寸稳定性相对较好。

在烧制黏土砖时，表面有时留有特制的文字、商号、社团徽标等，此外也常留下制砖坯时的印记，如手印、拉丝印等。这些均属于砖材历史价值的一部分，在勘察时应予以特别记录。传统手工砖的尺寸不均匀，表面不平整，必要时在建造传统砖墙时会对砖进行加工①。需要注意的是，砍磨后的砖面吸水速度大于原始烧结砖面，刷生桐油可降低砖的吸水性。

9.2.2 机械物理性能

烧结黏土砖质量参差不齐，不同类型的青砖、红砖的孔隙率变化较大，部分很致密，部分轻且多孔，密度在 1.5 ~ 2.5kg/m^3，这和砖的类型、产地、使用部位等有关。同一建筑的砖的抗压强度变化范围也比较大，从 6MPa 到 22MPa，差别达 3.5 倍以上。

烧结黏土砖的超声波波速和强度一样，变化较大，处于 1000 ~ 2500m/s。部分砖（如耐火砖）的强度较高。总体而言，烧结黏土砖吸水率较高，饱和质量吸水率在 15% ~ 35%（表 9–1）。

① 来源：刘大可 . 中国古建筑瓦石营法 [M]. 2 版 . 北京：中国建筑业出版社，2015.

表 9–1 北京某近现代文物建筑烧结黏土砖机械物理性能

	青砖	红砖
重量饱和吸水率（%）	18.60	17.40
平均体积密度（kg/m^3）	1486.00	1611.00
平均抗压强度（MPa）	8.60	9.20
冻融循环后抗压强度（MPa）	7.70	8.99
冻融循环强度损失率（%）	10.50	2.20
冻融循环质量损失率（%）	–1.12	–0.85

9.2.3 矿物学－化学性能

用作黏土砖的原材料为黏土、粉砂和细砂。但在北方部分大的城砖中，也含有有时高达 20% 左右的砾石颗粒。煅烧后不同颜色、不同烧制温度的砖在成分上有区别。

图 9–4 南方潮湿多雨地区清水墙的典型病害

9.3 砖的病状及病理

清水砖墙的病害和天然石材砌体的病害在很多情况下类似，主要有开裂、起皮、粉化、污染、微生物等（图 9–4）。其中一部分的砖是由于后期错误修复导致（图 9–5，表 9–2）。不透气的水泥砂浆抹面做"假清水"，水泥砂浆会成片脱落，砂浆下面的砖常会发生严重粉化。清水砖墙常见病害及机理见表 9–3。

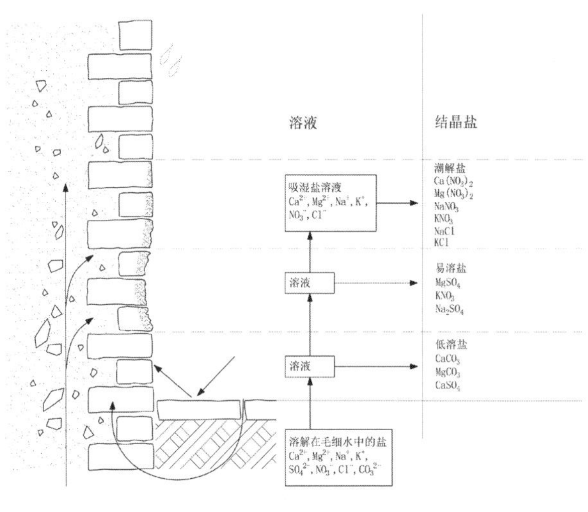

图 9–5 北方干燥地区砖砌体病害与水盐的关系（说明见表 9–2）

表 9–2　干燥地区清水砖墙病害分区

标号	盐成分	病状	说明	危害程度
A	难溶盐	基本完好	上升毛细水迁移区、含水溶盐的地表水转变为上升毛细水等	—
B	难溶盐	砖面保持较好，偶见白色钙化等	蒸发，难－中溶盐结晶，$CaCO_3$，$CaSO_4 \cdot 2H_2O$，$MgCO_3$ 等	—
C	易溶盐	酥碱，白色－黄色等变色；砖面严重粉化	蒸发，中－易溶盐结晶，如 $MgSO_4 \cdot 7H_2O$，KNO_3，$Na_2SO_4 \cdot 10H_2O$ 等	极其严重
D	潮解吸湿盐	深灰至黑色变色，显示潮湿状态；砖面有明显粉化等	蒸发，但是一般无结晶盐，主要为潮解易溶盐 $Ca(NO_3)_2$	严重
E	雨水可冲刷区域、无明显盐存在	砖面总体较好，局部有污染、变色等	含污染物的雨水可被冲洗到 D 或 C 区	—

表 9–3　清水砖墙常见病害及机理

清水墙病害	病害机理	病状图
植物 / 微生物病害	根系生长进入墙体直接破坏清水墙墙体，破坏墙体内部结构，微生物影响外观及材料耐久	
酥碱风化	墙体中的可溶性盐碱溶解到水分中当水分蒸发时，溶解了的盐便在墙体表面及近表面处结晶析出	
砌体缺失	当砖砌体和砌筑砂浆破坏剥落到一定程度，砖砌体会脱离原位置导致砖砌体缺失	
表面开裂	地基不均匀沉降； 温度变化引起应力变化； 植物根系	
墙面污损	雨水渗透砖块，析出内部的无机物质，蒸发后表面残留白色结晶盐； 粉尘油污； 人为不当粉刷涂料	
钙华等	水泥或混合砂浆灰缝材料水化反应中形成氢氧化钙随着墙外的水分渗透进入灰缝内，并在盐分结晶时再析出，和水反应形成碳酸钙，引起砂浆及砂表面泛碱劣化	

根据砖风化及后期修补覆盖的特点，可以将砖墙面的砖分为 5 类（图 9–6，表 9–4）：第一类为完整，几乎没有损坏；第二类为表面有轻微材料损失，材料损失厚度一般不大于 1mm；第三类为风化剥离达到 1 ~ 5mm；

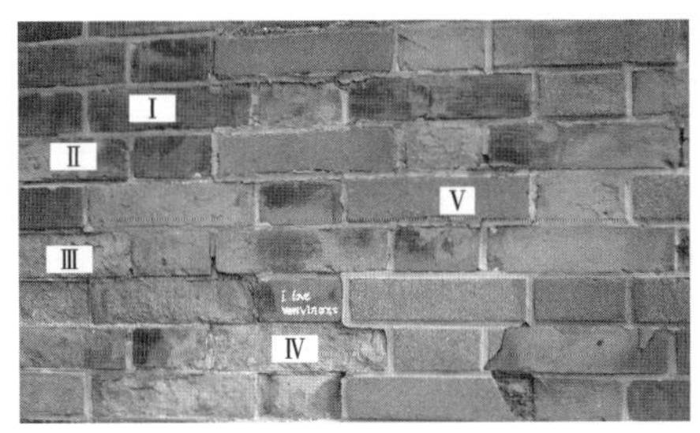

图 9-6 砖的残损状况分类（左）
图 9-7 水泥砂浆修补剂和致密水泥勾缝对烧结黏土砖的破坏（右）

第四类为砖表面风化脱落深度达到 5mm 以上；第五类为不当措施修复（图 9–7）。这 5 类砖在超声波波速上也有明显区别，其中第三、四类砖的波速只有完好砖的 50%。

表 9–4 砖的损坏等级划分及修复策略

等级	视觉描述	超声波波速	修缮措施
Ⅰ	观察砖块完好无损	100%	不需要修补
Ⅱ	砖保持完整性，可观察砖块有极少的破损，有少量划痕，材料损失深度小于 1mm	70% ~ 100%	降低水溶盐后渗透固化，不需要修补
Ⅲ	观察砖块有较多的破损，材料损失深度 1 ~ 5mm	50% ~ 70%	采用修复砂浆修补
Ⅳ	不完整，砖块破损严重，深度大于 5 ~ 10mm	<50%	粘贴砖片或替换
Ⅴ	错误修补	—	剔除旧砂浆后参照第Ⅲ、Ⅳ类进行修复

除了砖外，砖缝的风化和砖关系，可以分成 3 类：一类是砖保持完整，而缝风化严重，如石灰勾缝；第二类为砖损坏而缝完整；第三类为砖和缝均发生严重风化，特别是部分沿海地区，由于盐害严重，砖和灰缝均会发生严重风化。

9.4 清水砖墙保护修复设计的材料问题

9.4.1 保护修缮原则

因为保护等级、保护要求、原有构造、建造及修复传统和保护预算等不同，清水砖墙保护修缮使用到的材料也不相同。材料选择方面可参照 1.4 节的要求。涉及的材料有清洁（如敷贴法排盐）材料、替补砖及砂浆、增强剂修补剂、勾缝材料、憎水、平色材料等。清水墙基础受潮尚需要采用隔断防潮层的材料及内外基础防水防潮材料（3.4 节）。为增加清水墙的隔热性能，也可以采用内保温方式在内部安装保温层，合适的保温材料及工法见 3.3 节。

清水砖墙修复技术随着少干预等保护理念接受度的提高，发生明显的变化（表 9–5）。

表 9–5　长三角地区近现代遗产建筑清水墙外立面修复措施的演变

<table>
<tr><th colspan="2">修复工序</th><th>2020 前后</th><th>2005 前后</th><th>备注</th></tr>
<tr><td colspan="2">表面清理，脱漆</td><td>Y①</td><td>Y</td><td>现代环保、水性</td></tr>
<tr><td rowspan="3">清洁</td><td>去除粉刷</td><td>Y</td><td>Y</td><td>视具体情况调整</td></tr>
<tr><td>低压水枪清洁</td><td>N</td><td>Y</td><td>无水清洁，特别是城市核心区得到广泛认可</td></tr>
<tr><td>排盐灰浆清洁</td><td>Y</td><td>N①</td><td>无损清洁技术</td></tr>
<tr><td colspan="2">砖的增强（施工增强剂）</td><td>N/Y</td><td>Y</td><td>能达到耐久的效果，但是如果墙体非常潮湿，渗透深度难以保障</td></tr>
<tr><td colspan="2">砖的修补</td><td>Y</td><td>Y</td><td>从水泥变成石灰</td></tr>
<tr><td rowspan="2">勾缝</td><td>原基础上修补</td><td>Y</td><td>—</td><td>广泛应用石灰，气硬到水硬</td></tr>
<tr><td>重新勾缝</td><td>—</td><td>Y</td><td>水泥应用受到限制</td></tr>
<tr><td colspan="2">平色处理</td><td>N</td><td>Y</td><td>在个别情况下可以使用</td></tr>
<tr><td colspan="2">憎水处理</td><td>Y</td><td>Y</td><td>满足使用功能</td></tr>
<tr><td colspan="2">其他</td><td colspan="3">注重材性检测，强调个案分析，尊重地域特点。理论与实践仍存在距离</td></tr>
</table>

注：① Y：常规成熟方法；N：一般不采用的方法。

9.4.2　材性及工艺勘察

清水墙的形制取决于砖的加工方法、砌筑方式和砖缝的材料及类型。但材料学意义上的砖和砖砌体存在较多共性。保护修缮前应对砖墙进行如下检测：

1. 砖的检测

除了建筑学（如砖的尺寸、砌筑方式）意义和结构安全性的勘察外，从材料角度需要对砖进行检测。检测内容及深度取决于保护等级和保护目标，一般需要包括材质、颜色、强度（特别是风化后的强度）等。

2. 砌筑砂浆

清水砖墙的砌筑砂浆采用的胶粘剂类型丰富，有黏土、灰土（添加 10% ~ 30% 左右石灰的土）、纯石灰膏（石灰含量超过 85%）、石灰灰浆（石灰与砂比例为 1 ∶ 1.5 ~ 1 ∶ 2.5）等，在 20 世纪初出现混合砂浆、水泥砂浆等。因此，砖墙的砌筑砂浆在断代等方面具有指示意义。使用的骨料除黏土、自然砂外，还有黏土砖破碎的粉（砖面）等。古代低温烧制的黏土砖制成的粉具有同火山灰一样的活性，可增加石灰胶粘剂强度及耐久性。清水砖墙的砌筑砂浆的类型、强度对清水墙的耐久性有较大影响，修复时应采用和历史砂浆类似的配合比。需要注意的是，如果砂浆强度过高，不便于应力释放，会出现墙体开裂或者剥落等损伤。像石灰砂浆柔软多孔，温度波动下体积变化不大，是常见的清水砖墙勾缝材料。

3. 砖缝

清水墙是砖与缝的组合，缝在墙面面积上约占 5% ~ 30%。因此在勘察时需要特别关注砖缝。重点关注3个方面：色彩，形制，材料类型（图9–8）。清水砖墙勾缝形制有5种常见类型：斜缝、平缝、凹缝、凸缝及元宝缝（图9–9）。元宝缝属于装饰性极强的灰缝形制，常见于20世纪初清水墙面。工法是：一般先勾底缝（颜色一般和砖的色彩类似），待底缝初凝后，再清理出5～8mm缝，待底缝固化后再采用半圆勾缝条勾元宝缝。

4. 修缮历史

被列入为文物或者遗产建筑的大部分清水墙都经过若干次的修缮，部分保留了历史修缮痕迹。历史上要求清水墙修复必须做到"横平竖直"。显然，这些原则与当下的修缮原则已大不相同，但是这些痕迹也是历史的一部分，在修缮时应该尽可能保留。

图9–8 清水砖墙同为石灰材质的勾缝形制（左上、中上为元宝缝）

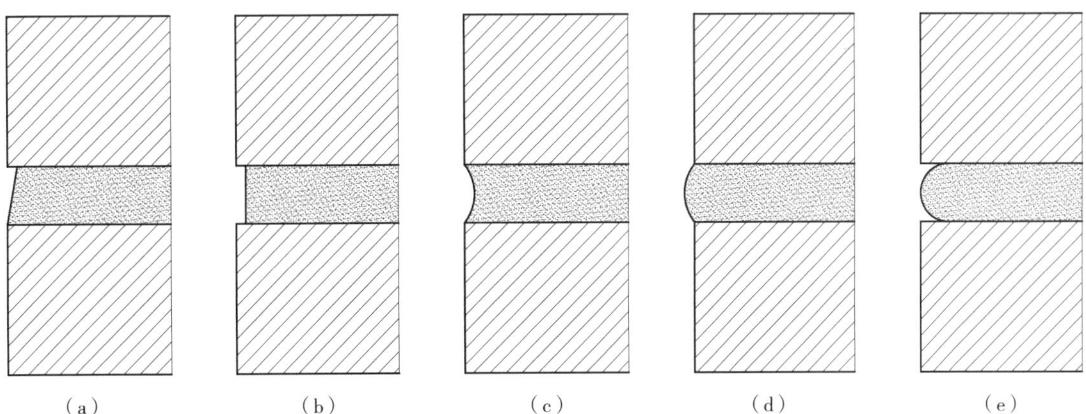

图9–9 清水砖墙勾缝类型示意图
(a) 斜缝；(b) 平缝；(c) 凹缝；(d) 凸缝；(e) 元宝缝

9.4.3 保护设计流程

考虑历史上建造清水墙采用的烧结黏土砖的能耗及砖的历史价值，在清水墙保护修缮中，"少干预"原则越来越深入人心。在材料选择方面，从"永久保护"（事实上很难达到这一目标）走向"牺牲性保护"，即牺牲新材料保护旧材料，实现牺牲性保护的途径是用低强度、高吸水的新材料修补清水墙。清水墙的保护修缮工艺有明显的地域性，不同气候条件下的修复技术组合不同，材料的选择也不一样。同时，需要考虑各个单体建筑的建造、修复及未来的功能。因此需要进行前期勘察，对砌筑灰浆及勾缝进行分析，有必要时，需要进行一定的室内实验和现场修复试验。

清水墙维护和修复的最低要求是减轻症状，中等使命是减缓侵蚀和风化的过程以防止遗产贬值，最高目标是根除病害。修缮的目标首先是维持（在某些情况下可能是恢复或揭示）其重要价值；其次是使建筑物或建筑结构能够继续发挥或适应现有的或未来的用途。

有效的保护和修复措施需要系统和完整的分析方法，它包括评估砖质遗产的价值和重要性、评估建筑构造的性质和状况、预测可能遇到的风险与挑战、确定明确的保护目标，以及制定实现这些目标的计划。评估解决特定问题的技术方法的有效性，以及对砖质遗产价值的影响也是保护修复设计的重要组成部分。

1. 病害测绘

在对材料类型、形制、病害类型等进行勘察后，需要对病害进行分类整理，在测绘图上采用线条、色彩、细部图片等方式标注类型及分布。清水砖墙的病害测绘可参照天然石材。

2. 修复方案

可以参照以下基本思路，制订修复方案。

1）根据对病害的诊断和劣化的速度确定是否需要进行干预。

2）确定修复工程的紧急程度，以及如果不对缺陷进行修复可能造成的后果。

3）确定完成既定保护目标所需的工程范围，包括消除使建筑物受侵蚀的因素，例如修理损坏的排水槽和雨水管道；隔断毛细水等相关防水措施等。

图 9-10 干预过大的淘换工法，这类表面有损伤的砖采用贴砖片和塑型砂浆修补即可达到安全性保护要求

4）确定基于少干预原则的适当的修复方法（图 9-10）。

5）评估（包括现场试验）所有修复方法的实用性、有效性、所需成本、环保与安全，以及后期维护。

6）选择并实施能达到预期效果的修复方法（图 9-11）。

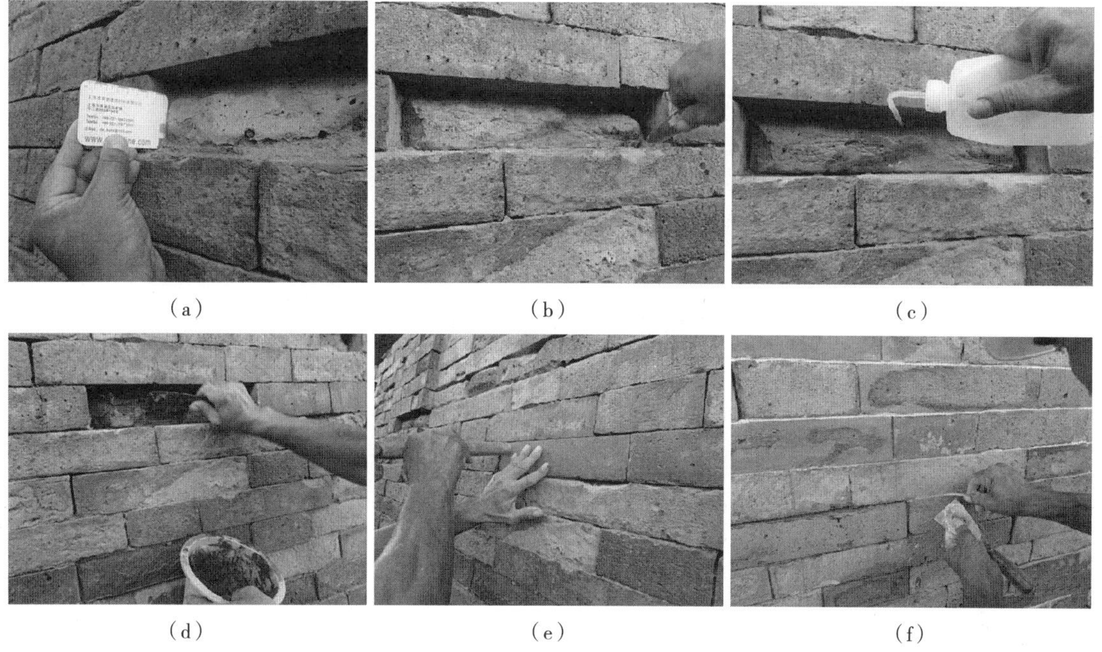
(a) (b) (c)
(d) (e) (f)

图 9-11 风化严重的砖采用贴砖片的方法修补
(a) 确定需要加工的旧砖片的厚度，实际切割厚度等于实测厚度 -2mm；
(b) 清理粉末等；
(c) 采用正硅酸乙酯预固化（重要文物），或者干净水浸透；
(d) 将调好的石灰胶粘剂抹到待修砖表面；
(e) 将加工好的砖片嵌入轻敲平整；
(f) 等石灰胶粘剂固化后勾缝

3. 保护策略

保护策略因尽可能去除其恶化的因子，而不仅是减轻表面的症状。在实施前，需要进行小面积试验以避免出现毁容式修复。对于特殊的砖构建筑，则需要进行长期的观察最终确定方案。

对不同缝需要采取不同的方法。平缝可以清理后〝喂〞饱缝，再压实，打扫，在干燥气候下需要养护（图 9–12）。而元宝缝则需要先采用和旧砖色彩相同的石灰勾缝剂将其抹平，再切割成元宝缝的宽度与深度，采用专用勾缝剂勾出弧形外观（图 9–13）。

图 9-12 勾缝后清扫、养护才能得到完美的效果（图片来源：English Heritage）

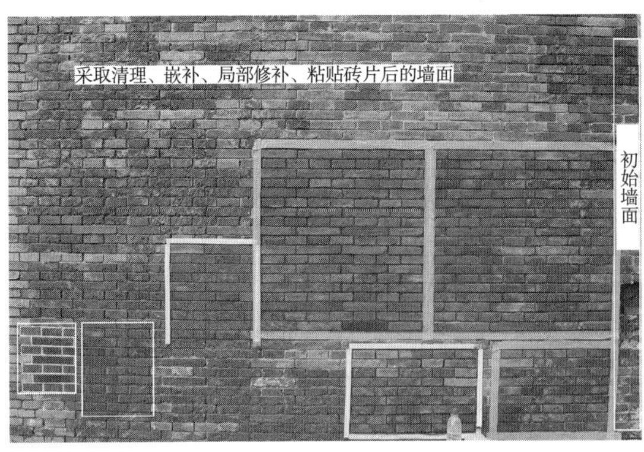

图 9-13　不同修复方法试验及效果评估（左）
图 9-14　风化严重且影响结构安全的部位需要换砖、换石（右）

9.5　清水砖墙修复用材料体系及工艺

9.5.1　砖的替换与砌筑砂浆

一般情况下材料损失接近 1/2 砖深度时，或会影响结构稳定性的砖，需要替换（图 9-14）。原则上，替换用砖应该采用同一建筑其他部分的旧砖或者相近建筑的旧砖，根据保护实践，替换的旧砖应该满足如下条件：

1）颜色接近，必须烧透（焖透），表层与内部不能有严重色差；

2）烧制的原材料接近，如原为黏土，则应采用含砂少的黏土烧制的砖；

3）外观质量应符合表 9-6 的要求；

表 9-6　传统烧结黏土青砖表观质量要求

检验项目		检测方法	技术要求	备注
两条面的高度差		游标卡尺测量，精度为 ±0.1mm	±2%	—
弯曲度		不锈钢包面实验台，水平，采用游标卡尺测量，精度为 ±0.1mm	±2%	—
杂质凸出高度		标卡尺测量，精度为 ±0.1mm	±2%	—
缺棱掉角	缺损处	目测	不超过 2 处	—
	每处长度	标卡尺测量，精度为 ±0.1mm	不超过 15mm	—
裂纹		目测	无	有裂纹的砖为不合格品
色差		目测	基本一致	—

4）采用调好的石灰胶粘剂或混合砂浆；

5）用于替换的砖密度与旧砖接近；

6）采用超声波方法检测强度（表 9-7），结果应与原有砖相同（允许变化范围 ±10%）；

表 9–7　山西南部不同年代烧结黏土砖的超声波变化范围

年代	超声波速度（m/s）	对应《烧结普通砖》GB/T 5101—2017 的强度级别
元及元以前	2200 ~ 2600	MU25 ~ MU30
明	2000 ~ 2600	MU15 ~ MU30
清	1600 ~ 2200	MU10 ~ MU25

7）常压下饱和吸水率和旧砖接近；

8）饱和吸水 15 个冻融循环后不出现裂纹、分层、掉皮、缺棱、掉角等冻坏现象，质量损失不得大于 2%；

9）无泛霜、石灰爆裂，满足现有规范优等品要求。

9.5.2　砖墙面裂缝的非结构性修复—缝合法

砖砌体的裂缝可能由多种因素引起，是砖砌体的一种安全隐患，必须进行修复。采用轻质不锈钢扭纹锚杆（图 9–15）和匹配的胶粘剂可以有效简单修补裂缝，从而恢复结构的完整性。轻质不锈钢扭纹锚杆的胶粘剂强度需要根据旧砖砌体的强度进行匹配，纯石灰或带灰泥土砌筑的墙体宜采用改性石灰或天然水硬性石灰胶粘剂，而采用水泥砂浆或混合砂浆砌筑的则可采用低强度水泥胶粘剂。基本工法如下：尽可能垂直裂缝沿砖缝开槽，深达砖墙 1/3 ~ 1/2，清理干净后填入胶粘剂后埋入轻质不锈钢扭纹锚杆，抹凹型槽，待胶粘剂固化后，重新勾缝。

9.6　修复效果监测

重要的清水墙在修复后应该对材料的状态进行定期的评估，方法有视觉法判断表面色彩、损伤、开裂等，也可以采用无损的方法，如超声波（图 9–16、图 9–17、图 9–18）检测机械物理性能。

图 9–15　用于缝合法修复清水砖墙开裂的轻质不锈钢扭纹锚杆（左）
图 9–16　除了视觉效果评估外，可采用诸如超声波等无损方法评估（右）

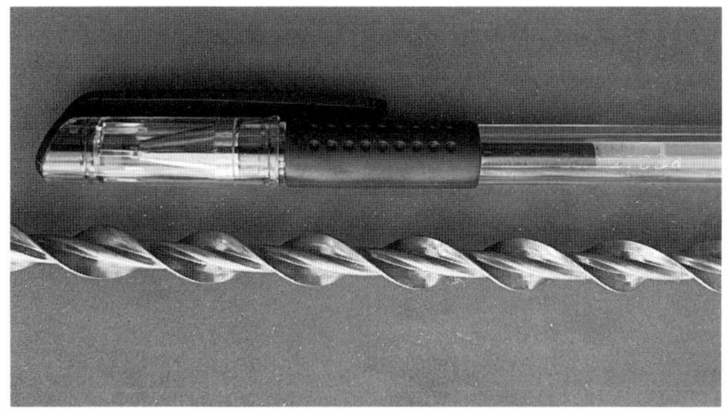

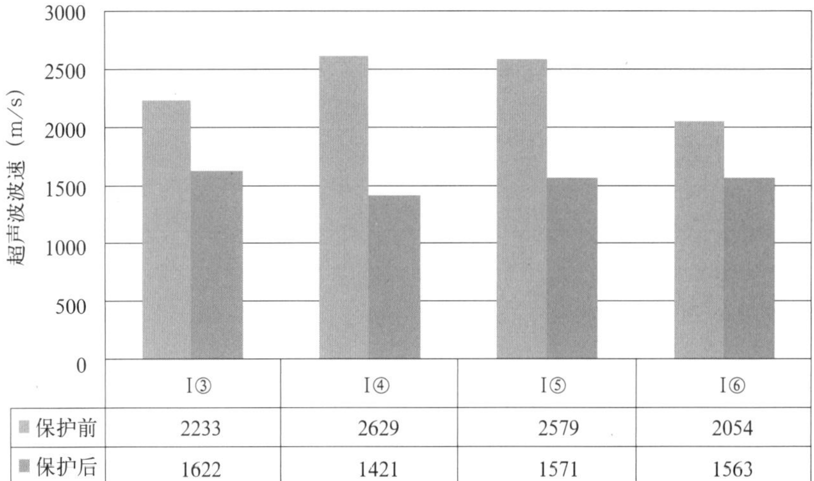

	Ⅰ③	Ⅰ④	Ⅰ⑤	Ⅰ⑥
保护前	2233	2629	2579	2054
保护后	1622	1421	1571	1563

图 9-17　某国家级文物保护单位类型Ⅰ砖表面清洁保护前后超声波波速对比

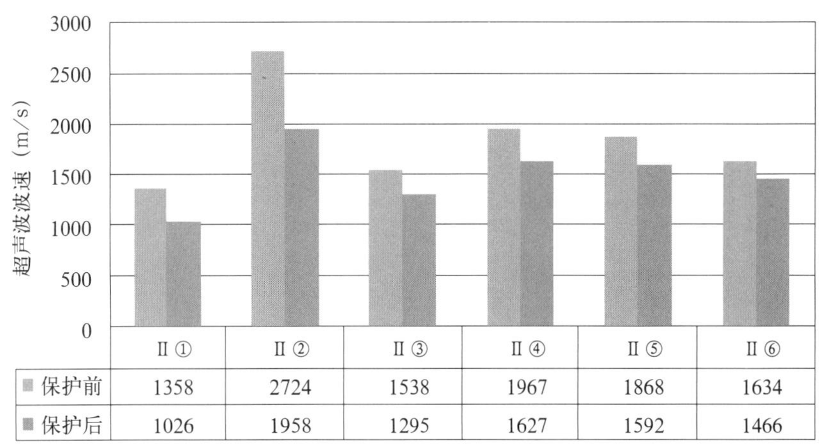

	Ⅱ①	Ⅱ②	Ⅱ③	Ⅱ④	Ⅱ⑤	Ⅱ⑥
保护前	1358	2724	1538	1967	1868	1634
保护后	1026	1958	1295	1627	1592	1466

图 9-18　某国家级文物保护单位类型Ⅱ砖表面清洁保护前后超声波波速对比

9.7　近现代遗产建筑清水墙修复方法——以杭州某建筑为例

某建筑群位于杭州市，在 2009 年进行过整体修缮（图 9-19）。经过 10 年时间，外立面出现不同程度的风化病害，为了更好地保护和利用该建筑，2019 年对其进行外立面病害勘察，并进行微修缮。

9.7.1　病状及病害分析

经现场勘察建筑病害主要存在以下方面：

砖墙体局部风化严重，表面粉化、片状开裂、缺损。前次修缮的部分砖面和勾缝出现开裂、空鼓、剥落。大约 1.5 ~ 2m 高的墙体有明显返碱、

图 9-19 杭州某优秀遗产建筑外墙修复前（左）后（右）

潮解，这会加剧局部砖面粉化。部分墙体出现青苔等微生物。墙体局部出现竖向开裂。此外，水刷石勒脚开裂，墙体防潮层缺失导致局部室内墙角部位潮湿。

2008 年对清水墙面修复采取的总体技术是可行的，但是低估了水溶性盐分对墙体的破坏性。尽管在 2008 年开始修缮前已经发现建筑的防潮层已经损坏，但是由于经济原因，没有修复防潮层。建筑在作为售楼处使用时在室内安装瀑布景观，导致水渗入外墙。疑似市政建设导致的基础变形，进而导致墙体局部开裂。另外部分砖发生自然老化（图 9–20）。

对此制定了“微修缮”方案，即敷贴法降低水溶性盐分；注射法修复防潮层；缝合法修补裂缝；改变室内设计等。

破损砖墙面采用局部换砖、砖粉修补、局部勾缝、表面防护（膏状憎水剂）等方式修复。在施工前，对墙体的含水率、水溶盐等进行了定量、半定量检测，并对比效果。

图 9-20 修缮 10 年后出现的病害（拍摄于 2019 年）

9.7.2 修缮工艺及使用的材料

1. 防潮层原位增设、修复技术施工工艺

化学注射方法指通过在墙体上打孔，并注射防水剂来达到防止毛细水上升的效果的技术措施，具有成本低、效果好、对建筑破坏小的优点。本次施工采用纳米有机硅进行注射，具体工艺如下：

1）沿砖缝水平打两排孔，高度为最底层往上第1、3层砖缝，垂直间距2层砖体，钻孔直径 ϕ=12mm，钻孔数量5个/延米。现场墙体约25cm厚，钻孔深度约17cm。

2）在打好的注浆孔内埋设特制的塑料止水针头。

3）调试注射机器后注射纳米有机硅。注射过程采取多次压力注射，保证达到设计要求的注射量。注射前打开止水针头，注射结束后关闭止水针头保持压力。

4）12h后撤除止水针头，用石灰基注浆料对注射孔进行注浆封孔。

2. 排盐

盐害是导致清水墙劣化破坏的直接因素之一，其中以水溶盐的盐害为主。水溶盐在材料表层反复溶解和结晶膨胀，会破坏材料孔隙结构，造成砖体表面粉化及剥落。此外，水溶盐潮解导致墙体长期潮湿。本项目采用纸浆与黏土混合的浆料进行敷贴。敷贴排盐具有很好的排盐效果，且对本体无害，可循环重复施工。具体工艺如下：

1）按取样要求对建筑基材表面进行取样，做基材表面盐分含量检测，评估排盐前建筑盐危害程度。

2）检测盐分含量后开始排盐施工，对施工基层表面进行杀菌清理，清除建筑表面污染物。

3）批一层排盐纸浆，厚度约5～15mm。让批好的纸浆表面呈粗糙状，可增加表面积。

4）自然通风养护14天。

5）将干固的排盐纸浆从基层揭除。

6）按取样要求对建筑基材表面再次取样，做盐分含量检测，评估排盐后建筑盐危害程度。

3. 清水砖面修复

清水墙材料受近百年风化影响，在修缮材料的选择上应采用强度略低于原砖，孔隙率大于原砖的修缮材料，起到保护本体的作用。本次施工采用标准修复砖粉、天然水硬性石灰粘结料、石灰基勾缝剂、天然水硬性石灰微收缩注浆料等材料。都是以天然水硬性石灰为胶粘剂，根据不同修缮要求配制而成的修复材料，以更好地保护本体材料。具体工艺如下：

1）清除清水墙立面上增加的杂物。

2）替换风化严重的砖。对于同一部分替换数量较多的墙体分多次进行，且边替换边重砌。

3）砖缝及风化砖面清理。

4）根据不同风化程度采用标准修复砖粉修复砖，天然水硬性石灰粘结料贴砖。

5）采用石灰基勾缝剂进行勾缝。

6）使用有机硅平色剂随色。

7）使用溶剂型憎水剂进行墙面防雨水。

4. 北面墙体开裂注浆加固

北侧立面墙体存在一条垂直的贯穿裂缝，经业主前期监测，该裂缝已稳定不再发育，本次采取不锈钢植筋注浆加固方法对其进行加固。工法见 9.5.2 节。

思考题

（1）传统烧结黏土砖和现代机制砖在性能方面存在哪些区别？

（2）清水砖墙平缝和元宝缝在修复工法上存在哪些区别？

（3）采用没有优化的水泥修复旧黏土砖为什么会加剧砖的损坏？

（4）本着少干预原则，破损的砖有哪些保护修复方式？

（5）替砖修复、砖粉修复、和外贴面砖的具体做法和优缺点是什么？

（6）清水砖墙的修复施工工序通常是什么？

（7）砖墙修缮中墙身防潮的处理方法除了化学注射法还有其他什么方法？

第 10 章　抹灰

指利用石灰、水泥等无机胶粘剂，添加砂、石子、玻璃等无机骨料配制出砂浆再采用塑、抹、刮、洒、剁、洗、磨等工法创造出的饰面。无论是传统古建筑还是近现代文物建筑、遗产建筑，抹灰都是除清水砖墙外最重要的一类饰面类型。本章首先简要介绍石灰，再介绍水泥，二者都是抹灰的胶粘剂。石灰作为人类使用最早的人造胶凝材料，在遗产建筑建造及修复中起到了重要的作用，而水泥的发明及进一步的开发带来了革命性的建造技术和饰面装饰。其次，介绍采用石灰水泥制作的饰面装饰材料及技艺。最后分析石灰、水泥基饰面的保护修复材料和工艺。采用水泥制作的混凝土及其保护请见第 11 章。

10.1　建筑石灰

石灰是在化工、农业、建造等领域广泛应用的原材料，应用到建造及土木工程（如地基处理）的石灰称作建筑石灰。采用建筑石灰完成营造、装饰、修补等工艺的技术总成称为灰作。传统灰作的技术知识涵盖了建筑石灰原材料的类型及选择、煅烧工法、烧成的生石灰消解或叫作消化（即生石灰变成熟石灰）流程、配方优化及工艺等领域。也有专家将石灰、水泥制作的饰面统称为灰作。

10.1.1　中国传统建筑石灰分类

参照已有文献及工匠描述，我国传统建筑石灰的分类方式有 3 种。第一种是按照原材料类型，如石灰（天然石材烧制）、蚵灰（采用动物贝壳烧制）、珊瑚灰（采用珊瑚烧制）等；第二种是按照制作方法，如泼灰、泼浆等；第三种是按照颜色，如红灰、青灰等。

10.1.2　当代工业标准化的建筑石灰的类型

近现代建筑石灰的分类以固化机理作为分类依据，将石灰材料的固化原理和生产工艺区分开。按照固化机理，建筑石灰可分为气硬性石灰和具水硬性的石灰。前者在水中不能固化，需要二氧化碳才能固化；后者在水中可以固化。我国建材行业标准将建筑工程中常用的石灰分为建筑生石灰、建筑生石灰粉、建筑消石灰粉 3 种，再根据石灰中氧化镁（MgO）的含量分为钙质和镁质两大类。

1）钙质生石灰：MgO ≤ 5%；

2）镁质生石灰：MgO>5%；

3）钙质消石灰粉：MgO ≤ 4%；

4）镁质消石灰粉：4%<MgO<24%；

5）白云石质消石灰粉：24%<MgO<30%。

1. 气硬性石灰

是较纯的石灰岩石，经 800 ～ 1000℃高温煅烧而成的气硬性胶凝材料。按照化学组成可分为钙质石灰和镁质石灰。

1）钙质石灰

钙质石灰的化学反应见 2.2.2 节。其硬化包含了干燥、结晶和碳化 3 个交错进行的过程。干燥时，石灰浆体中多余水分蒸发或被砌体吸收使石灰粒子紧密接触，获得一定强度。随着游离水的减少，氢氧化钙逐渐从饱和溶液中结晶出来，使强度继续增加。和空气中二氧化碳接触，有效组分氢氧化钙在有水的条件下与之反应生成碳酸钙。稳定的碳酸钙以文石、方解石形式存在。我国大部分传统建筑使用的石灰为高钙石灰，即镁、硅、铁等含量低的石灰，如山西段明长城、南京明长城等。

2）镁质石灰

含镁的石灰岩或白云岩在 510 ～ 750℃煅烧形成镁质生石灰。

镁质生石灰的消解要比高钙生石灰复杂，其中，氧化钙会消解成氢氧化钙，而方镁石（MgO）在常温、常压下消解非常缓慢，只有大约 25% 会转变成氢氧化镁（水镁石）。

当镁质石灰应用于建造时，其组成为熟石灰 [$Ca(OH)_2$]、水镁石 [$Mg(OH)_2$] 和方镁石（MgO）的混合物。随着氧化镁的持续缓慢消解以及缓慢发生的水镁石碳化等，镁质石灰砂浆的最终强度要高于钙质石灰（图 10–1）。

图 10–1　我国明代原蓟镇砖石长城采用镁质石灰（左），用作砌筑、灌浆和勾缝，右侧图中可见未烧透的镁质石灰母岩即白云石质石灰岩的岩石颗粒
1– 砌筑；2– 灌浆；3– 勾缝

2. 具水硬性的石灰——水硬性石灰

指在水中能发生固化，碳化反应促进固化的石灰。水硬性石灰遇水后发生固化反应，使用前的状态只能为干燥的粉状。

具水硬性的石灰按照生产方式又分成 3 类，分别为天然水硬性石灰（NHL）、调和石灰（FL）和狭义的水硬性石灰（HL）。我国暂不能生产天然水硬性石灰。

1）大然水硬性石灰（NHL）定义为含有一定量黏土或硅质的石灰岩经煅烧后消解粉磨而成的粉末，生产过程中不添加任何外来物质。是欧洲遗产建筑保护修复领域使用最多的石灰；

2）调合石灰（FL）主要是由气硬性石灰、天然水硬性石灰和具有水硬性的活性组分组成（如火山灰等）配制而成的水硬性石灰，不含或含少量水泥；

3）水硬性石灰（HL）是由气硬性石灰添加水泥、粉煤灰、硅微粉、石灰岩粉等组成。

10.1.3 标准化的建筑石灰与传统石灰的关系

继欧洲对建筑石灰进行标准化后，我国也开始对建筑石灰进行标准化。建筑石灰的标准化具有诸多优点。第一，气硬性石灰按照有效组分进行了划分，可在保护修复建筑和文物时找到满足不同强度及功能要求的石灰；第二，欧盟标准中定义的调和石灰，要求供应商必须标明其中占比较高成分的比例，以便可以识别哪些是适合建筑保护的产品；第三，石灰生产者必须进行标准化的质量控制，以保障石灰成品的质量（包括色彩）的相对稳定性。

但是建筑石灰的标准化也存在缺点。抗压强度测试是在一种“标准砂浆”的试块上进行的，该试块按 1 份重量的石灰与 3 份重量的“标准砂”的比例制成，体积比大约为 1 ： 1（图 10–2）。但建筑保护工作中，实际使用的砂浆与标准砂浆有很大不同，因此很难通过测试三联试模块来判断新砂浆的潜在强度。建筑石灰的强度划分是参照水泥行业的检测标准，即测试 28 天的抗压强度，然后划分出 3 个型号，即 2、3.5 和 5。但是，气硬性石灰和天然水硬性石灰砂浆强度至少可以连续两年持续增加，因此采用石灰配制修复砂浆或者其他保护材料时，需要考虑短期强度，更要注意其最终强度，避免过低或过高。

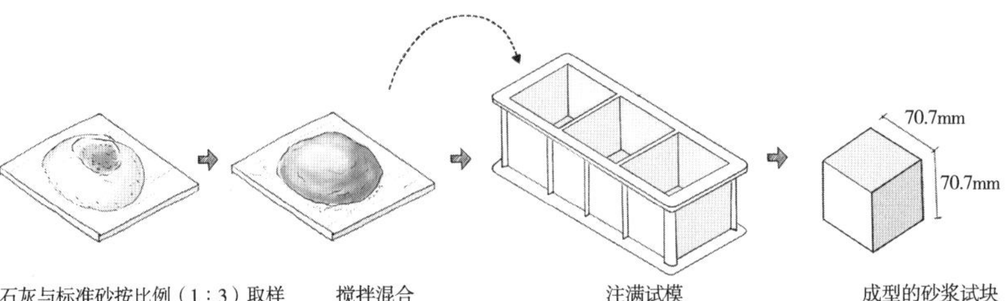

图 10–2 测试抗压强度标准砂浆的试块制作流程

10.1.4 天然水硬性石灰与水泥的区别

天然水硬性石灰与水泥在生产出成品后、使用前均为粉状，本身不固化，遇水后发生水化反应等固结。水泥和天然水硬性石灰可以互相添加配制出指定性能的材料。但是天然水硬性石灰在成分、固化强度及固化速度上与水泥存在区别（表 10–1），特别表现在天然水硬性石灰中的有效水硬组分为缓慢水化的二钙硅石，不添加外来物质。

表 10–1 天然水硬性石灰与硅酸盐水泥的区别

性能	人造硅酸盐水泥	天然水硬性石灰
原料	黏土石灰石煅烧的熟料加石膏、矿渣、煤灰等研磨	含有泥质或硅质的石灰岩
烧制温度	煅烧温度高，达到 1450℃	煅烧温度低，最佳温度为 1000 ~ 1100℃
研磨过程	球磨，能耗高	先喷水消解后研磨或不需研磨，或先研磨后喷水消解，能耗低
石灰含量	几乎不含氢氧化钙，少量游离氧化钙	含 20% ~ 50% 的氢氧化钙（仍然叫作石灰）
水硬组分	硅酸三钙（C_3S）、铝酸三钙（C_3A）、铁铝酸四钙（C_4AF，低热水泥除外）为主	缓慢水解的二钙硅石（$2CaO \cdot SiO_2$，C_2S）
石膏	生产过程中必须添加石膏，而石膏在后期可能会对材料本体产生损害。一般还添加其他工业废料（见表 10–2）	不添加石膏等任何外来物质
强度	早期强度高，28 天后增长较少	初始强度比较低，而最终强度（可能需要 0.5 ~ 3 年）接近低强度等级水泥

10.1.5 石灰的特性及其应用

我国历史上大量使用气硬性石灰。和水泥比较，气硬性石灰的保水性与可塑性好，硬化后强度低，耐水性差，硬化过程缓慢，硬化时体积收缩明显。拌制石灰的用水量较大，石灰凝结硬化时蒸发多余水分，留下大量孔隙，从而具有高的孔隙率和透气性。同时，石灰含极低的水溶盐，不会导致泛碱。常在气硬性石灰其中掺入砂、纸筋等以减少收缩、提高抗裂能力和节约石灰。添加活性火山灰或焙烧高岭土，可制备出水硬性石灰。以天然水硬性石灰代替气硬性石灰，可以克服气硬性石灰的某些缺点。

气硬性石灰在遗产保护领域有广泛的应用：消石灰粉或熟化好的石灰膏 + 水→石灰乳（灰水）用于维护和翻新；石灰膏 + 砂 + 水→石灰砂浆（抹面、砌筑等）；石灰土（灰土）可作普通住宅的基础和地面，也可作土质建筑遗址的修复材料（见第 7 章）。

10.2 水泥

10.2.1 水泥定义与分类

水泥指细磨成粉末状，加入适量水后，可成为塑性浆体，既能在空气中硬化，又能在水中硬化，并能将砂、石等材料牢固地胶粘在一起的水硬性胶凝材料。

水泥的种类很多，按其用途和性能可分为：通用水泥、专用水泥，以及特种水泥三大类。通用水泥为用于大量土木建筑工程一般用途的水泥，如硅酸盐水泥、普通硅酸盐水泥、火山灰质硅酸盐水泥和粉煤灰硅酸盐水泥等；专用水泥指有专门用途的水泥，如油井水泥、大坝水泥、砌筑水泥等；特种水泥为某种性能比较突出的一类水泥，如快硬硅酸盐水泥、低热矿渣硅酸盐水泥、抗硫酸盐硅酸盐水泥、膨胀硫铝酸盐水泥、自应力铝酸盐水泥等。

10.2.2 水泥的硬化机理简介

水泥的硬化是复杂的物理化学过程。水泥熟料的主要成分是硅酸三钙（C_3S）、硅酸二钙（C_2S）、铝酸三钙（C_3A）和铁铝酸四钙（C_4AF）。与水拌合后，铝酸三钙和硅酸三钙快速与水反应，硅酸二钙反应较慢（速率约为硅酸三钙的 1/20），但它和硅酸三钙是构成水泥胶凝性能的主要组分。经过一系列复杂反应（见 2.2.4 节）主要生成 C–S–H 凝胶层，同时析出氢氧化钙晶体以及各种固溶体，最终构成凝胶体和晶体的空间络合结构（图 10–3），形成浆体的强度。

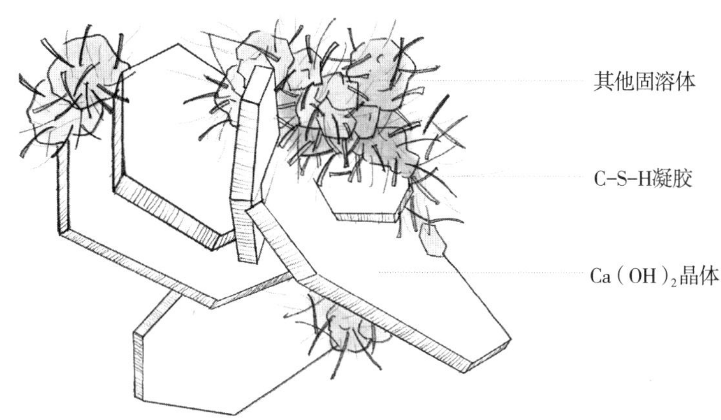

图 10–3 水泥水化后细观结构

10.2.3 硅酸盐水泥的主要性能和指标

硅酸盐水泥和普通硅酸盐水泥（二者区别在于是否掺混合材和掺量不同，表 10–2）广泛用于建筑工程，是用量最大的水泥品类。

水泥的细度影响其水化活性。一般水泥越细水化反应越快。我国《通用硅酸盐水泥》GB 175—2023 对于硅酸盐水泥和普通水泥的细度，规定给出了一个选择性指标：“硅酸盐水泥细度以比表面积表示，应不低于 $300m^2/kg$ 且不高于 $400m^2/kg$；普通硅酸盐水泥、矿渣硅酸盐水泥、粉煤灰硅酸盐水泥、火山灰质硅酸盐水泥、复合硅酸盐水泥的细度以 45μm 方孔筛筛余表示，应不低于 5%。”表 10–2 为我国目前常用硅酸盐水泥种类及代号，表 10–3 为硅酸盐水泥强度要求。

硅酸盐水泥的水化活性和其矿物成分相关，如三钙硅石快速水化，而二钙硅石的水化则比较缓慢。

表 10–2　我国目前常用硅酸盐水泥种类及代号

品种	代号	组分（质量分数，%）				
		熟料＋石膏	粒化高炉矿渣	火山灰质混合材料	粉煤灰	石灰石
硅酸盐水泥	P·Ⅰ	100	—	—	—	—
	P·Ⅱ	大于或等于 95	小于或等于 5	—	—	—
		大于或等于 95	—	—	—	小于或等于 5
普通硅酸盐水泥	P·O	大于或等于 80 且小于 95	大于 5 且小于或等于 20			—
矿渣硅酸盐水泥	P·S·A	大于或等于 50 且小于 80	大于 20 且小于或等于 50	—	—	—
	P·S·B	大于或等于 30 且小于 50	大于 50 且小于或等于 70	—	—	—
火山质硅酸盐水泥	P·P	大于或等于 60 且小于 80	—	大于 20 且小于或等于 40		—
粉煤灰硅酸盐水泥	P·F	大于或等于 60 且小于 80	—	—	大于 20 且小于或等于 40	—
复合硅酸盐水泥	P·C	大于或等于 50 且小于 80	大于 20 且小于或等于 50			

表 10–3　硅酸盐水泥强度要求

强度等级	抗压强度（MPa）		抗折强度（MPa）	
	3d	28d	3d	28d
42.5	大于或等于 17.0	大于或等于 42.5	大于或等于 3.5	大于或等于 6.5
42.5R[①]	大于或等于 22.0		大于或等于 4.0	
52.5	大于或等于 23.0	大于或等于 52.5	大于或等于 4.0	大于或等于 7.0
52.5R	大于或等于 27.0		大于或等于 5.0	
62.5	大于或等于 28.0	大于或等于 62.5	大于或等于 5.0	大于或等于 8.0
62.5R	大于或等于 32.0		大于或等于 5.5	

注：① R 表示快硬水泥。

水泥的主要性能如下：

1. 凝结时间

水泥浆体的凝结时间主要有“初凝”和“终凝”，前者指浆体逐渐失去流动能力，开始凝结；后者指完全失去可塑性，达到一定结构强度。硅酸盐水泥初凝时间不得早于 45min，终凝时间不得迟于 390min。

2. 强度

是评价水泥质量的重要指标，强度增加与水泥水化时间——龄期呈正相关，主要考察其 3 天和 28 天强度，《通用硅酸盐水泥》GB 175—2023 即以 28 天抗压强度对水泥进行强度等级划分（表 10–3）。组分、孔隙率、龄期等都是影响水泥强度的因素。

3. 体积变化

水泥浆体的体积变化对工程效果影响极大，如果水泥硬化后产生不均匀的体积变化，即为体积安定性不良，则会使水泥制品或混凝土构件产生膨胀性裂缝，降低建筑物质量，甚至引起严重事故。水泥主要有 3 种体积变化：化学减缩、湿胀干缩和碳化收缩。

4. 水化热

水泥水化过程会放热，大部分热量在 3 天内释放。当浇筑大体积混凝土时，需控制水化热以避免表面和内部温差过大产生较大应力导致裂缝。

5. 泌水性和保水性

指水泥浆体析出水分和保有水分的能力，是影响水泥浆体施工性能的两个因素。

6. 抗渗性

指水泥浆体抵抗各种有害介质进入内部的能力。提高抗渗性可以改善其耐久性。

7. 抗冻性

指水泥浆体抵抗冻融循环的能力。将水灰比控制在 0.4 以下，可以制得高度抗冻的硬化水泥砂浆等。

8. 颜色

按照颜色分为白水泥和灰水泥。

10.2.4 近代装饰抹灰常用水泥

抹灰常用的水泥性能（20 世纪 80—90 年代）见表 10–4，这些水泥大部分为非早强水泥。

10.2.5 各个历史时期的水泥特征

1. 水硬性石灰—天然水泥

人类使用水硬性胶凝材料的历史可以追溯到新石器时代。公元 1 世纪初，古罗马人、古希腊人发现在石灰中掺加某些火山灰沉积物，成形后不

表 10–4 抹灰常用的水泥性能（20 世纪 80—90 年代）

水泥名称	物理性能		特性		优先使用	不得使用
	初凝	终凝	优点	缺点		
普通硅酸盐水泥	大于或等于 45min	小于或等于 12h	快硬、早强；抗冻、耐磨、不透水性好	水化热高；抗硫酸盐侵蚀性差	冬季，干燥环境抹灰；抗渗、耐磨砂浆	有硫酸盐侵蚀的工程
火山灰硅酸盐水泥	大于或等于 45min	小于或等于 12h	保水性好；水化热低；耐蚀性好	干缩大，早强低；抗冻性差	抗渗砂浆；远距离运输砂浆	有耐磨要求；干燥环境
矿渣硅酸盐水泥	大于或等于 45min	小于或等于 12h	水化热低；耐热性好；耐蚀性好	早强低、干缩大；保水性差；抗冻性差	高湿度或水下环境	有抗渗要求不宜使用
白色硅酸盐水泥	大于或等于 45min	小于或等于 12h	同普通水泥	同普通水泥	装饰抹灰	同普通水泥
硅酸盐膨胀水泥	大于或等于 45min	小于或等于 6h	微膨胀、防水性好；快硬、早强	抗硫酸盐侵蚀性能差	抗渗防水砂浆；接缝修补	同普通水泥

（表格来源：王朝熙 . 装饰工程手册 [M]. 北京：中国建筑工业出版社，1991.）

仅强度提高，而且抵御淡水或含盐水的侵蚀，这就是水硬性胶凝材料的初始。水硬性石灰和天然水泥随后被发明。

2. 现代水泥

18 世纪后半叶，人们发现了罗马水泥，后逐渐发现可以用石灰石和定量的黏土共同磨细混合均匀，经煅烧，能制成一种人工配料的水硬性石灰。1824 年，水泥的发明者英国人约翰夫·阿斯普丁（Joseph Aspdin）取得了水泥的专利权。1825—1843 年水泥在泰晤士河隧道工程中首次大规模使用，至此诞生了现代意义上的水泥。

3. 水泥进入中国应用的历史

1）生产

鸦片战争以前，水泥即随着西方传教士在中国建设教堂而传入中国。自第二次鸦片战争开始，随着使领馆的建设，水泥开始在中国大量使用。由于最先是从英国进口，所以当时称其为“英泥”“洋灰”。

中国制造水泥的历史肇始于 1886 年的澳门青州英坭厂。中华人民共和国成立前水泥工业发展缓慢，1949 年后我国水泥产量快速上升，从 1952 年的年产 286 万 t 升至 2014 年峰值 24.92 亿 t。之后水泥产量略有下降，2022 年全国产量为 21.18 亿 t。

2）使用

中国古代一直用石灰和石灰基材料作为胶凝材料，广泛用于夯筑、砌筑、勾缝、抹面等工序。水泥进入中国后，由于水泥在强度、遇水稳定性、凝结速度等方面均超越石灰，很快在全国得到广泛使用。

4. 现代水泥和早期水泥的区别

水泥被发明、生产之后，除了在新建建筑中被广泛使用外，也一直被大量应用于遗产建筑（包括不可移动文物）的修缮保护中。正因为水泥的使用，我国一定数量的遗产建筑、文物才能保存到现在，也为进一步传承延续提供可能。但是现代水泥（表 10–4）和我国早期使用的水泥有明显的区别：早期水泥的强度偏低，和现代的天然水硬性石灰 NHL5 接近；早期水泥硬化速度慢，无快硬水泥；早期水泥色浅，色调为暖色，和煅烧时窑内空气等有关；早期水泥中一般不添加工业废品。因此，使用现代水泥保护修缮时，可遵循如下原则：

1）性能掌握。不同水泥固化过程、强度各异，需要掌握不同水泥的性能。抹面尽可能不用快凝水泥或采用外加剂调节凝结时间。

2）用量控制。水泥的使用量以达到基本性能要求为目的，宁少勿多。

3）性能匹配及优化。如混凝土的修补的胶粘剂用水泥，而低强度灰塑则仍需用石灰。添加外加剂优化水泥性能，如降低强度、抑制碱扩散、降低水泥与历史材料的不兼容性。

4）颜色协调。通过调和白水泥、普通硅酸盐水泥、消石灰和无机颜料调配出需要的色彩。

10.3 灰浆、砂浆

10.3.1 灰、浆、砂浆的概念

传统灰浆的概念包括灰和浆两个大类。传统“灰”的主要成分为气硬性石灰粉或膏体，可以添加纤维材料如麻、麦秆、棉花等、砂泥、禾草灰（灶膛灰）等配制出混合物。其呈塑性状态，用于砌筑、抹面等（图 10–4）。而浆一般不添加其他颜料或填料，为流体状态，用于填充空洞。

10.3.2 近现代砂浆

近现代砂浆采用石灰、水泥作为胶粘剂，添加骨料砂、有时添加有机

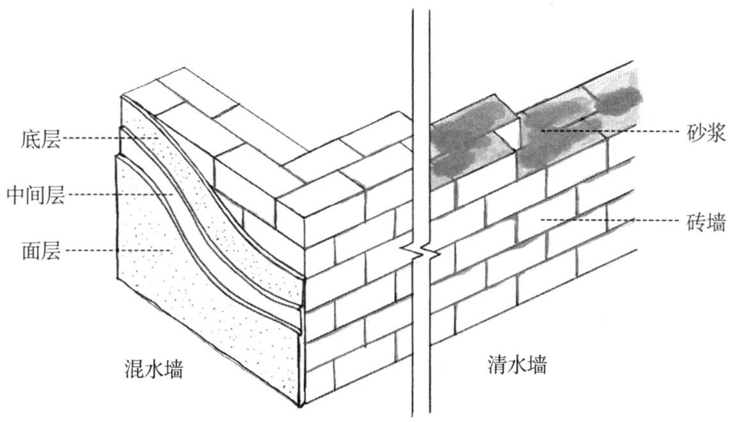

图 10–4 砂浆砌筑、抹面的应用

胶等配制，用于砌筑、抹面、装饰等。

在抹灰饰面中常用的骨料有天然砂和由天然石材破碎筛分的石粒两类。

1. 天然砂

由岩石风化形成粒径在 5mm 以下的岩石颗粒，称为天然砂。普通砂因产源不同可分为河砂、海砂、山砂。山砂表面粗糙，与水泥浆粘结力好，但泥土及有机杂物多；海砂表面光滑洁净，但混有贝壳碎片及含盐分；河砂颗粒表面介于山砂与海砂之间，比较干净，且分布广，所以一般工程均采用清洗后含泥少的河砂。

2. 石粒

石粒是由天然大理石、白云石、方解石、花岗石，以及其他天然石料破碎筛分而成。在抹灰工程中用来制作水磨石、水刷石、干粘石、斩假石等。

10.4 传统抹灰饰面类型及其检测

传统抹灰粉刷（traditional plasters/renders）指采用石灰、水泥（很多时间也添加石灰）等无机胶粘剂，有时添加其他组分，配制出的砂浆。再采用抹（压）、摔、刮、拉、洗、磨、扎等工艺制成的用于内外饰面的材料。无论是传统建筑还是近现代建筑，这类饰面是除天然石材和清水砖墙之外的最重要的饰面材料，具有历史、美学和科学研究价值。而采用聚合物为胶粘剂配制的仿石喷涂（见 5.7.3 节）除艺术作品外一般不具有保护价值。

10.4.1 外墙装饰抹灰类型

外墙抹灰的类型丰富（表 10–5），不同历史时期由于原材料的获得性不同，工法亦有不同，名称也因地而异，我国在 20 世纪 80 年代的工法已有专著可考。

表 10–5 外饰面抹灰、粉刷特征

胶粘剂		基本工法	颜色	使用部位
石灰	纸筋灰	以石灰与稻草等泡制熟透后直接使用	新鲜时白色，老化后显灰、黑等颜色	整个墙面，传统建筑内外饰面或中西结合建筑内饰面
	石灰（抹灰，批荡）	石灰中添加砂、土、烟灰	新鲜时呈白－灰白－灰，老化后显灰－褐色	西式或中西结合建筑立面，常被后期的水泥粉刷等覆盖
水泥类	水刷石	水泥＋石子混合批抹后水洗（刷）而成	白色－灰－各种彩色，老化后显灰色	整个立面或作为装饰线条

续表

胶粘剂		基本工法	颜色	使用部位
水泥类	斩假石	预制或现场浇制的水泥石子材料用斧头斩而成（石子一般为大理石）	仿天然石材的灰、白色为主，也有其他自然彩色	一般作为装饰线条、仿石墙面
	卵石面	水泥（石灰）+卵石子混合后甩打而成（湿打），或粉刷后将卵石子打或粘到墙面（干打，干粘石）	灰色为主，也有其他自然彩色	整个立面或作为装饰线条，常与清水砖、石材搭配营造出独特风格
	粗面装饰粉刷（甩浆灰）	水泥添加含粗砂骨料和水混合成砂浆后手工甩打或喷射到墙面而成，并有再加工	灰色及各种自然黄色等	局部，常与清水砖、石材配
	水泥粉刷（彩色）	水泥（有时加石灰）与彩色骨料添加颜料粉刷而成	以灰黄、红等为主，老化后呈灰褐色	整个墙面或装饰线条，落脚等
	拉毛	水泥清浆用毛刷拉出而成	水泥灰为主	局部装饰或整个立面
	干粘石	将干净的石子洒、打到混合砂浆等基层	灰色、彩色	整个墙面
	压光粉刷	水泥（有时加石灰）与河砂粉刷而成	新鲜为灰－灰白，表面风化后一般呈各种黄色	整个墙面、勒脚、腰线、窗台等

装饰抹灰除特殊类型外，一般有多层构造，从基础层到表面依次一般有找平层、底层、面层，水刷石面层下部还有清浆粘结层。这种构造分层带有鲜明的地方特色和年代意义，有时可帮助建筑断代。

10.4.2 价值评估

遗产建筑表面装饰粉刷包括石灰基抹灰、灰塑（图 10–5）、丰富多彩的水泥基饰面（图 10–6）等。水泥基的抹灰工艺有从欧洲引进的，也有由我国匠人再创造的。我国的水泥基外墙抹灰、粉刷（又称“批挡”或“批荡”，plaster，stucco）经历了从平整到粗面再到单一的发展过程。19 世纪末 20 世纪初，出现的水刷石、粗面如拉毛、撒毛灰（大小疙瘩墙面，wet dash）、干粘石（dry dash）、卵石面（pebble dash）等是开埠城市立面的一道独特风景（图 10–6）。

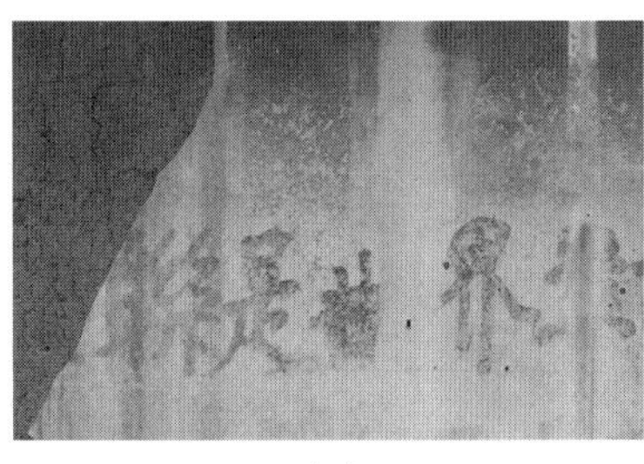

（a）

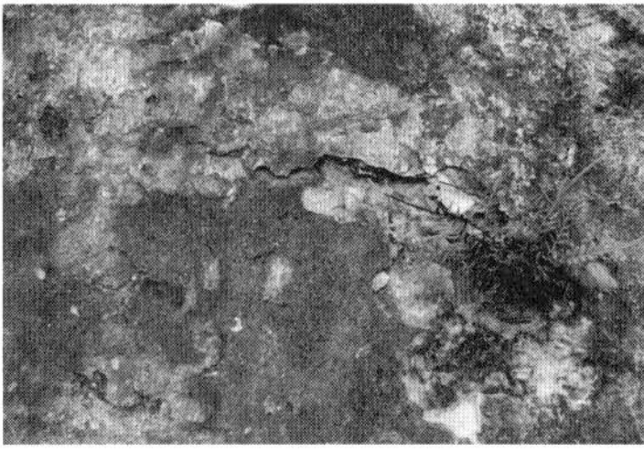

（b）

（c）

图 10–5 代表性石灰基抹灰
（a）传统建筑用棉花灰，江西南部；
（b）保留有石灰水面层的石灰批荡，澳门大炮台；
（c）砖雕两侧采用红砖粉和纸筋石灰为原材料的灰塑，上海北京东路

(a) (b) (c)

(d) (e) (f)

图 10-6 代表性水泥基装饰抹灰
(a) 压光粉刷；
(b) 干粘卵石；
(c) 同一材质采用干粘和水洗不同工法；
(d) 仿花岗石水刷石；
(e) 斩假石；
(f) 水磨石

装饰抹灰除了极强装饰性外，还具有保护建筑、提升室内环境质量的作用，如降低雨水侵入，提升建筑耐久性。同时，装饰抹灰作为一种建筑艺术形式，能满足人对个性美的追求。此外，装饰抹灰是随着新材料、新技术发展的一种融合设计师、工匠智慧的一种创造。所以，已经列入有价值的保护建筑如遗产建筑的装饰抹灰应尽可能原位保护，并采取接近传统的工艺（质感和色感）进行修补。可识别性修复在装饰抹灰修复领域并不被认为具有好效果。

10.4.3 材料工艺勘察

在装饰抹灰修复前，需要对原始的饰面类型、工艺（含构造层）、修复历史等进行考证。现场勘察方法有取芯法和剥离法两种。材料配合比信息主要是通过视觉观察、现场或者实验室显微光学分析等，有时需要结合实验室化学和岩相学分析，并通过复配实验去验证，表面可采用天然材料着色。

10.4.4 复配

在修复前，需要根据勘察结果对原始配合比进行复配。首先在实验室对原始材料的成分进行分析，再根据其工艺，选择原材料。并考虑现代施工及原材料可得性、经济性等因素，再对配合比进行优化。在修复实践中，复配的配合比既可以在工地现场配制，也可以在实验室配制好送到修复工地加水后直接施工。复配的颜色应以新鲜面色彩为依据。

10.5 灰塑及重要石灰抹灰的原位保护工艺

采用白色石灰及添加红砖碎屑、禾草灰、颜料等彩色石灰按一定工艺塑造出花、草、虫、鸟等形态的装饰粉刷称为灰塑，是近现代遗产建筑重要的装饰方式，具有点睛效果。材料选择上既采用传统纸筋灰，也采用石灰砂浆。一般分底层、面层两层，底层砂浆为含较多骨料，较少石灰的石灰砂浆，面层为含骨料较少的石灰膏。

10.5.1 保护原则

石灰等灰塑、批荡的原位保护需要遵循安全性、少干预（最大限度保留历史遗存）、未来开放性（新的病害可再处置或可再处理）的原则。此外，保护修复技术方案需要尊重传统，缺失部位应该采取原材料、原工艺、原色彩、原设计等修补。

10.5.2 保护修复材料的选择

除了严格按原材料修复外，在特定情况下，也可采用如下改良的材料配比。底部砂浆，特别是和夯土、低强度砖结合的砂浆，采用 A 型砂浆（见 5.6.1 节），灰砂比为 1∶1.5 ~ 1∶2，灰含量应高一点。砂采用中等粒径河砂。

面层砂浆采用 B 型或 C 型砂浆，即具有水硬性的砂浆，添加天然水硬性石灰或者 5% ~ 10% 的高活性偏高岭土（活性需要检验）到高钙石灰中（如 10kg 偏高岭土加 90kg 高钙石灰）。

10.5.3 修复技术

以某世界文化遗产地夯土墙表面石灰抹灰的修复为案例，介绍主要修复技术。

1. 清理

对于有重要价值的石灰抹灰、灰塑上后期叠加物需要采用手工方法清理到原始界面，去掉植物。如果基层有夯土缺失，需要修补（图 10–7）。

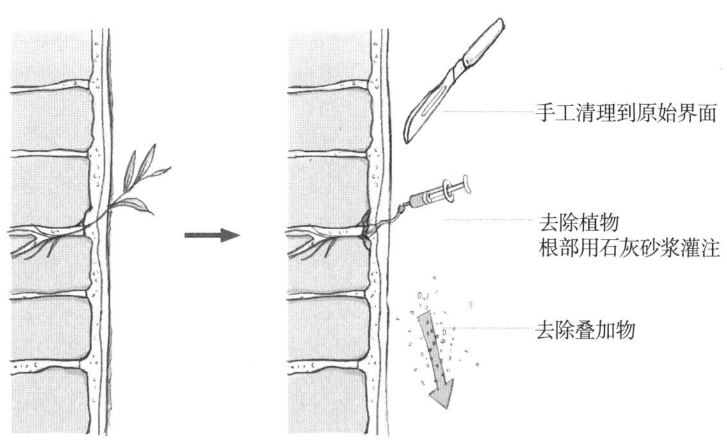

图 10–7 灰塑表面清理

2. 非结构性开裂

切开开裂部位，宽度是厚度的 3 ~ 5 倍，然后采用石灰砂浆修补（图 10–8）。

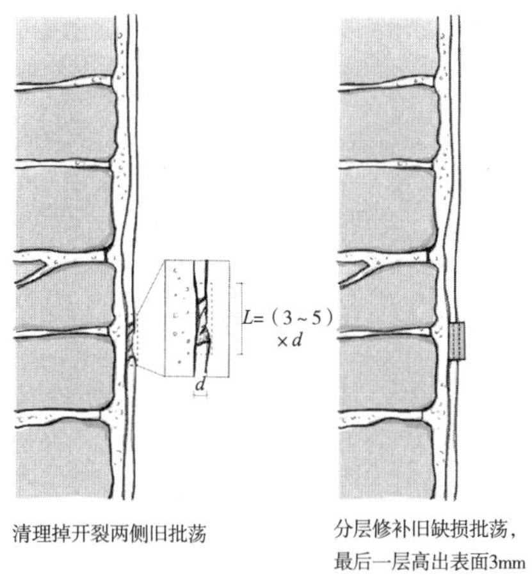

图 10–8 开裂修补方法

3. 空鼓

空鼓面积小于 100cm² 的空鼓原则上不需要修补，面积大于 100cm² 的明显空的部位本着少干预的原则，采用注浆的方法加固（图 10–9、图 5–7）。加固方法如下：

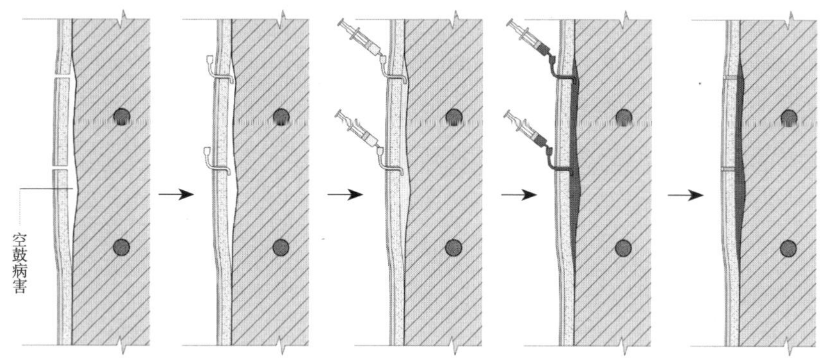

图 10–9 空鼓修补方法，修复后保留不平整的表面

1）30° 斜或平打孔，孔直径 10 ~ 12mm，到空鼓批荡下夯土 30 ~ 50mm；

2）吸尘器吸掉灰尘；

3）采用清水洗孔；

4）植入竹筋（可以采用竹筷改），表面留约 5mm，注射稀的天然水硬性石灰浆或纳米石灰浆（见 5.5.3 节）；

5）等 2 天后，再在同一孔中注射标准稠度的天然水硬性石灰浆，口留大约 5mm；

6）至少等 2 天后，孔采用石灰砂浆修补。

4. 抹灰（批荡）剥落

抹灰脱落原则上采用和古代砂浆配合比相近的石灰砂浆修补（图 10–10）。

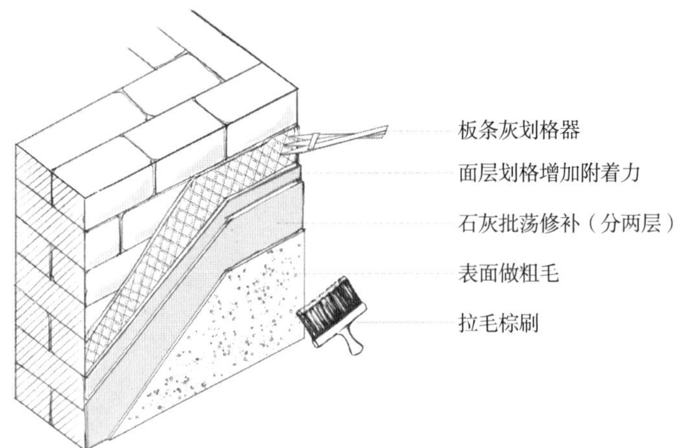

图 10–10 抹灰（批荡）剥落修补

1）面层划格增加附着力；

2）采用石灰批荡修补，分 1 ～ 2 层修补，每层厚度为 5 ～ 6mm；

3）表面做粗毛以加快碳化，减少微裂纹，减少新旧色差。

5. 灰塑及抹灰表面保护

灰塑表面保护的方法与遗产建筑的类型、保护级别、所处的气候环境等有关。正在使用的建筑外饰面的灰塑，存在渗漏隐患，可以采用有机硅等憎水，降低雨水渗透的程度；另一种材料是使用液态无机硅酸盐涂料罩面（表 5–9，图 5–8）。而重要的石灰抹灰，可以采用传统石灰水进行保护。

石灰水保护石灰抹灰属于传统方法，试验研究发现灰水处理的表面旧石灰抹灰（批荡）得到较好的保护。被涂刷石灰水的白色表面温度会低于老化的灰色表面，降低温差。在全球变暖的背景下，可降低旧石灰抹灰空鼓开裂的风险。石灰水保护石灰抹灰工法为：

1）材料制备

传统方法采用生石灰，但考虑现代运输的要求，也可以采用熟石灰浸泡。

2）流程

重点部位，如细小裂缝、表层批荡有不均一风化，先刷涂二次，每次间隔至少 1 天（原则上要等第一遍干透后才能刷第二遍）；整体表面再刷涂灰水（不加颜料）1 ～ 2 道。旧的石灰抹灰表面至少要刷涂三道灰水。

3）作色

最后一遍灰水后立即抛洒或喷洒稻草灰，或色土或氧化铁色粉，达到新旧协调。

10.6 水泥基装饰抹灰保护修复——以水刷石为例

10.6.1 水刷石历史价值

水刷石是采用水泥石灰为胶粘剂，各种砂、石粒为骨料，通过粉、洗、刷而得到的仿造天然石材的饰面。初始的水刷石（又称石涂）是由水泥和天然砂组成。鼎盛时水刷石采用天然花岗石破碎添加少量深色石子或深色玻璃（图10-11、图10-12），后期使用的石子有不同类型，包括：天然大理石碎屑、灰石（石灰岩）碎屑、玄武岩碎屑、河砂、方解石晶体、矿渣碎屑、电气石晶体、贝壳、玻璃等（图10-13）。石子的添

图10-11 仿花岗石的水刷石（上海，某国家级文物保护单位，建于20世纪30年代）

（a） （b）

（c） （d）

图10-12 代表性水刷石
（a）白水泥+花岗石石子；
（b）浅色水泥+方解石等，存在两种类型；
（c）浅色水泥+玻璃、云石等；
（d）相同的云石石子和贝壳采用两种不同染色水泥等

图 10-13 水刷石沿袭（从20世纪20年代采用花岗石石子到20世纪50年代云石石子到彩色石子3个阶段，上海，圆明园路遗产建筑）

加具有很大的地域性。在20世纪50年代还出现粉、黄等彩色天然石材碎屑等。可以通过调整水泥、石子类型、石子颗粒大小等达到比一般的粉刷（水泥黄砂）更丰富的装饰效果。此外，水刷石还具有比清水砖更好的防水功能，具有接近天然石材的耐久性。水刷石是包括中国在内的东南亚独特的水泥基装饰面，具有重要的历史与科学研究价值。原则上要原位修复，不宜铲除重做。

10.6.2 水刷石饰面病状

水刷石饰面病状和天然石材类似，主要有污染、开裂、空鼓、表面剥蚀（特别是水泥胶粘剂缺失）等，特别是水刷石饰面出现不规则的开裂及沿开裂出现泛白。空鼓剥离的部位大部分位于底层砂浆和基层（如混凝土、黏土砖等）之间。

产生病状的原因有：原有构造不合理，如将软的石灰砂浆、纸筋石灰或石灰黄泥作为底层砂浆；使用不当，如钻孔导致水进入脱落；建筑本身结构及市政建设导致结构开裂；自然老化，特别是胶粘剂被风化剥蚀。

10.6.3 保护修缮方法及材料选择

1. 清洁

水刷石的清洁同天然石材。

2. 去除涂料

采用剥离的方法去除（图 10–14），禁止采用打磨等破坏性方法。

3. 原位保护

重要的部位可以采用打孔渗透固化、细锚杆加固、修补等方法修补。

4. 缺失部位修补

应采用"like for like"（相等）的原则修补，即接近原材料的配合比（包括石子）采用相同的方法进行修补（图 10–15），原材料的复配见 10.4.4 节。

图 10-14 采用剥离的方法去除表面涂料（左）
图 10-15 需要采用临近水刷石的材性及色彩的修补（右）

5. 开裂部位的修补

细裂缝，可以采用调配的水泥浆修补。大的裂缝达到一定宽度后，凿宽后采用和原始水刷石配合比接近的配合比修补，冲洗。

10.7 服务于建筑更新利用的保护性抹灰

今天，建筑修复用的抹灰类型很多，部分属于传统抹灰，部分属于采用现代材料学科学原理优化后的抹灰（表10–6）。对遗产建筑修缮（包括室内修缮），需要根据使用功能的要求，选择合适的抹灰。这里重点介绍两种功能性抹灰：SP–抹灰和牺牲性抹灰。

10.7.1 SP–抹灰

SP–抹灰是一种基于水硬性胶凝剂配制的干混砂浆，具有低密度、高孔隙率（特别是很高气孔隙比例）、低的毛细吸水速率、高透气性等特点。施工到被水溶盐危害严重的砖石砌体表面，起到隔潮、保温隔热、美观的效果。一般由界面层、底层抹灰、面层抹灰和表面涂料组成。携带盐分的潮气进入SP–抹灰后，水溶盐被储存在抹灰层内，不运移到表面（图10–16）。SP–抹灰的有效性除了和材料的配方、施工工艺及厚度等有关外，还与砖石砌体的潮湿程度、水溶盐的类型及含量、施工过程的相对空气湿度等相关。

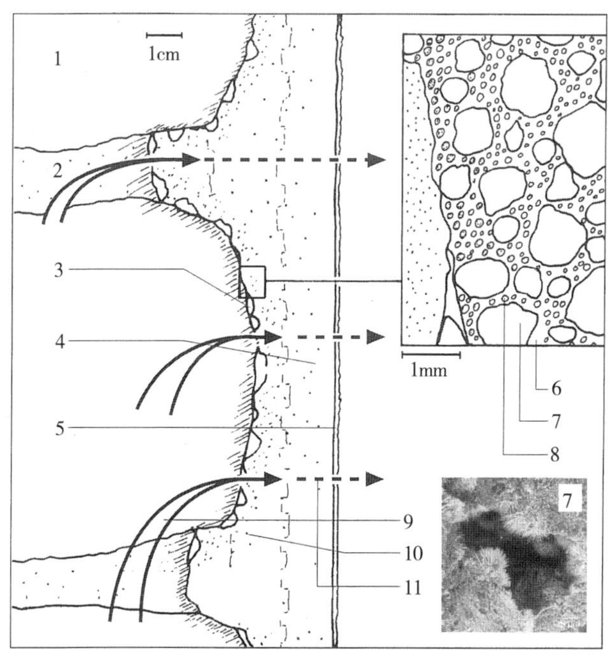

图10–16 SP–抹灰构造及其机理示意图（图片来源：Dettmering & Kollmann）
1–含盐潮湿的砖石；
2–灰缝；
3–界面层；
4–抹灰面层；
5–涂料饰面；
6–胶粘剂一般为水硬性；
7–气孔隙，可以容纳水溶盐结晶；
8–毛细孔隙；
9–含盐的液态水迁移；
10–底层抹灰；
11–水气态蒸发

表 10–6　各种现代抹灰及其性能比较

抹灰类型	固化后密度（kg/dm^3）	抗折强度（MPa）	抗压强度（N/mm^2）	粘结强度（N/mm^2）	弹性模量（N/mm^2）	收缩（mm/m）	湿阻（μH_2O）	孔隙率（Vol/%）	导热系数[（W/m·K）]	毛细吸水系数[kg/（$m^2 \cdot h^{0.5}$）]
水泥抹灰	1.7 ~ 2.2	2 ~ 7	6 ~ 30	1.0 ~ 2.0	10.000 ~ 50.000	0.5 ~ 1.5	50 ~ 100	10 ~ 15	1.2 ~ 1.4	0.1 ~ 0.3
刚性水泥防水抹灰	1.8 ~ 2.2	5 ~ 8	20 ~ 35	0.5 ~ 1.5	20.000 ~ 50.000	0.5 ~ 2.5	100 ~ 200	10 ~ 15	1.2 ~ 1.4	0.05 ~ 0.1
SP– 抹灰 – WTA（面）	0.9 ~ 1.4	1.0 ~ 2.0	1.5 ~ 5.0	0.2 ~ 0.4	5000 ~ 15.000	0.5 ~ 2.0	6 ~ 12	40 ~ 55	0.3 ~ 0.6	0.06 ~ 0.4
石灰水泥抹灰	1.3 ~ 1.8	1.0 ~ 2.0	1.5 ~ 5.0	0.2 ~ 0.4	6000 ~ 40.000	0.5 ~ 2.0	10 ~ 20	10 ~ 20	0.9 ~ 1.2	0.2 ~ 0.4
石膏抹灰	1.2 ~ 1.4	1.0 ~ 2.0	2.0 ~ 5.0	0.4 ~ 0.9	5000 ~ 15.000	0.2 ~ 0.4	8 ~ 12	15 ~ 25	0.3 ~ 0.9	3 ~ 15
石灰抹灰	1.2 ~ 1.6	0.5 ~ 1.0	0.4 ~ 3.0	0.1 ~ 0.2	2000 ~ 12.000	0.2 ~ 0.6	9 ~ 15	20 ~ 30	0.8 ~ 1.2	5 ~ 20
黏土抹灰	1.4 ~ 1.8	1.0 ~ 2.0	0.5 ~ 3.0	0.1 ~ 0.2	1000 ~ 3000	0.3 ~ 0.5	6 ~ 10	20 ~ 30	0.4 ~ 0.8	10 ~ 20
轻质抹灰	0.6 ~ 1.3	0.3 ~ 0.4	1.0 ~ 5.0	0.1 ~ 0.2	1000 ~ 5000	0.5 ~ 1.0	5 ~ 10	30 ~ 40	0.1 ~ 0.2	0.1 ~ 0.2
保温抹灰砂浆	0.2 ~ 0.5	0.2 ~ 0.4	0.4 ~ 2.5	0.1 ~ 0.2	小于 1000	0.5 ~ 1.0	5 ~ 10	60 ~ 70	0.06 ~ 0.20	5

（表格来源：戴仕炳翻译完善自：Tanja Dettmering，Helmut Kollmann. *Putze in Bausanierung and Denkmalpflege*，*Beuth* [R]. Berlin，2019 中表 2.2–1.）

10.7.2 牺牲性抹灰

指为保护遗产建筑特殊界面而施工的保护性抹灰，使有价值的饰面免于遭受水溶盐、温差、干湿交替及机械损伤（图 10–17）。和 SP– 抹灰比较，牺牲性抹灰的耐久性差，在达到保护效果后，可以去除。

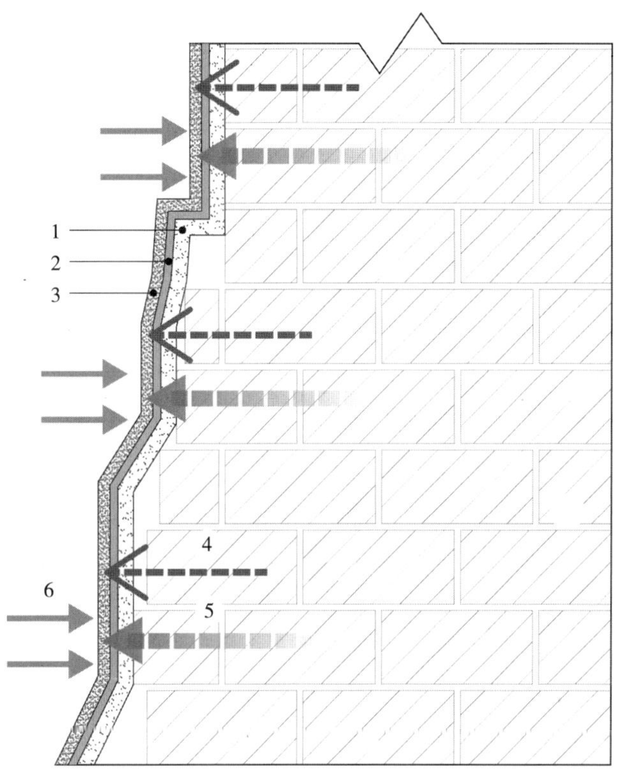

图 10–17 牺牲性抹灰作用原理示意
1– 砂浆层；
2– 饰面层（被保护的面层）；
3– 牺牲灰浆层；
4– 盐分转移；
5– 潮气转移；
6– 冷凝水

思考题

（1）气硬性石灰和水硬性石灰至少在哪方面存在区别？

（2）水硬性石灰和水泥的强度等级分类是按照多少天的抗压强度进行划分？

（3）建筑石灰的标准化具有哪些优缺点？

（4）碳化反应受哪些因素影响？

（5）水泥的硬化机理是什么？

（6）水泥强度受哪些因素的影响？

（7）遗产建筑保护中水泥的使用可遵循哪些原则？

（8）遗产建筑的装饰抹灰具有哪些作用？

（9）具悠久历史的石灰抹灰为什么不可以铲除重做？如何原位修复石灰抹灰？

（10）水刷石的材料特点是什么？如何评价它的价值？

（11）如何修复水泥基的装饰抹灰？在材料配合比方面需要注意哪些因素？

（12）牺牲性抹灰实施于遗产建筑表面相较于SP-抹灰有什么不同？

第 11 章　混凝土

11.1　混凝土概念及特征

11.1.1　混凝土的定义和组成

指由水泥、石灰、石膏等无机胶凝材料和水或沥青、树脂等有机胶凝材料的胶状物与骨料，必要时加入化学外加剂和矿物外加剂，按一定比例拌和，并在一定条件下硬化而成的人造石材（图 11–1）。本章除特指外，所指的混凝土均为水泥混凝土。

配制混凝土最常用的水泥为硅酸盐水泥（表 10–2）。而骨料按其粒径大小不同可分为细骨料和粗骨料。粗骨料指粒径大于 4.75mm 的骨料，俗称石，如碎石和卵石等。碎石是天然岩石或人造岩石经机械破碎、筛分制成的岩石颗粒；卵石是由自然风化、水流搬运和分选、堆积而成的岩石颗粒。细骨料指粒径小于 4.75mm 而大于 0.075mm 的骨料，俗称砂，分天然砂和人工砂。天然砂由天然岩石经自然风化、水流搬运和分选、堆积等自然条件形成；经除泥处理的机制砂（机械破碎、筛分制成）与混合砂（由机制砂和天然砂混合制成）统称为人工砂。细骨料的主要作用是填补大颗粒间空隙，与水泥形成砂浆，促进骨料颗粒间的流动，改良混凝土拌合料的和易性。

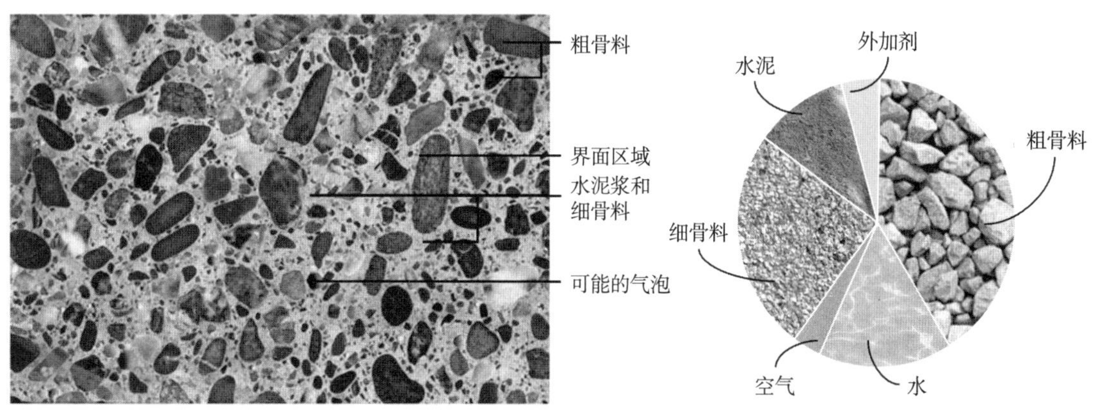

图 11–1　混凝土的微观截面图（左）及组成成分（右）

11.1.2 混凝土的特征

混凝土与木材及普通钢材等材料相比，具有如下明显的优点。

1. 抗水性强

混凝土能够经受水的作用而不会产生严重劣化，是建造蓄水和输水结构的理想材料。处于潮湿环境中的结构构件，如桩、基础、楼面、梁、柱等，通常都会使用钢筋混凝土建造。

2. 可塑性强

混凝土拌合物具有良好的可塑性，可以浇筑成各种形状的构件或整体结构。

3. 防火性能好

与钢结构相比，在没有专业的防火措施或防火涂料的处理下，混凝土也具有较好的抗火性能。对于钢筋混凝土结构来说，混凝土保护层可以较好地隔离火源和钢筋。混凝土耐火极限一般在 2 ~ 4h 之间，而没有防火涂料处理的钢结构的耐火极限通常仅为 20min 左右。

4. 结构强度和耐久性好

钢筋混凝土结构能充分合理地利用混凝土（高抗压性能）和钢筋（高抗拉性能）两种材料的力学特性。混凝土与钢筋有着近似的线膨胀系数，不会因温度变化产生过大的应力差，且混凝土与钢筋之间有良好的粘结力，可以很好地共同工作。此外，混凝土呈碱性，可以对钢筋起保护作用，具有较好的耐久性。

5. 具有其他材料不具有的饰面效果

清水混凝土是建筑现代主义的一种表现手法，就是在混凝土浇筑成型后，不再有任何涂装、贴瓷砖、贴石材等面层做法，是一种表现混凝土素颜的手法。

但是，混凝土也有缺点。如混凝土与其他材料相比，结构和性质不是完全静态的，即水泥石及水泥石与骨料之间的过渡区会随着时间不断变化。此外，混凝土的自重大、抗拉和抗折强度低、呈脆性、易开裂，并且在施工中影响质量的因素较多，质量波动较大。

11.2 混凝土的历史沿袭及其价值分析

11.2.1 混凝土的发展简史

采用石灰作为胶粘剂的混凝土（lime concrete）已经被用于砖石建筑长达几个世纪。到 1824 年，英国人约瑟夫・阿斯匹丁（Joseph Aspdin）发明了波特兰水泥并取得了专利，这种水泥可以在水下凝固。1850 年，在法国的世界博览会上，法国人兰伯特（L. Lambot）制成了铁丝网水泥砂浆结构的小船。法国人约瑟夫・莫尼埃（Joseph Monier）将钢筋混凝土从概念层面发展成为具有可行性的结构体系做出了突破性的贡献，他在 1849

年用铁丝网将花盆封闭在砂浆中，其方式与兰伯特展示的小船相似。

1874 年，世界第一座钢筋混凝土结构的建筑在美国纽约落成。随后发现混凝土适用于工业用途。近代中国开埠之后，开埠城市租界内砖石建筑建造发展逐渐成熟，代替了传统的木结构建筑，之后钢筋混凝土技术作为当时先进的建筑技术被逐步引入中国。1896 年在建造坟山路桥附近一个涵洞时采用了钢筋混凝土结构，为上海首次（也可能是中国首次）在土木工程中运用钢筋混凝土技术；后在 1904 年，租界内的德国总会运用了现浇钢筋混凝土技术。之后，广州瑞记洋行（1905 年）、岭南大学马丁堂（1905 年）、南京和记洋行（1912 年）相继建造，钢筋混凝土建筑开始在当时全国多个兴起的开埠城市、工业城市出现。钢筋和混凝土材料本土化，以及建造技术本土化发展，钢筋混凝土建筑数量开始逐年增长。

需要说明的是，我国的混凝土遗产建筑大多建成于近代历史时期，当时的混凝土和现代混凝土存在明显区别：

1）技术处于起步阶段，在粗骨料成分的使用中较为单一，未使用建筑废料等作为粗骨料。

2）混凝土配合比较为简单，近代混凝土配合比一般均为 1 份水泥、2 份砂子、4 份石子，即 1 ∶ 2 ∶ 4。若欲提高其强度，可用 1 ∶ 1.5 ∶ 3 或 1 ∶ 1 ∶ 2。但绝大部分的混凝土还是采用 1 ∶ 2 ∶ 4 的体积配合比。

3）没有现在混凝土技术中常用的外加剂。外加剂可定义为骨料、水泥和水之外的混凝土组分材料，在搅拌即将开始或搅拌过程中加入到混凝土配料中。它的使用可为混凝土带来诸多益处，因此目前在混凝土中的应用非常广泛。

4）水泥在强度、颜色上和现代有区别。

11.2.2 混凝土价值分析

对于近代钢筋混凝土建筑的研究意义和保护价值涉及建筑技术史、现代工业发展史和建筑文化史等多领域的结合。同时，这些遗产建筑大量存在于我国大、中型城市，并且大多仍作为公共建筑或办公建筑在使用。

1. 历史文化价值

近代钢筋混凝土建筑是中国由古代走向现代社会的过渡历史时期的产物和见证，建成于中国古代建筑风格向现代建筑风格转变的过渡阶段，记录了中国建筑技术与世界接轨的过程和近代建筑技术发展的过程，具有重要的历史文化价值。在 2019 年公布的第八批 762 处全国重点文物保护单位中，近现代重要史迹及代表性建筑一类计 234 处，数量比例为 30.71%。在众多的近现代建筑文物保护单位中，混凝土建筑占有很大的比例。随着改革开放后建成的一部分混凝土建筑和构筑物成为文物保护单位，基于遗产保护理论的混凝土的保护修复越来越得到重视。

近代钢筋混凝土建筑主要呈现 3 种形式：一是基本照搬古代建筑形

制，用钢筋混凝土浇筑而成，以这种方式建造的大多是一些功能比较单一的重要公共建筑；二是新民族形式的建筑，平面设计参照西方现代建筑，适当融合中国传统建筑的装饰元素，这类建筑兼顾西方建筑技术的考虑，同时又带有强烈的中国民族风格，追求新功能、新技术、新造型与民族风格和谐统一的折衷做法；三是仿西方建筑风格，这类建筑完全模仿西方国家在不同历史时期的建筑风格，主要有西方古典主义风格和西方现代主义风格。图 11–2 为近代代表性混凝土建筑。

（a）

（b）

（c）

（d）

图 11–2 近代代表性混凝土建筑
（a）南京博物院大殿（原中央博物院大殿，位于南京市中山路 321 号）；
（b）南京人民大会堂（国民大会堂旧址，位于南京市长江路 264 号）；
（c）中国工商银行（南京钟山支行）（交通银行南京分行旧址，位于南京市中山东路 1 号）；
（d）南京招商局旧址（位于南京市江边路 24 号）

2. 使用功能价值

钢筋混凝土建筑技术在 20 世纪初期由欧美国家传入我国，作为新兴的建造技术，当时众多大型建筑、重要建筑、纪念性建筑和工厂等多采用钢筋混凝土结构。此外，还产生了砖砌体和混凝土结构混合的结构类型。这些近代钢筋混凝土建筑经过加固修缮后能够很好地发挥其使用功能，具有重要的使用功能价值。

11.3 混凝土的制成

混凝土的制作流程较为复杂，大致可以分成选择原材料，确定配合比，混合、浇筑与振捣，养护脱模等步骤。混凝土制作几乎每个环节的工作都会影响到它的强度和性能。

11.3.1 选择原材料

1. 水泥

结构混凝土应用的水硬性胶凝材料主要是硅酸盐水泥及其变种，硅酸盐水泥混凝土性能的发展是硅酸盐水泥矿物与水反应的结果，水泥的性能在很大程度上决定了混凝土的性能。水泥的基本特性见 10.2 节。

2. 骨料

又称集料，是混凝土的主要组分，约占混凝土体积总量的 75% ~ 80%，其相对廉价且不与水发生反应。骨料对混凝土的多种性能有明显影响，对制备混凝土有重要意义。

骨料特性包括级配、含水率、颗粒形状、表面构造、抗压强度，以及有害物质的种类等。骨料的价格比水泥低，因此工程上会在混凝土中多掺入骨料（但经济性并不是使用骨料的唯一原因）。掺入骨料还有助于提高混凝土的体积稳定性和耐久性。骨料的许多特性都需要实验室检测，但级配可以通过宏观控制。骨料中各种大小不同的颗粒之间的数量比例，称为骨料的级配。对于混凝土来说，最基本的要求之一就是要有粗细骨料的合理搭配，即良好的级配。骨料的级配如果选择不当，以致骨料的比表面积、空隙率过大，则需要更多的水泥浆，才能使混凝土获得一定的流动性，填充骨料间的空隙。

过去天然矿物骨料占混凝土中骨料总量的 90% 以上。现在许多骨料均为人工制成，如再生骨料（废弃混凝土，还有碎砖、瓦、玻璃、陶瓷、炉渣、矿物废料等）。

11.3.2 确定配合比

混凝土的配合比即组成混凝土的水、水泥、细骨料和粗骨料，以及其他一些可能的特殊成分配合比，如辅助胶凝材料、减水剂等，目的是确定可获得的混凝土材料的最经济组合，以满足在特定使用条件下混凝土所需性能的要求，图 11–3 为混凝土配合比的影响因素。

混凝土的配合比设计主要指选择适宜的材料，并进行有关的配合比计算，以便依据配合比计算值进行混合料的称量及生产。混凝土的结构设计一般并不涉及配合比设计，只是要求混凝土达到一定的强度和耐久性设计指标。另外，为便于浇筑施工作业，应考虑混凝土的工作度，这不仅包括混凝土从搅拌机中卸出时的坍落度，还应包括在浇筑前对坍落度损失的控制。由于浇筑施工条件的变化，混凝土工作度的选择也会有一些变化。在进行混凝土的配合比设计时，还应考

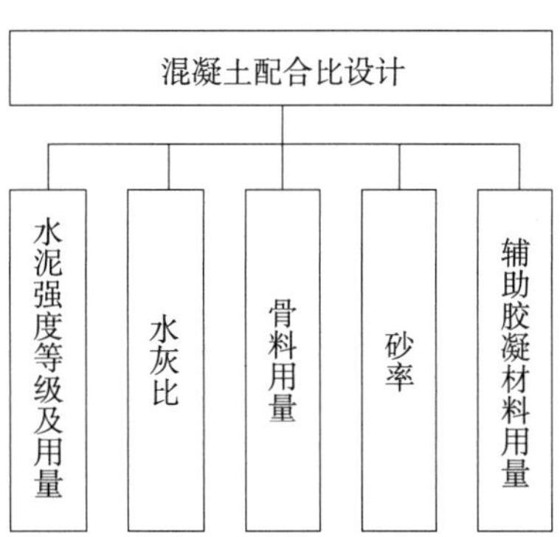

图 11–3 混凝土配合比的影响因素

虑混凝土的输送方法。其他主要的指标还包括：凝结时间、泌水程度、可加工性等。若在配合比设计时未充分考虑这些指标要求，则可能会导致浇筑施工的困难及混凝土质量的降低。

由于混凝土的有关规范大多属于一些指导性要求，混凝土的配合比设计还要有其他的技术考虑，即在配合比设计之前，根据混凝土结构的实际使用目的、暴露条件、结构对混凝土物理性质（包括强度）的要求、结构尺寸和形状等，选择适宜的混合料特性。一旦这些特性被确定后，混凝土就可以依据现场或试验室数据进行配合比设计。由于硬化混凝土的许多所需物特性主要取决于水泥浆体的性质，混凝土配合比设计的第一步也多是依据强度和耐久性要求选择适宜的水灰比。

混凝土强度是最常用的质量测定指标。其他质量指标包括耐久性、渗透性和耐磨性。对十大多数普通混凝土，其抗压强度一般与水灰比成反比（图 11–4）。水灰比是混凝土中添加的水的量和水泥的量的比值，是影响混凝土强度的主要因素，在某一范围内，水灰比与混凝土的抗压强度会有近似线性的关系（图 11–4）。或者说采用坚硬、洁净的集料，并经充分密实的混凝土，在给定使用条件下，混凝土的强度及其他所需特性均受单位质量水泥的搅拌用水量的控制。

11.3.3 混合、浇筑与振捣

1. 水泥的水化

混凝土作为混合材料，不同原材料的胶结通过水泥与水的化学反应（一般称为水泥水化）实现。水化反应所生成的水化产物具有凝结和硬化的特性。水化反应对混凝土具有多方面的影响：水化反应会释放热量，有时对工程是有益的（例如冬季的混凝土施工，气温太低无法提供水化反应所需的活化能时），有时对工程又是有害的（例如大体积混凝土施工）；水化反应的速率决定了硬化的时间，通常希望开始时的反应是缓慢的，以确保混凝土完成浇筑，而在完成浇筑后，又希望其快速完成硬化。

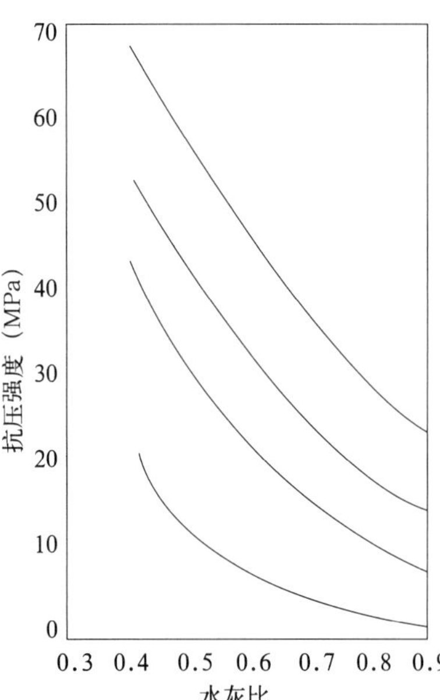

图 11–4 水灰比与混凝土抗压强度的关系

水泥水化过程的物理特性也直接影响了混凝土的拌和过程，如稠化、凝结、硬化等。

稠化指可塑性水泥浆体稠度降低，与混凝土的坍落度损失现象密切相关。浆体的可塑性源自于水泥浆中的自由水。由于水化物生成、钙矾石和 C–S–H 等结晶不良产物表面吸水，混凝土系统中逐渐失去自由水，从而引起浆体稠化并最终凝结和硬化。

凝结指可塑性水泥浆体的固化。固化的开始称为初凝，它标志着浆体开始失去可塑性的时间。因此，超过这一阶段后，混凝土的浇筑、捣实、抹面都会变得非常困难。浆体并不是突然固化，它需要一定的时间才具有充分的获得刚性。完全固化的时间即终凝时间，如果过长会延误后续施工。

在混凝土技术中，强度随时间增加的现象称为硬化。刚终凝的硅酸盐水泥浆体强度很低或者没有强度，因为此时主要矿物硅酸三钙才开始水化。但硅酸三钙水化一旦开始，反应将持续数周。随着浆体中的孔隙逐渐被反应产物填满，浆体的孔隙率和渗透性降低，强度提高。

2. 混合

混合是通过搅拌实现的，通常是使用专门的混凝土搅拌设备，在小体积混凝土使用人工搅拌。我国近代历史时期的混凝土建筑施工多为人工搅拌。混合后的混凝土具备一定的流动性，其流动的指标主要通过坍落度来表示。

3. 浇筑

混凝土各组分充分混合后，就可进行浇筑。用于浇筑的模板（多为木质模板、铁质模板和塑料模板）必须准确安装，各接缝之间必须紧密且固定牢靠。模板表面必须干净，木质模板如果没有上油或是用其他脱模处理剂处理过，则在混凝土浇筑前必须进行湿润处理，否则木质模板会从混凝土中吸水，并产生膨胀，同时改变混凝土的水灰比。

4. 振捣

在浇筑完成后，需要随即对混凝土进行振捣，目的是将新浇筑的混凝土在模板内及钢筋周围充分压实成型，并尽量消除孔穴、蜂窝结构及夹裹的气体。适度的振捣同时可以使混凝土在浇筑后更加均匀，但是过度振捣可能导致混凝土的分层离析。有较高的工作度、流动性好的混凝土料可以采用人工捣实。捣拌棒应有足够的长度，以触到浇筑层的底部，但不宜过粗，应能够穿过钢筋笼的间隙。机械振捣可用于低水灰比、高粗骨料含量的稠混凝土料的捣实，且钢筋的密集布置也不会对振捣产生不利的影响。

11.3.4 混凝土养护脱模

混凝土养护指促进水泥水化的各项条件的组合，也就是在混凝土拌合物浇筑入模后达到设计强度的时间内，控制温度，防止水分损失。养护不当会导致混凝土强度不够和耐久性降低等不利情况。

1. 时间

混凝土技术中的时间 – 强度关系通常建立在常温和潮湿养护的假设条件下。水灰比一定时，假设未水化水泥颗粒一直水化，则潮湿养护的时间越长，混凝土强度会越高。若以空气养护为主，混凝土中的水分会经毛细孔蒸发而减少，导致水化反应进行缓慢，则强度不会随着养护时间变长而增大。图 11–5 为不同养护条件下混凝土强度随龄期的变化。

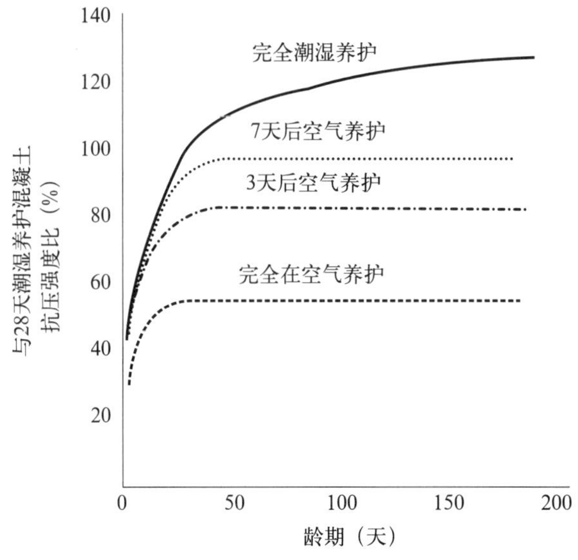

图 11–5　不同养护条件下混凝土强度随龄期的变化

2. 湿度

养护时的环境湿度对混凝土强度有明显影响，即在一定的水灰比下，完全潮湿环境养护的混凝土在 180 天后抗压强度是在空气养护混凝土的 2 ~ 3 倍（图 11–5）。

3. 温度

时间 – 温度历程对混凝土强度的影响在混凝土施工实践中有着重要应用。对于混凝土强度，养护温度远远比浇筑温度重要。在寒冷天气浇筑的普通混凝土必须在某一最低温度之上养护足够长的时间。夏季或热带气候下养护的混凝土与冬季或寒冷气候下养护的同种混凝土相比，早期强度更高，但最终强度却较低。

一般来说，养护温度越低，28 天前的强度越低；在冰点附近的养护温度下，混凝土 28 天强度大约只有 21℃养护的混凝土强度的一半；低于冰点温度养护的混凝土，几乎没有强度。由于硅酸盐水泥矿物的水化反应缓慢，所以必须在充足的时间内维持足够的温度水平，为反应提供所需的活化能，反应才能进行。这样，水化产物逐渐填充孔隙，混凝土的强度才能顺利地发展。

脱模一般是混凝土在“早龄期”的最后一道工序。脱模工序对成本经济具有重要意义。一方面，较快地脱模可以使建筑造价降低；另一方面，如果混凝土未达到足够强度就脱模则会使混凝土结构破坏失效。因此，只有混凝土强度足以承担自重荷载和施工荷载所产生的应力时才能脱模。

11.4 病状病理

由于建筑物所处环境条件的影响、施工质量的不佳或设计不当，混凝土往往产生种种病害，大多会降低建筑物质量，缩短使用寿命。混凝土病害的成因及表征复杂而繁多，可以从不同的角度、不同的标准分为不同的类别。如裂缝、蜂窝、麻面、孔洞，中性化，内部钢筋锈蚀，化学性侵蚀，以及碱－骨料反应等。

11.4.1 裂缝

在设计钢筋混凝土结构时，一般假设混凝土会由于温度应力和干湿循环而开裂。然而，通过仔细设计和细部处理，裂缝可以得到控制。从原理上说，温度收缩裂缝可以被预测和控制，但由于其他一些原因，混凝土也会发生大范围的开裂。要分析不同裂缝成因并不容易，通常需要实验室测试以及搜集项目的历史记录，包括混凝土配合比设计、浇筑条件、养护方法、拆模和加荷历程等。根据英国混凝土协会的研究报告，混凝土结构中的各种裂缝如图 11–6 所示。

开裂不仅会导致强度降低，而且会加速钢筋的锈蚀，使混凝土结构寿命大大缩短（图 11–7）。当碳化深度大于保护层厚度时，会引起钢筋锈蚀，当其锈蚀而产生的膨胀应力超过混凝土的抗拉强度时，混凝土就会产生裂缝，随着裂缝的扩展，更多侵蚀性介质的入侵，最终会导致混凝土剥落，性能退化（图 11–8）。

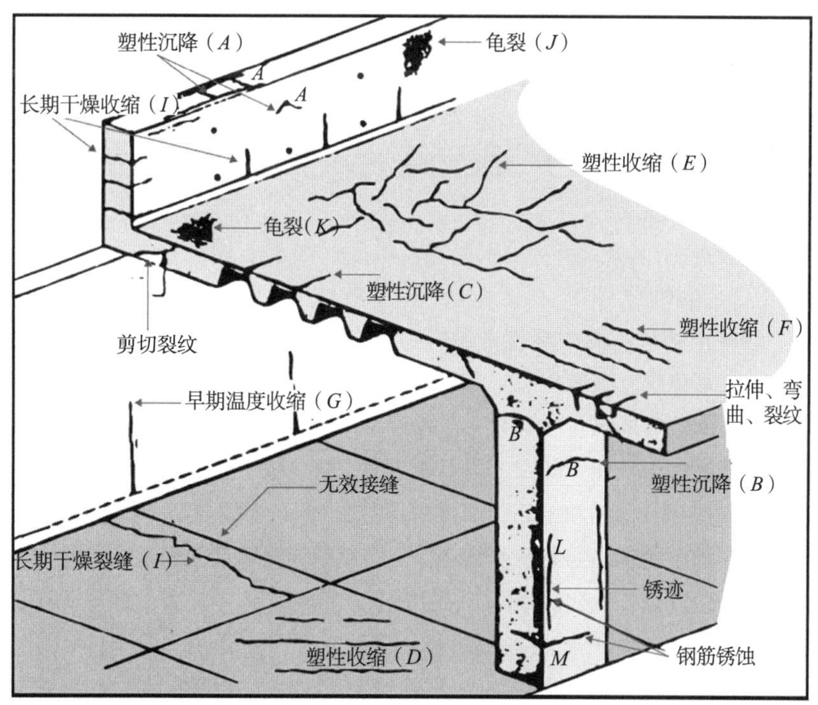

图 11–6 混凝土结构中的各种裂缝

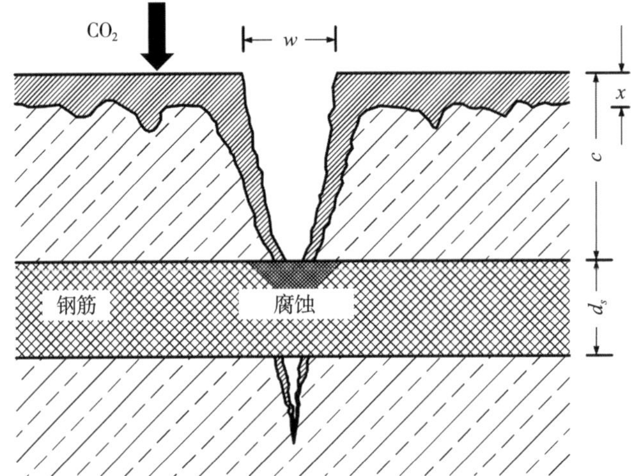

图 11-7 开裂可导致未碳化部位的钢筋锈蚀
x－碳化深度；c－保护层厚度；d_s－钢筋直径/边长；w－裂缝宽度

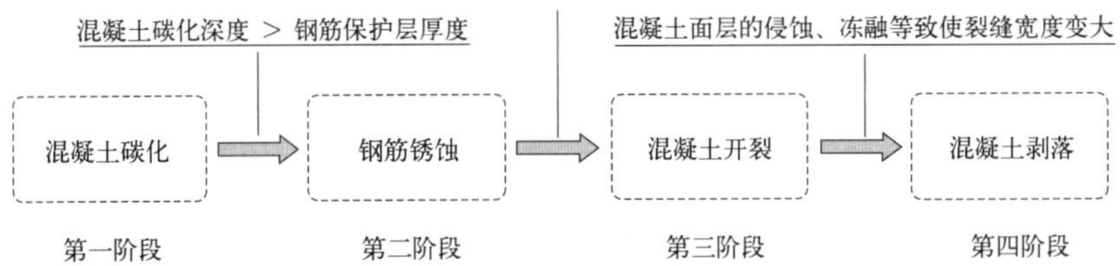

图 11-8 钢筋混凝土结构性能退化过程示意图

11.4.2 蜂窝、麻面、孔洞

蜂窝指混凝土结构局部出现酥松、砂浆少、石子多，石子之间形成空隙类似蜂窝状的空洞；麻面指混凝土局部表面出现缺浆和许多小凹坑、麻点形成粗糙面，但无钢筋外露现象；孔洞指混凝土结构内部有尺寸较大的空隙、局部没有混凝土或蜂窝特别大，钢筋局部或全部裸露的现象。这些常是由于混凝土配合比不当、混凝土搅拌时间不足或坍落度太小、模板表面粗糙、模板湿润度不够、混凝土振捣不实、气泡未排除，以及混凝土振捣不实等原因造成的。

11.4.3 中性化

混凝土结构周围的环境介质（空气、水、土壤等）中所含的酸性物质，如二氧化碳、二氧化硫、氯化氢等与混凝土表面接触，并渗透至材料内部，与水泥石的碱性物质发生化学反应，使混凝土中的 pH 下降的过程称为混凝土的中性化。其中，由大气中的二氧化碳引起的中性化过程称为混凝土的碳化。通常情况下，早期的混凝土 pH 一般大于 12.5，在高碱环境中，结构中的钢筋容易发生钝化作用，使钢筋表面产生一层钝化膜，阻止钢筋锈蚀。当二氧化碳渗入混凝土的孔隙和毛细孔中，而后溶解于孔溶液，与水泥的水化产物氢氧化钙 [$Ca(OH)_2$]、水化硅酸钙（CSH）等发生化学反应后生成碳酸钙和水，使混凝土碱性降低。当混凝土完全碳化后，就会出现 pH 小于 9 的情况，钢筋表面的钝化膜会逐渐破坏，钢筋容易锈蚀。钢筋锈蚀会产生膨胀，导致混凝土保护层开裂、钢筋与混凝土之间的粘结力破坏、钢筋受力界面减小、结构耐久性降低等一系列不良后果。

碳化反应是一个复杂的物理化学过程，溶解在孔隙中的二氧化碳与氢氧化钙发生化学反应生成碳酸钙。同时 C–S–H 也会在固液界面上发生碳化反应，主要化学反应式如下：

$$C-S-H+CO_2 \longrightarrow CaCO_3+SiO_2 \cdot nH_2O+H_2O \qquad (11-1)$$

碳化反应的结果是一方面生成的碳酸钙和其他固态物质堵塞在混凝土孔隙中，使混凝土的孔隙率下降，大孔减少，从而减弱了后续的二氧化碳扩散，并使混凝土密实度提高；另一方面，孔隙水中氢氧化钙浓度及 pH 降低，导致钢筋脱钝而锈蚀。

11.4.4 内部钢筋锈蚀

混凝土中水泥水化后在钢筋表面形成一层致密的钝化膜，故在正常情况下钢筋不会锈蚀。但钝化膜一旦遭到破坏，在有足够水和氧气的条件下会产生电化学腐蚀。在无杂散电流的环境中，有两个因素会导致钢筋钝化膜破坏：混凝土中性化（主要形式是碳化）使钢筋位置的 pH 降低；或足够浓度的游离 Cl^- 扩散到钢筋表面。当钢筋表面钝化膜遭到破坏后，钢筋处于"活化"状态，空气中的水和氧气可以和钢筋表面直接接触，钢筋表面存在电位差，钢筋发生电化学腐蚀。电化学腐蚀过程包括下述 4 个基本过程。

1. 阳极反应过程

阳极区铁原子离开晶格转变为表面吸附原子，然后越过双电层放电转变为阳离子（Fe^{2+}），并释放电子，这个过程称为阳极反应。

2. 电子传输过程

即阳极区释放的电子通过钢筋向阴极区传送。

3. 阴极反应过程

阴极区由周围环境通过混凝土孔隙吸附、渗透。扩散作用进来并溶解于孔隙水中的氧气吸收阳极区传来的电子，发生还原反应，生成阴离子（OH^-）。

4. 腐蚀产物生成过程

阳极区生成的阳离子（Fe^{2+}）向周围水溶液深处扩散、迁移，阴极区生成的阴离子（OH^-）通过混凝土孔隙和钢筋与混凝土界面的空隙中的电解质扩散到阳极区，与阳极附近的阳离子（Fe^{2+}）反应生成氢氧化亚铁，氢氧化亚铁被进一步氧化成氢氧化铁，氢氧化铁脱水后变成疏松、多孔的红锈氧化铁；在少氧条件下，氢氧化亚铁氧化不完全，部分形成黑锈四氧化三铁。最终的锈蚀产物取决于氧气和水的供给情况，铁生锈体积膨胀的程度随氧化程度的提高而增大，如图 11–9 所示。

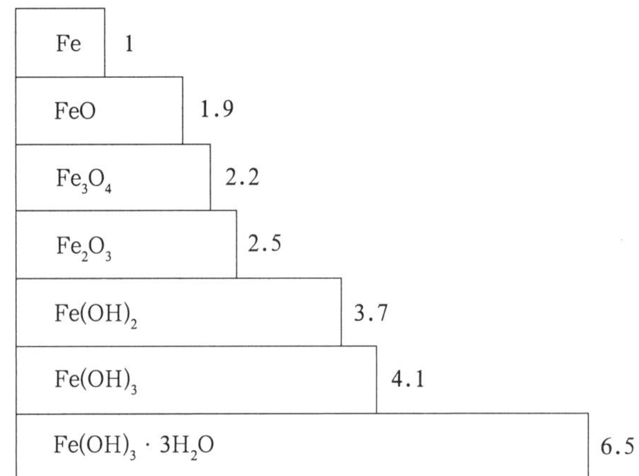

图 11-9　铁氧化时的体积膨胀倍数示意图

从理论上讲，如果有足够水分，铁锈体积可达到钢材体积的近 7 倍。因此，钢筋锈蚀膨胀引起锈蚀表面的混凝土剥落，从而导致钢筋混凝土构件中的钢筋未被混凝土包裹而外露。

钢筋锈蚀所导致的直接结果是钢筋的截面面积减小，不均匀锈蚀导致钢筋表面凹凸不平，产生应力集中现象，使钢筋的力学性能退化，如强度降低、脆性增大、延性变差，导致构件承载能力降低。此外，混凝土中的钢筋表面生成一层疏松的锈蚀产物（mFeO · $n$$Fe_2O_3$ · $r$$H_2O$）向周围混凝土孔隙中扩散，使钢筋外围混凝土产生环向拉应力，当环向拉应力达到混凝土的抗拉强度时，在钢筋与混凝土界面处将出现内部径向裂缝。

钢筋与混凝土间锈蚀层导致摩擦力下降、钢筋表面横肋的锈损、混凝土保护层的开裂或剥落都会导致钢筋混凝土粘结锚固性能降低甚至完全丧失，最终影响钢筋混凝土结构构件的安全性和适用性。钢筋锈蚀对结构性能的影响如图 11-10 所示。

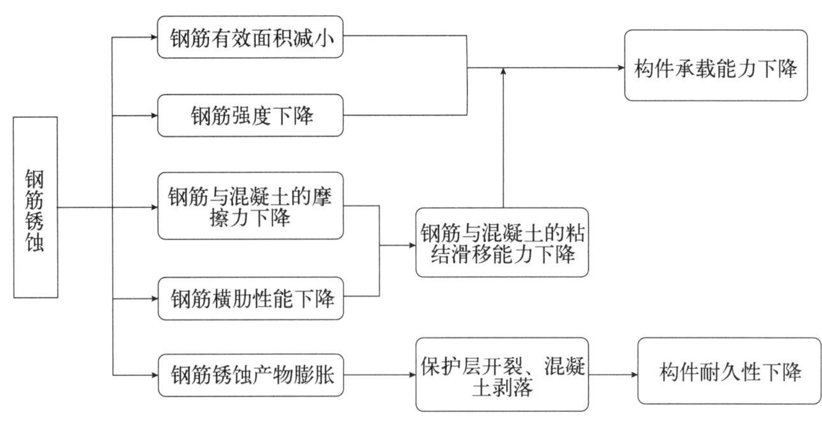

图 11-10　钢筋锈蚀对结构性能的影响

11.4.5　化学性侵蚀

对混凝土有侵蚀性的介质包括酸、碱、硫酸盐等。混凝土的化学侵蚀可分为 3 类。第一类是某些水化产物被水溶解、流失，如混凝土在水作用下的溶出性侵蚀；第二类是混凝土的某些水化产物与介质起化学反应，生成易溶或没有胶凝性能的产物，如酸、碱对混凝土的溶解性侵蚀；第三类是混凝土的某些水化产物与介质起化学反应，生成膨胀性的产物，如硫酸盐对混凝土的膨胀性侵蚀。

1. 溶出性侵蚀

密实性较差、渗透性较大的混凝土，在一定压力的流动水中，水化产物氢氧化钙会不断溶出并流失。氢氧化钙是维持水化硅酸钙与水化铝酸钙稳定的重要条件，氢氧化钙的溶出使水化硅酸钙和水化铝酸钙失去稳定性而水解、溶出，这些水化产物的溶出使混凝土的强度不断降低。一般而言，只有在含钙量较少的软水环境（如雨水、冰雪融化的水）且为压力流动水时，氢氧化钙才会不断溶出、流失，溶出性侵蚀才会发生。在修缮过程中，可采用高分子涂层防止氢氧化钙的流失。

2. 溶解性侵蚀

环境水的 pH 小于 6.5 以及高浓度的碱溶液或溶融状碱会对混凝土产生侵蚀作用，但在一般的自然环境中并不多见，这些溶解性侵蚀情况主要发生在工业区。

3. 膨胀性侵蚀

硫酸盐与混凝土水化产物发生化学反应，对混凝土产生膨胀破坏作用，是典型的膨胀性侵蚀。硫酸盐侵蚀是混凝土化学侵蚀中最广泛的形式（图 11–11）。其中，硫酸钠、硫酸钾、硫酸钙、硫酸镁等硫酸盐均会对混凝土产生侵蚀作用。土壤中硫酸盐的浓度超过一定限值时就会对混凝土产生侵蚀作用。硫酸盐侵蚀过程中钙矾石、石膏和硅钙石的产生是引起混凝土侵蚀破坏的主要原因。

图 11–11　硫酸盐侵蚀下的混凝土

1）石膏腐蚀

溶液中的硫酸钠（Na_2SO_4）、硫酸钾（K_2SO_4）、硫酸镁（$MgSO_4$）与水泥水化产物氢氧化钙反应生成石膏，以硫酸钠为例，发生如下化学反应。

$$Ca(OH)_2+Na_2SO_4+2H_2O \longrightarrow CaSO_4 \cdot 2H_2O+2NaOH \qquad (11\text{–}2)$$

在流动的水中，这种反应可不断进行，直至氢氧化钙被完全消耗；在不流动的水中，随着氢氧化钠的聚集，可达到化学平衡，一部分硫酸根离子（SO_4^{2-}）以石膏形式析出。氢氧化钙转化为石膏，体积是原来的两倍多，从而对混凝土产生膨胀破坏作用。

2）钙矾石腐蚀

水泥熟料矿物铝酸钙的水化产物水化铝酸钙及水化单硫铝酸钙都能

与石膏反应生成水化三硫铝酸钙（钙矾石）。钙矾石的溶解度很低，容易在溶液中析出。水化铝酸钙和水化单硫铝酸钙转化为钙矾石，体积大量增加，从而对混凝土产生破坏作用。

3）硅钙石腐蚀

在混凝土遭受硫酸盐侵蚀过程中，还会产生另一种膨胀性产物——硅钙石，其化学式是 $CaCO_3 \cdot CaSO_4 \cdot CaSiO_3 \cdot 15H_2O$，是氢氧化钙和碳酸钙与无定形的二氧化硅及石膏在低温条件下形成的。硅钙石使混凝土表面产生胀裂、鼓泡和凸起等现象。

4）硫酸镁对水化硅酸钙的腐蚀

硫酸钙对混凝土产生钙矾石和硅钙石腐蚀，硫酸钠、硫酸钾和硫酸镁对混凝土同时产生钙矾石、硅钙石和石膏腐蚀，而硫酸镁还能与水化硅酸钙发生如下反应，分解水泥水化产物——水化硅酸钙，破坏其胶凝性，比其他硫酸盐具有更强的破坏作用。

$$3CaO \cdot 2SiO_2 \cdot 3H_2O+3MgSO_4+10H_2O \longrightarrow$$
$$3(CaSO_4 \cdot 2H_2O)+3Mg(OH)_2+2SiO_2 \cdot 4H_2O \tag{11-3}$$

受硫酸盐侵蚀的混凝土的特征是表面发白，损坏一般从棱角开始，接着裂缝开展，表层剥落。

11.4.6 碱－骨料反应

指混凝土中的碱性物质与碱活性骨料间发生膨胀性反应。这种反应会引起明显的混凝土体积膨胀和开裂，改变混凝土的微结构，使混凝土的抗压强度、抗折强度、弹性模量等力学性能明显下降，严重影响结构的安全使用性，而且一旦发生很难阻止，更不易修补和挽救，被称为混凝土的"癌症"。一般认为，碱－骨料反应的发生需要同时满足如下 3 个条件：骨料为活性骨料；混凝土原材料（包括水泥、混合材料、外加剂和水等）中含碱量高；潮湿环境，有充分的水分或湿空气供应。

碱－骨料反应主要包括 3 种：碱－硅酸反应、碱－碳酸盐反应和碱－硅酸盐反应。其中最常见的是碱－硅酸反应。混凝土中的碱与骨料中的活性二氧化硅发生反应，生成碱性硅酸盐凝胶，该凝胶吸水膨胀（生成物体积膨胀至原物质 3 ～ 4 倍），从而在混凝土内部产生较大的膨胀压和渗透压，致使混凝土开裂。碱指水泥中所含的钠和钾的氧化物，首先在混凝土内部的水泥水化反应中生成强碱性氢氧化物，反应式如下：

$$Na_2O+H_2O \longrightarrow 2NaOH \tag{11-4}$$

$$K_2O+H_2O \longrightarrow 2KOH \tag{11-5}$$

然后氢氧化钠和氢氧化钾再与粗细骨料中的非结晶活性氧化硅相作用，生成碱－硅酸凝胶，反应式如下：

$$2NaOH+SiO_2 \longrightarrow Na_2SiO_3 \cdot nH_2O(\text{在 } H_2O \text{ 环境下}) \tag{11-6}$$

$$2KOH+SiO_2 \longrightarrow K_2SiO_3 \cdot nH_2O(\text{在 } H_2O \text{ 环境下}) \qquad (11-7)$$

碱－硅酸反应的破坏特征是：混凝土表面产生杂乱的网状裂缝，或在骨料周围出现反应环；在破坏区的试样中可测定碱－硅酸凝胶；在构件裂缝中，可以发现碱－硅酸凝胶失水硬化形成的白色粉状物。

11.5 检测鉴定和结构修缮设计

混凝土结构检测鉴定和保护修缮设计已有相应技术标准和导则。在此仅介绍检测鉴定和保护修缮设计相关的要领。

11.5.1 检测鉴定

当建筑的原始设计图纸资料不全时，需先进行现场测绘，包括结构布置、结构形式、截面尺寸、支承与连接构造、结构材料等。然后，对建筑主体结构的现状进行一般调查，包括结构作用，建筑物内外环境的调查；对各种构件（混凝土梁、板、柱、砖墙）的外观结构缺陷进行逐个检查。材料方面，需要检测混凝土强度（图 11－12）、碳化深度、保护层厚度、钢筋布置情况等。此外，对出现钢筋锈蚀、露筋、外墙渗水等部位需要进行深入勘察评估。在了解材料强度和构件配筋情况后，对主体结构进行复核计算。根据现场测绘、勘察、测试得到的结构信息，结合计算分析结果，对建筑结构的安全现状做出鉴定评价，为后续保护修缮设计提供科学依据。

11.5.2 保护修缮设计

如果建筑为文物保护单位，加固修缮设计严格应严格按照《中华人民共和国文物保护法》《中华人民共和国文物保护法实施条例》《文物保护工程管理办法》的有关规定执行，即不改变建筑原有立面风貌和初始格局，同时在保护修缮设计中确保结构安全。保护修缮设计原则主要有：依法保护原则；真实性原则；完整性原则；安全性原则。

(a)

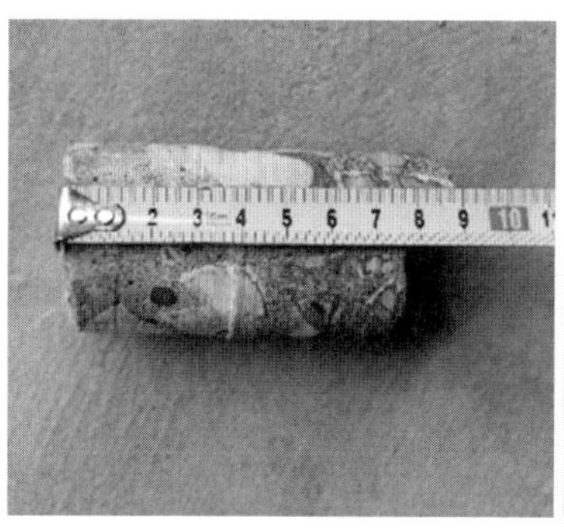
(b)

(c)

图 11-12 对建成混凝土进行材料学检测
（a）回弹仪检测混凝土强度；
（b）取芯检测碳化深度（红色区域显示混凝土没有碳化）；
（c）钢筋探测仪检测混凝土保护层厚度和钢筋布置情况

11.6 混凝土结构保护技术

钢筋混凝土遗产建筑的结构构件加固修缮的程序一般包括基层处理（清除松散层、污物、钢筋除锈等）、界面处理（考虑新旧界面结合等）、修复处理（修复、加固、裂缝处理等）、表层处理等步骤。根据残损原因、残损程度、施工条件及环境条件的不同，各个步骤应选择与其相适应的配套修复技术。当钢筋混凝土遗产建筑的结构构件外观状况较好且承载力满足后续使用荷载要求时，为了提高耐久性也可仅进行基层及表面处理。其中，基层处理通常先用高压水、喷砂或磨刷除去混凝土表面油污和原有涂层，剔除修复局部劣化混凝土（如空鼓起壳、剥落和顺筋裂缝等），然后用表面渗透型阻锈剂喷涂或涂刷在混凝土表面上（图 11–13），待表面干燥 2 ~ 6h 后，涂第 2 遍，待 2 ~ 6h 再涂第 3 遍，每遍涂刷用量 0.1 ~ 0.2kg/m^2，3 遍共 0.5kg/m^2，等待渗透 24h，将混凝土表面残留物冲掉，不影响以后涂刷彩色涂料。使用这种渗透型阻锈剂不改变混凝土 pH，在碳化混凝土也证明有效，不影响混凝土对钢筋的握裹力，不影响混凝土的渗透性。

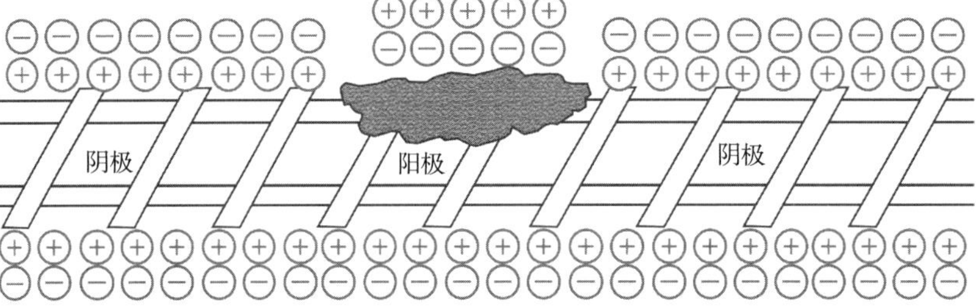

图 11–13 渗透型阻锈剂的防护作用

表面处理一般在混凝土表面涂刷特定防护涂料，以防止有害离子侵入、减小混凝土结构破坏、提高混凝土结构耐久性。按照所用胶粘剂的化学成分的不同，可将表面防护涂层分为 3 类：无机类、有机类和混合类。其中，无机类包括各种硅酸盐水泥；有机类主要是各种聚合物材料，包括合成树脂和合成橡胶，如环氧树脂、丙烯酸酯和有机硅等；混合类主要指聚合物与硅酸盐水泥混合。按照作用方式的不同，亦可分为成膜型（物理方式）和渗透型（化学方式）涂料。成膜型是利用防护涂层自身成膜来阻挡腐蚀介质进入混凝土，这种涂层方式的混凝土防护效果与形成膜的性质密切相关，膜的性质好坏直接影响混凝土耐久性优劣；渗透型涂料指混凝土防护剂渗入混凝土内部，与水泥石孔隙中的水泥水化产物发生复杂的物理化学反应生成新的物质，这种新的物质具有较强的憎水性，能够改变水泥石孔壁与水的润湿角，进而有效阻止以水为载体的腐蚀性介质侵入。目前，应用较为广泛的渗透型表面防护涂层主要有两种，即水泥基渗透结晶型和有机硅类渗透型。

11.6.1　混凝土柱的适应性保护技术

对于钢筋混凝土遗产建筑中的混凝土柱构件，可根据不同的损伤程度制定以下加固修缮方案。

1）若检测结果表明混凝土碳化深度小于钢筋保护层厚度时，可采用表面涂抹渗透型混凝土耐久性防护涂料。涂料要求为：必须具有很好的抗侵蚀性和抗老化性，能与混凝土表面良好地结合，尽可能不影响混凝土柱的色泽（特别是彩绘）的色彩，建议采用有机硅类渗透型涂料进行防护处理。有机硅渗透型涂料可阻止水分及氯离子的渗透，从而对混凝土腐蚀与破坏起关键作用。如硅烷，其组合基团能与水发生水解反应脱去醇，形成三维交联有机硅树脂，其羟基与混凝土有很好的亲和力，从而使它和混凝土牢固地连接起来，非极性的有机基团向外排列形成憎水层，改变混凝土的表面特性，又能起疏水作用（图 11–14）。可在混凝土表面 2 ~ 10mm 内的毛细孔内壁形成一层均匀致密且明显的立方憎水网络结构，降低有害离子的渗透速度，防止钢筋锈蚀，提高混凝土的耐候和耐腐蚀性能，并且混凝土的色泽不受影响。

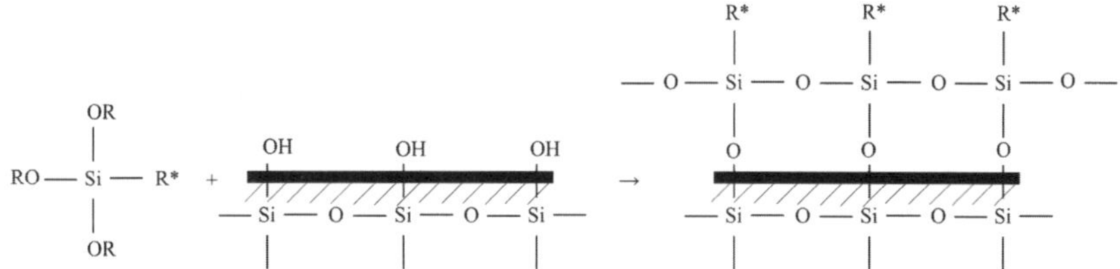

图 11–14　硅烷类渗透型涂料作用机理示意图

2）若检测结果表明混凝土碳化深度接近钢筋保护层厚度，钢筋尚未锈蚀。可通过满裹碳纤维布或外包钢板的方法进行加固（图 11–15）。这样一方面隔绝了空气与混凝土柱的直接接触，避免碳化的进一步发展；另一方面提高了混凝土柱的承载力。

3）若检测结果表明混凝土碳化深度大于钢筋保护层厚度，且钢筋已

图 11–15　满裹碳纤维布加固柱（左）、外包钢板加固柱（右，也适用梁的加固）

开始锈蚀。可先将表面混凝土碳化层凿除，对已经锈蚀的钢筋进行除锈处理，视情况和结构需要加补钢筋。然后采用聚合物砂浆或灌浆料进行修复（图 11–16）。加固修复后一方面恢复或提高了混凝土柱的承载能力，另一方面确保了混凝土柱的耐久性，阻止或尽可能减缓外界有害气体进入混凝土内侵蚀，使其内部和钢筋一直处在碱性环境中。

图 11–16 灌浆料加固柱、梁

11.6.2 混凝土梁的适应性保护技术

对于钢筋混凝土遗产建筑中的混凝土梁构件，可根据不同的损伤程度制定以下加固修缮方案。

1）若检测结果表明混凝土碳化深度小于钢筋保护层厚度，可采用表面涂抹渗透型混凝土耐久性防护涂料。涂料要求必须具有很好的抗侵蚀性和抗老化性，能与混凝土表面良好地结合，并对下一道的外装饰工序和工程的整体外观无不利影响。若混凝土梁表面存在彩绘，则建议采用有机硅类渗透型涂料进行防护处理；若混凝土梁表面无彩绘，可采用水泥基的无机涂料（如水泥基渗透结晶型涂料）对混凝土进行防护处理，待涂抹防护涂料结束后，再重新进行混凝土梁的油漆工序或装饰工程。水泥基渗透结晶型涂料是一种刚性防水材料，是由硅酸盐水泥、石英砂、特殊的活性化学物质，以及各种添加剂组成的无机粉末状防水材料，涂在混凝土表面能发生物理化学反应并形成大量不溶于水的枝蔓状晶体，它吸水膨胀起到密实和防护的作用。而且其中含有低分子量的可溶性物质，可通过表面水对结构内部的浸润，带入内部孔隙中，与混凝土中的氢氧化钙生成膨胀的硅酸盐凝胶，堵塞了混凝土内部的孔隙，使混凝土结构从表面至纵深逐渐形成一个致密区域，可阻止水分子和有害物质的侵入，如图 11–17 所示。

2）若检测结果表明混凝土碳化深度接近钢筋保护层厚度，钢筋尚未锈蚀。可采用满裹碳纤维布或外包钢板的方法进行加固（图 11–15）。这样一方面隔绝了空气与混凝土梁的直接接触，避免碳化的进一步发展；另一方面适当地提高了混凝土梁的承载力。

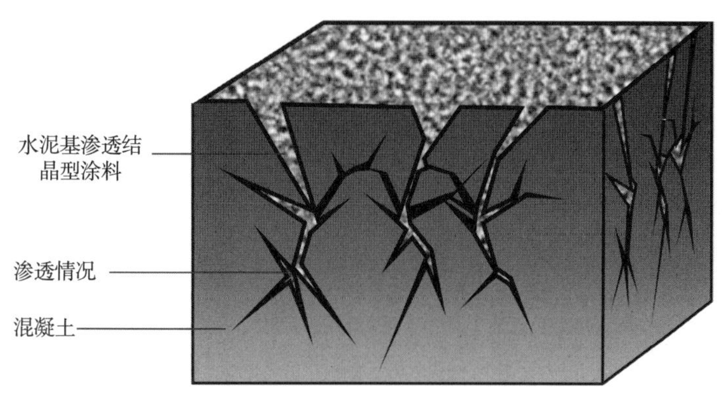

图 11-17　混凝土渗透结晶示意图

3）若检测结果表明混凝土碳化深度大于钢筋保护层厚度，且钢筋已开始锈蚀。可先将表面混凝土碳化层凿除，对已经锈蚀的钢筋进行除锈处理，视情况和结构需要加补钢筋。然后采用聚合物砂浆或灌浆料进行修复（图 11-16）。

11.6.3　混凝土板的适应性保护技术

钢筋混凝土遗产建筑的楼、屋面板一般损坏较为严重，容易出现开裂或漏水，会影响到楼、屋面板的结构安全。对于钢筋混凝土建筑中的板构件，可根据不同的损伤程度制定以下加固修缮方案。

1）当混凝土板损伤程度不大时，可采用钢筋网聚合物砂浆修复技术在原混凝土板底部新增一层 30mm 厚的叠合板进行加固（图 11-18）。加固修复后一方面恢复或提高了混凝土板的承载能力，另一方面确保了混凝土板的耐久性和防水性。

图 11-18　钢筋网聚合物砂浆修复

2）当混凝土板损伤程度较大时，可将混凝土板采用无损切割技术进行拆除，然后采用植筋技术重新配置钢筋，浇筑新的混凝土板（图 11-19），这种方法可以最大限度地提高混凝土板的耐久性和承载力。

(a)　　(b)

图 11-19　混凝土板置换
(a) 植筋;
(b) 浇筑新楼板前

11.7　清水混凝土保护修复注意事项

清水混凝土是近现代工业遗产建筑以及现代艺术品（部分列入文保名录）常见一种结构与装饰融合的特殊混凝土类型（图 11-20），是直接利用混凝土成型后的自然质感作为饰面效果的混凝土。清水混凝土产生于 20 世纪 20 年代。随着混凝土广泛应用于建筑施工领域，建筑师们逐渐把目光从将混凝土作为一种结构材料转移到材料本身所拥有的质感上，开始用混凝土与生俱来的装饰性特征来表达建筑传递出的情感。20 世纪末，随着生态建筑不断发展，人们环保意识不断提高，返璞归真的自然思想深入人心，我国的清水混凝土工程也逐渐得到了发展和应用。

(a)

(b)

图 11-20　两种不同规模的清水混凝土
(a) 现代混凝土艺术品，世界文化遗产，德国;
(b) 列入文物保护点的近代混凝土桥梁，湖州
(图片来源：戴仕炳)

清水混凝土是名副其实的生态混凝土。混凝土结构不需要装饰，直接采用现浇混凝土的自然表面效果作为饰面，舍去了涂料、饰面等化工产品；清水混凝土结构一次成型，不同于普通混凝土，表面平整光滑、色泽均匀、棱角分明、无碰损和污染，不剔凿修补、不抹灰，减少了大量建筑垃圾产生；清水混凝土避免了抹灰开裂、空鼓甚至脱落等质量隐患，减少了结构施工的漏浆、楼板裂缝等诸多质量通病。清水混凝土可分为普通清水混凝土、饰面清水混凝土和装饰清水混凝土。装饰清水混凝土也称为装饰混凝土，其装饰效果非常独特，主要是一次浇筑成型，直接完整保留了现浇混凝土自然颜色与解理作为建筑物饰面，其外观清新雅致、简洁明朗。

彩色清水混凝土工艺更加复杂。与普通项目的混凝土相比，彩色清水混凝土更像一件精益求精的工艺品，如南京长江大桥上人像群雕，通过将氧化铁红与氧化铁黄颜料巧妙融入混凝土中，从而塑造出了淡雅粉色调的清水混凝土人像群雕，既展现了建筑的艺术美感，又蕴含了技术的精湛与创新的智慧（图 11–21）。

图 11–21 南京长江大桥人像群雕

清水混凝土的病状（病害表征）和病理同前，保护修复也可采用一般混凝土技术，但是保护修复时在材料选择和工艺设计时需要注意如下 3 个方面。

1）结构加固时需要按照最小干预原则尽可能多地保留、展示清水饰面。

2）修复时，所采用的修复材料的配合比应与原配合比相似，色彩和质感也相匹配。但当修复面较大时，应适当加入筛选过的细砂配制成修补材料进行修复。在修复前必须对待修复面进行充分的润湿且不得留有积水，并且在修复后应及时进行养护。修复的材料不能用水泥矿渣、水泥粉煤灰及珍珠岩材料，因其易脱落。

3）表面保护需要采用不明显改变现有质感的技术。若进行涂刷或喷涂处理，涂料应尽量涂抹均匀，使表面的纹路清晰，保证清水混凝土的自然纹路和最佳体验感，进而提高清水混凝土的表观质量。

思考题

（1）混凝土由哪些成分组成？哪些因素会影响混凝土的强度？

（2）混凝土材料与其他材料如木材相比有哪些优势？

（3）混凝土有哪些常见的残损病害？

（4）什么是混凝土的碳化？

（5）钢筋混凝土遗产建筑修缮设计的主要依据和原则是什么？

（6）钢筋混凝土遗产建筑的结构检测评估主要包括哪些内容？

（7）钢筋混凝土遗产建筑的保护技术主要有哪些？

（8）从材料工艺角度，清水混凝土艺术品的保护修复应该注意哪些问题？

第 12 章　壁画、彩绘

壁画、彩绘（又称彩画）属于遗产建筑特殊的、具有极强装饰性的饰面类型，其制作材料、制作工艺等完全不同于天然石材或装饰抹灰，对其保护修复涉及的材料及工艺问题也有别于砖石等材料。其保护修复需要专业知识和技能。本章重点介绍壁画彩绘相关的基础知识及修复涉及的材料、工艺及保护技术等问题。

12.1　壁画彩绘及其保护概述

12.1.1　概念

壁画是直接在建筑物或类似建筑物的墙壁（如洞穴或坟墓的墙壁）上绘制的艺术作品。广义的壁画可以是绘制壁画、陶瓷锦砖、浮雕或与镀金或其他材料相结合的绘画。建筑彩绘是一种以装饰建筑为目的，用颜料或涂料在建筑物的墙体或支撑结构上绘制的艺术。从彩绘的风格、营造技艺、形式题材上，我国不同区域的建筑彩绘都各具本土特色。

干壁画是在固化的地仗层绘制，颜料通过胶粘剂粘结到地仗层上（图 12–1）。湿壁画是在新鲜的石灰抹灰表面施工（洒、喷、刷等）干的不添加任何胶粘剂的无机颜料，或将色粉分散在清水中，描绘到新鲜的石灰抹灰表面的绘画工艺。颜料被石灰碳化过程形成的碳酸钙粘结后形成特殊质感（图 12–1）。干壁画与湿壁画在制作材料和工艺上存在明显差异，

图 12–1　湿壁画（左，白色箭头所示早期绘画，部分被后期覆盖，澳门）和干壁画（右，甘肃）

从而导致其艺术风格截然不同。干壁画主要分布在东方，湿壁画则主要保存在欧洲，少数湿壁画也被发现在中西合璧的建筑中。

12.1.2 保护原则

壁画通常使用不同于一般结构的材料，采用多层不同的灰泥和绘画技术。因此，从保护的角度来看，壁画的处理特别具有挑战性。此外，壁画艺术品可能包括后来的改动，如不同时期艺术品的叠加层或以前保护处理的材料，这增加了系统的复杂性。过去，为了保护墓葬壁画，通常的做法是将其从原址移走，异地保护（表 12–1）。在 18 世纪的欧洲，揭取壁画是一种常见的方法。但随着保护理念和技术的发展，人们意识到遗产资源的重要性来自多个不同方面，不同的价值共同构成了艺术作品的文化意义，因此异地保护壁画被认为是不符合现代文化遗产保护方式。许多壁画被移走后，未经处理就被存放在储藏室里，在极端的情况下，有关其原始位置的任何相关信息都会随着岁月的流逝而丢失。原址保护成为当今最重要的方式。

表 12–1 壁画保护方法

原址保护				迁移保护		复原保护	
石窟壁画	寺庙壁画	殿堂壁画	墓葬壁画	绝大部分墓葬壁画	极少部分石窟壁画	寺庙壁画	殿堂壁画

按照《中国文物古迹保护准则》，壁画（含彩绘）保护应严格遵循不改变原状、真实性、完整性、最低限度干预、保护文化传统、使用恰当的保护技术、防灾减灾等基本原则。

12.1.3 壁画保护的程序

《中国文物古迹保护准则》中，文物古迹保护和管理工作程序分为 6 步，依次是调查、评估、确定文物保护单位等级、制订文物保护规划、实施文物保护规划、定期检查文物保护规划及其实施情况。

依照上述工作程序，结合壁画特点，古代壁画保护工程及管理的程序可总结在图 12–2 中。

12.2 古壁画的保护修复

12.2.1 古壁画分类

中国古代壁画一般以绘制场所的不同而区分，有石窟壁画、寺观壁画、墓葬壁画、殿堂壁画等（图 12–3）。在建筑物上的壁画，大致可以分为绘制壁画、浮雕壁画、粗地壁画、刷地壁画、陶瓷锦砖镶嵌壁画，以及其他工艺材料壁画。

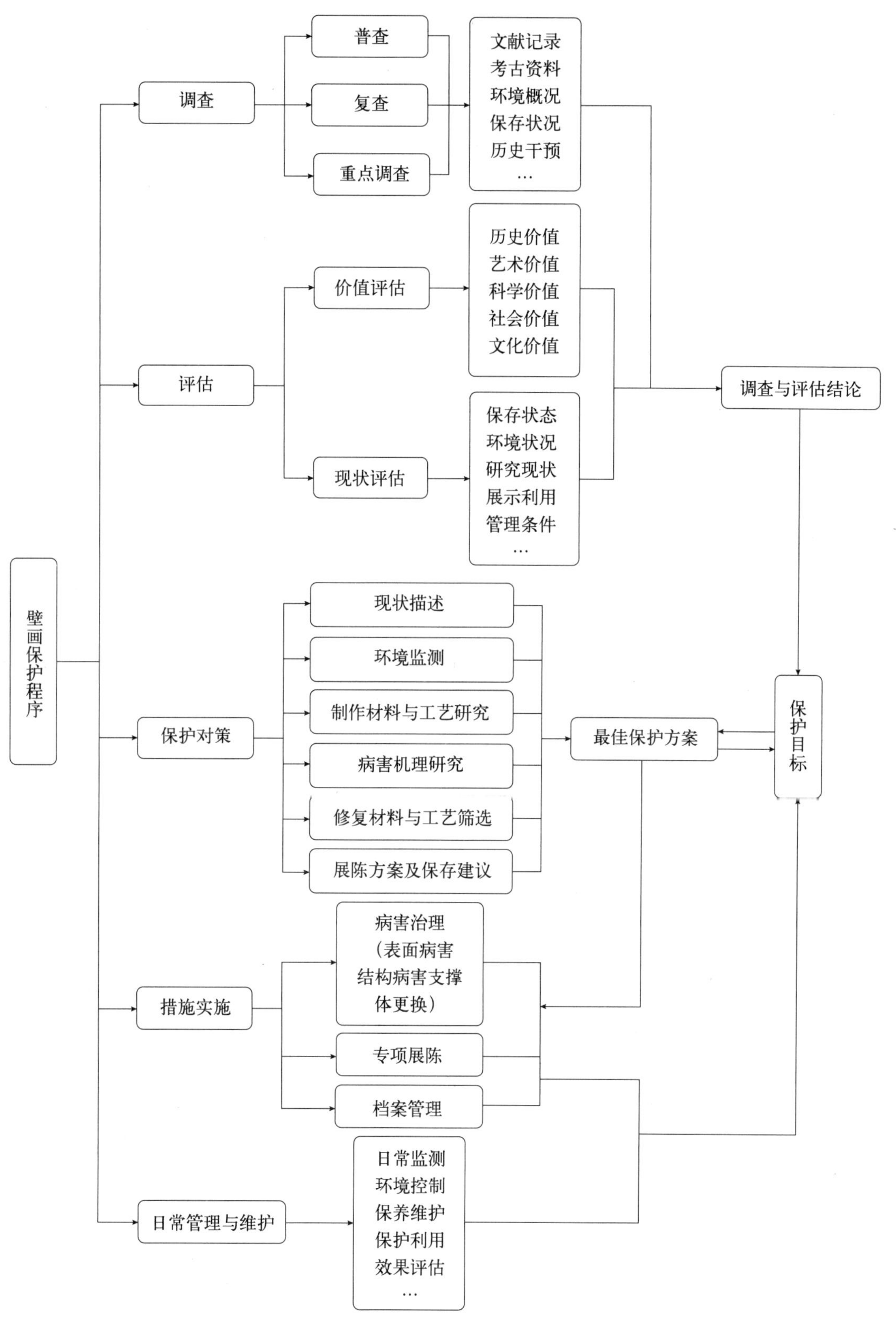

图 12-2　壁画保护程序图（彩绘也可以参照此流程）

图 12-3 我国常见壁画类型
(a) 石窟壁画；
(b) 寺观壁画；
(c) 墓葬壁画；
(d) 殿堂壁画

12.2.2 古壁画的结构

不同类型的壁画结构不同，下面以莫高窟石窟壁画为例分析其结构。一般来讲，完整的石窟壁画从内部向表层一般由支撑体、地仗层、底色层和颜料层等组成（图 12-4）。支撑体一般由崖（岩）体等为材料；地仗层一般由泥层组成，包括粗泥层（一般在和泥时加入麦草、粗麻等粗纤维）和细泥层（一般在和泥时加入棉、细麻、毛、纸筋等细纤维）；底色层是为了衬托壁画主题色彩在地仗层所涂的底色，一般材料为熟石灰、石膏、高岭土等；颜料层就是用各种颜料绘制而成的壁画画面层。有时后人会在前人绘制的壁画上继续作画，出现重层壁画（图 12-5），这种情况也很多见。

图 12-4 敦煌莫高窟第 130 窟东壁北部下侧砂岩支撑体（左）及重层壁画（右，两层，表层宋代、次层唐代。）

图 12–5 敦煌莫高窟第130窟甬道南壁供养人上侧重层壁画（3层，表层宋代火烧过、次层未知、下层唐代。）

12.2.3 壁画的制作材料及工艺

1. 壁画支撑体

石窟壁画的支撑体为各类崖（岩）体（图 12–4，左）。因地区不同，崖体岩石性能差别较大。例如炳灵寺石窟、麦积山石窟、庆阳南北石窟的崖体属砂岩，胶结物为泥质，在水中易分散。同时，胶结物中蒙脱石含量较高，当岩体含水时易吸水膨胀导致岩体风化。这类岩体稳定性较差。

墓葬壁画的基础支撑体为墙体时，一般由石块或砖块砌筑而成。前者的代表如河南密县打虎亭汉墓及日本高松冢古墓等；后者的代表如甘肃嘉峪关魏晋墓及陕西乾县唐墓群等。

建筑壁画的墙体一般为砖基、石基或土坯墙，如青海瞿坛寺、塔尔寺，以及莫高窟下寺壁画等均属这类土坯墙支撑体。还有一类较特殊的支撑体，如云南丽江大宝积宫壁画的支撑体是在木框间编织竹篱笆作为支撑结构，其上抹一层掺有山草棕丝的泥皮，这种支撑体比较少见。西藏布达拉宫和罗布林卡等殿堂还有以边玛草为支撑体，然后抹泥作画。

2. 壁画的地仗

莫高窟壁画地仗的材料一般是由粉状黏土（简称粉土）、沙，以及少量的植物纤维（如麦草、麻等）按照一定的比例加水调和而成。对敦煌壁画地仗材料的研究表明，以唐代为界线，地仗制作可分为 3 种类型：一是唐代以前的北朝时期，地仗层为 1 ～ 2 层，在窟前土中掺以麦草或粗麻和泥后抹在岩壁上，待干后直接在泥底上作画，其余部分遍施红色（成分为 $\alpha-Fe_2O_3$）；二是唐代以后，地仗层为 2 ～ 3 层，个别洞窟甚至是 4 层，先在崖（岩）壁上抹上粗泥，然后再在粗泥层上抹一层细泥层，最后再刷一层掺有胶的石灰水作为白粉层，即底色层。粗泥多用窟前土，细泥多用澄板土（一种用窟前大泉河水沉积的细黏土）；三是在五代时期制作的许多露天壁画的地仗层，一般在崖（岩）壁上直接抹一层 0.5cm 左右厚的掺有细麻的石灰，然后在其上作画。以敦煌莫高窟第 44 窟为例，采用蒸馏水浸泡分离法对土和沙进行分离，地仗土沙组分见表 12–2。

表 12–2　莫高窟第 44 窟壁画地仗组分

样品编号	时代	总重（g）	土重（g）	沙重（g）	含沙比（%）	土沙比（%）	麦草比（%）
44–dz1	五代	40.79	24.03	16.76	41.09	1.43 ∶ 1	—
44–dz2	盛唐	35.13	17.22	17.91	50.98	0.96 ∶ 1	—
44–dz3	中唐	45.95	25.47	19.46	43.31	1.31 ∶ 1	2.27
44–dz4	中唐	16.87	7.47	9.09	54.89	0.82 ∶ 1	1.87
44–dz5	中唐	29.41	9.63	19.06	66.43	0.51 ∶ 1	2.51

注：含沙比指沙的质量与沙土质量和之比；
麦草比指麦草质量与沙土质量和之比，44–dz1、44–dz2 因麦草太少而无法分离。

矿物学（X 射线衍射分析，XRD）、化学（X 射线荧光光谱分析，XRF）研究说明，莫高窟第 44 窟不同时代制作的壁画的地仗矿物成分基本相同，主要为石英、云母、方解石及钠长石等，但相对比例则有所不同。五个地仗的化学成分有一致性，如氧化钙含量基本一致（25.4% ~ 28.9%），但二氧化硅含量差别较大（27.5% ~ 36.5%），氧化亚铁含量亦有区别（16.6% ~ 22.9%）。较大差别的二氧化硅含量反映了地仗中沙土比例的不同，而氧化亚铁含量不同则和地仗颜色的差异相关。

墓葬壁画的地仗层一般都是在墙体上抹一层较薄的石灰或石膏层，这是由于在潮湿的墓穴内，泥质地仗很难保存。

3. 壁画的颜料

颜料层是壁画的精华部分，之所以保护石窟壁画，实质就是为了保存这层珍贵的颜料层。研究发现，我国各地的古代壁画所使用的颜料种类基本相同，但在使用特点上又存在明显差异。颜料的色彩，可分为白色、黑色、红色、蓝色、绿色、黄色 6 类（表 12–3）。以颜料化学成分区分，敦煌壁画使用了 30 多种以天然矿物为主人工合成颜料为辅的无机颜料，也使用了少量的有机染料。不同年代使用的颜料有少许区别（表 12–3、表 12–4）。

表 12–3　石窟壁画颜料分析结果

颜料颜色	显色矿物	化学成分
白色	高岭土	$Al_2Si_2O_5(OH)_4$
	方解石	$CaCO_3$

续表

颜料颜色	显色矿物	化学成分
白色	云母	$KAl_2Si_3AlO_{10}(OH)_2$
	滑石	$Mg_3Si_4O_{10}(OH)_2$
	石膏	$CaSO_4 \cdot 2H_2O$
	硬石膏	$CaSO_4$
	碳酸钙镁石	$Mg_3Ca(CO_3)_4$
	氯铅矿	$PbCl_2$
	硫酸铅矿	$PbSO_4$
	角铅矿	$PbCl_2 \cdot PbCO_3$
	白铅矿	$PbCO_3$
	石英	α-SiO_2（大部分样品中的石英作为杂质带入）
黑色	墨	C
	铁黑	Fe_3O_4
	二氧化铅	PbO_2
红色	朱砂	HgS
	铅丹	Pb_3O_4
	土红	α-Fe_2O_3（包括赭石、铁丹、煅红土等）
	雄黄	As_4S_4
蓝色	石青	$2CuCO_3 \cdot Cu(OH)_2$
	青金石	$(Na, Ca)_8(AlSiO_4)_6(SO_4, S, Cl)_2$
绿色	石绿	$CuCO_3 \cdot Cu(OH)_2$
	氯铜矿	$Cu_2(OH)_3Cl$
黄色	雌黄	As_2S_3
胶结材料		动物胶
染料		目前只发现了少数几种，如虫胶、靛蓝、藤黄等

表 12–4 敦煌壁画颜料不同时代使用特点

时期	朝代	颜料颜色	主要显色矿物	次要显色矿物
早期	十六国 北魏 西魏 北周	红色	土红	朱砂，朱砂 + 铅丹，土红 + 铅丹
		蓝色	青金石	石青
		绿色	氯铜矿	石绿
		棕黑色	二氧化铅	二氧化铅 + 四氧化三铅
		白色	高岭土	滑石、方解石、云母和石膏
中期	隋代 初唐 盛唐 中唐 晚唐	红色	朱砂	铅丹、土红、朱砂 + 铅丹和土红 + 铅丹
		蓝色	石青和青金石	石青 + 氯铜矿
		绿色	石绿	氯铜矿、石绿 + 氯铜矿

续表

时期	朝代	颜料颜色	主要显色矿物	次要显色矿物
中期	隋代 初唐 盛唐 中唐 晚唐	棕黑色	二氧化铅	极少量二氧化铅 + 四氧化三铅
		白色	方解石	滑石、高岭土、云母、石膏，少量氯铅矿和硫酸铅矿
晚期	五代 宋代 西夏 元代 清代	红色	土红	土红 + 铅丹，朱砂 + 铅丹，少量雄黄 + 铅丹
		蓝色	青金石、石青和群青	石青 + 石绿
		绿色	氯铜矿	石绿 + 氯铜矿
		棕黑色	二氧化铅	少量二氧化铅 + 四氧化三铅，极少量铁黑
		白色	石膏	方解石、滑石、云母、氯铅矿和硫酸钙镁石

12.2.4 壁画病害及其分类

古代壁画受自身因素如选址、选材、形制、工艺，自然因素如地震、降水、沙尘暴、动物活动、植物生长、微生物侵蚀，以及人为因素如旅游开放等多因素的影响而产生许多病害。参照《古代壁画病害与图示》GB/T 30237—2013，常见的壁画病害类型主要包括龟裂、起甲、粉化、颜料层脱落、点状脱落、疱疹、疱疹状脱落、裂隙、叠压、划痕、覆盖、涂写、烟熏、盐霜、酥碱、空鼓、地仗脱落、褪色、变色、水渍、泥渍、凝结水、钙化土垢、动物损害、植物损害、微生物损害、低等植物损害等 27 种。其中，壁画常见病害类型见图 12–6。

12.2.5 重要的壁画病害成因分析

壁画起甲病害产生的原因基本包括 6 个方面：颜料中加胶过多，强度过大；颜料层中的胶完全老化；颜料层之下粉层中的胶已老化失去胶结作用，或粉层加胶少；粉层已酥碱而失去胶结强度；地仗层坚硬光滑使颜料和地仗层结合不牢；颜料层和粉层结合牢固，而二者的结合体从壁画地仗的细泥层上面翘起。大多数情况下起甲和可溶盐有关。重层壁画下层早期壁画的颜料中掺加的胶已老化，或下层壁画酥碱，使两层壁画间失去粘结而上层画面起甲，导致重层壁画起甲现象。

空鼓一般指壁画表面开裂、鼓起，严重者由于壁画自身重力的影响，导致壁画脱落。壁画空鼓病害产生的原因主要有 3 个。制作材料及工艺引起的壁画空鼓，如殿堂壁画空鼓病害多出现于殿堂顶部壁画与木梁或椽结合部位及门框上部，由于泥层的收缩率与木质不同，在壁画泥层与木质结合部位易产生空鼓现象；建筑布局引起的壁画空鼓。如布达拉宫等殿堂走廊上游客走动过程中产生的振动及上部建筑物自身的重量，是导致壁画空

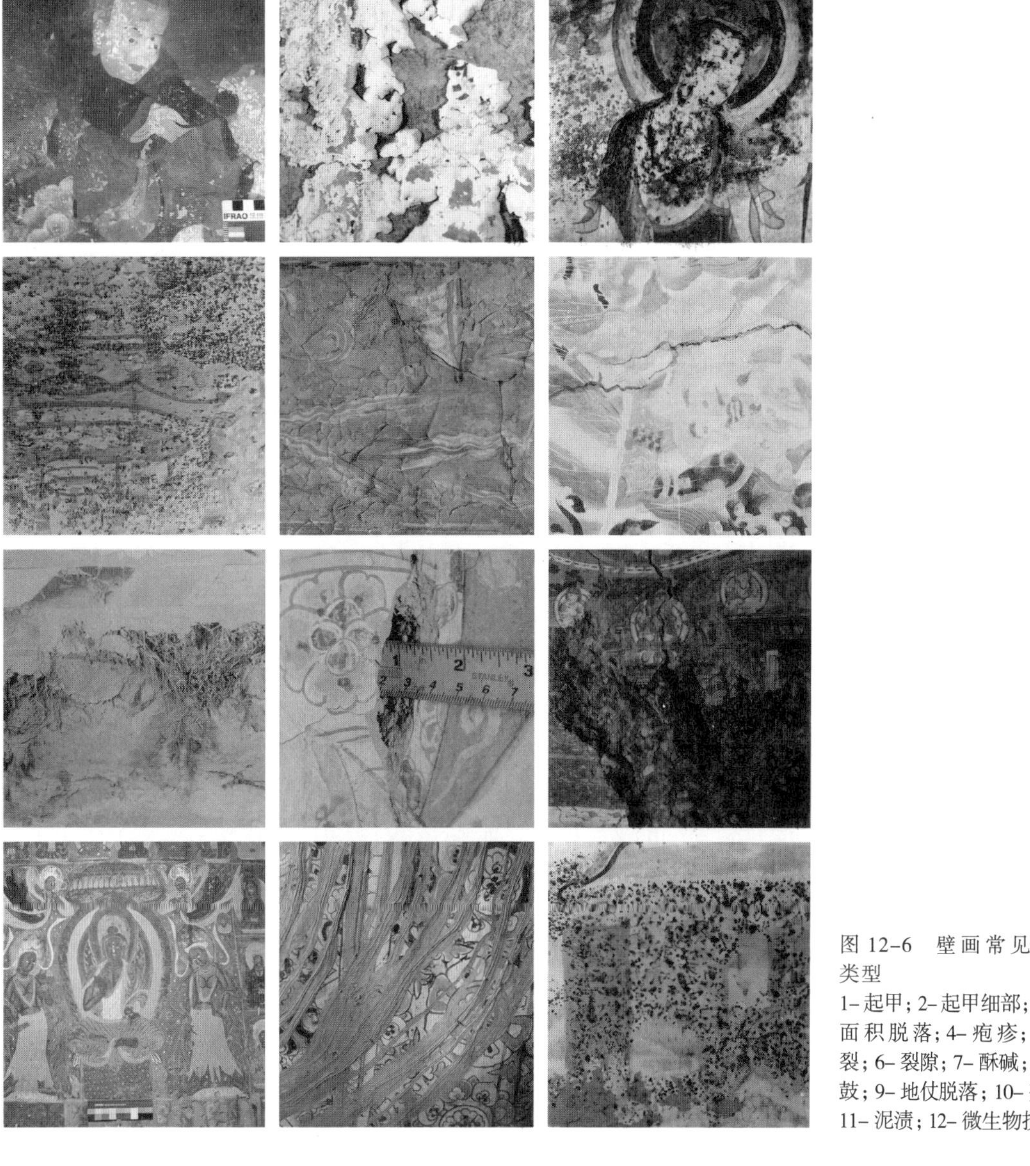

图 12-6　壁画常见病害类型
1- 起甲；2- 起甲细部；3- 大面积脱落；4- 疱疹；5- 龟裂；6- 裂隙；7- 酥碱；8- 空鼓；9- 地仗脱落；10- 变色；11- 泥渍；12- 微生物损害

鼓病害的直接原因；地震等因素引起的壁画空鼓，如敦煌莫高窟部分洞窟等石窟壁画。

壁画酥碱病害产生的原因基本上和水盐运移有关，其中水既可以为渗水，也可以是冷凝水，也可以是吸湿盐潮解水。对莫高窟石窟壁画酥碱病害研究结果表明，当洞窟相对湿度达到 62% 时，壁画地仗中的盐分即可溶解，当湿度减小时盐分又开始结晶。这样，"溶解 – 结晶 – 再溶解 – 再结晶"的往复循环过程，是壁画酥碱病害产生的主要原因。壁画酥碱是壁画病害中最为严重、对壁画危害最大、也是最难治理的病害。因此，文物保护工作者将之称为壁画的"癌症"。

壁画烟熏病害产生的原因基本包括以下 3 个方面。中国一些石窟寺院、殿堂的壁画，因过去没有很好管理，被盛行的香火熏污；在洞窟居住做饭等引起的烟熏；在殿堂里大量、长期使用酥油灯等所引起油烟。敦煌莫高窟的部分洞窟在 20 世纪初曾有外国人居住，住在洞窟里的人在里面烧火取暖、做饭、烧炕，使洞窟中的壁画遭受严重熏污，其中有 36 个洞窟，约 1400m^2 壁画遭受不同程度的烟熏。

颜料变色是敦煌壁画中最严重的病害之一。颜料一旦变色，就会完全改变壁画本来的艺术效果。同时，颜料一旦变色，便无法恢复其本来颜料的色。经过调查和实验研究证明，壁画中的蓝色颜料和绿色颜料都比较稳定，最易变色的是红色颜料中的铅丹。高湿度是影响铅丹变色的最主要因素，光也有一定影响，使橘红色铅丹（Pb_3O_4）变成深咖啡色的二氧化铅（PbO_2）。在光的作用下，红色颜料中的朱砂由鲜红色变成暗红色，这主要是由于部分朱砂的结晶发生变化，产生一定量黑色的黑辰砂。土红是红色颜料中最稳定的一种，光、温湿度等因素都不会使其产生变色。

微生物病害也是壁面彩绘常见病害之一。造成病害的原因是霉菌死体附着在壁画彩绘上，同时霉菌繁衍生长过程中的代谢产物可使颜料变色。霉菌死体的污染物目前没有合适的清除办法，霉菌代谢物作用所产生的颜料变色也无法恢复。因此，霉菌对壁画彩绘所产生的病害只能从环境方面加以预防，如保持洞窟等适度通风，采取措施降低洞窟等建筑的相对空气湿度等。

12.2.6 常见壁画病害的保护修复材料及工艺

1. 常用的壁画修复用粘结材料

针对莫高窟酥碱壁画和颜料层起甲壁画的特征，经过反复模拟实验，结合现场试验研究，最终筛选出传统绘画材料明胶（动物蛋白型）和稳定性能较好的甲基纤维素为修复胶粘剂材料。这两种胶粘剂具有无色无味、无毒无腐蚀、无眩光、透明度高、透气性好、粘结强度适中和兼容性好的特点，并且具备可再修复的条件。修复工作中，选用 1.5% 明胶溶液对颜料层起甲壁画进行回粘（图 12–7），对酥碱壁画使用 1% 明胶溶液进行渗透加固。

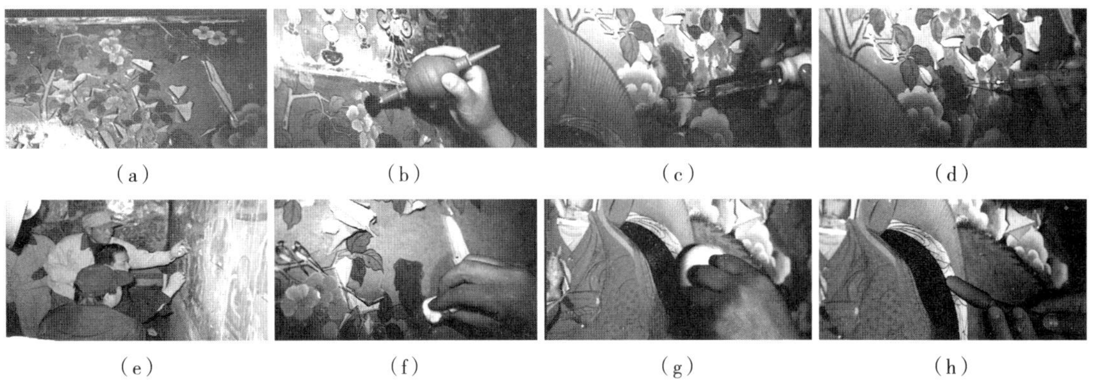

图 12–7　起甲修复工艺
(a) 起甲壁画现状；
(b) 除尘；
(c) 软化清漆或桐油层；
(d) 注射胶粘剂；
(e) 观测胶粘剂的渗透情况；
(f) 用湿棉花轻压；
(g) 用棉球滚压；
(h) 用木质修复刀压平

2. 壁画空鼓加固方法

对壁画空鼓一般采用灌浆的方法进行加固。灌浆材料选择与地仗性质相近的细黏土为主，填充物为青砖粉、沙、珍珠岩粉、天然浮石粉和鸡蛋清等，以水做流动剂。空鼓壁画地仗结构及灌浆流程见图 12–8。

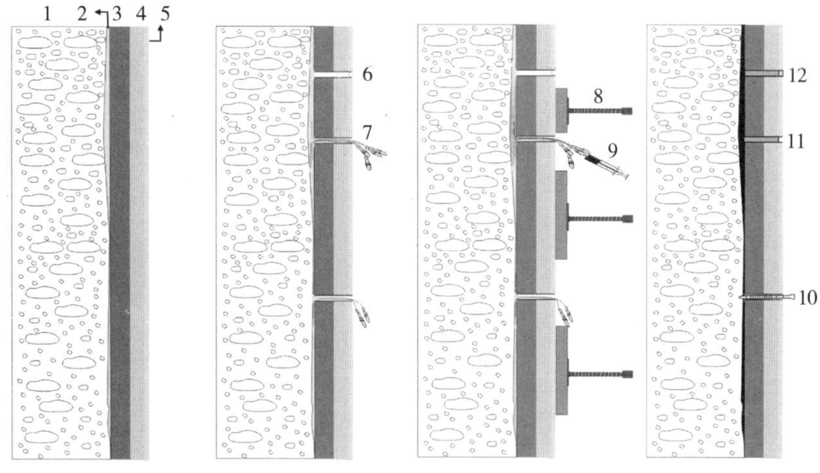

图 12–8　空鼓壁画地仗结构及灌浆流程
1– 支撑体；2– 空鼓部位；3– 地仗（粗泥层）；4– 地仗（细泥层）；5– 颜料层；6– 注浆孔（或锚孔）；7– 插入注浆管；8– 支顶壁画；9– 注浆；10– 打锚杆；11– 修补注浆孔（或锚孔）；12– 补色作旧

3. 壁画脱盐

脱盐材料可选择木浆等材料，原则上需将纯木浆与无纺布交织在一起制作成高吸水性材料。曾经对细毛毯、脱脂棉、生宣纸、日本棉纸、合成纤维与聚酯树脂混合物、镜头纸、粗羊毛毯、细羊毛毯、海绵、海绵表面负载淀粉接枝聚丙烯酰胺树脂和海绵中间负载淀粉接枝聚丙烯酰胺树脂进行壁画脱盐对比实验，发现只有具有极好的吸水性能的材料才具有较好脱盐效果。

12.3　传统彩绘及其保护

12.3.1　彩绘的概念及分类

彩绘是中国木结构古建筑构件表面特殊的一种艺术装饰形式，并兼及与之相关的文化传统、象征意象、工程做法、材料工艺等方面的综合集成的产物。一般意义上的彩绘多指古建筑彩绘。古建筑彩绘是中国独有，历史悠久，内容丰富多彩，且名目繁多，一般分为 4 类：苏式彩绘和玺彩绘、旋子彩绘（图 12–9），以及地方特色彩绘。

（a）

（b）

（c）

图 12–9　古建筑彩绘的分类
（a）苏式彩绘；
（b）和玺彩绘；
（c）旋子彩绘

12.3.2 彩绘的制作工艺

彩绘的制作主要涉及层次结构和工艺流程。结构部分一般包括画面支撑体、地仗（纤维、灰、沙、粘结材料）和表面颜料层（也称彩绘层），表面颜料层的颜色可分为无机颜料和有机颜料，在彩绘制作时加入适量粘结剂。

12.3.3 彩绘病害类型

常见的彩画病害类型主要包括裂隙、龟裂、起翘、酥解、空鼓、剥离、动物损害、微生物损害、地仗脱落、颜料剥落、金层剥落、粉化、变色、积尘、结垢、水渍、油烟污损、其他污染、人为损害 19 种，代表性的病害见图 12–10。

1. 裂隙

木构件、地仗层、颜料层开裂形成缝隙。

2. 龟裂

地仗层、颜料层表层产生的微小网状开裂。

3. 起翘

地仗层、颜料层在龟裂、裂隙的基础上，沿其边缘翘起、外卷。

4. 酥解

因地仗胶结材料劣化导致的地仗层疏松粉化。

5. 空鼓

地仗层局部脱离基底层所形成的中空现象。

(a) (b) (c) (d) (e) (f)

图 12–10 彩绘常见病害类型
(a) 空鼓；(b) 颜料剥落；(c) 龟裂；(d) 起翘；(e) 结垢；(f) 油烟污损

6. 剥离

地仗局部脱离基底层，尚未掉落的现象。

7. 地仗脱落

地仗脱离基底层形成的缺失或部分地仗残缺的现象。

8. 颜料剥落

颜料层局部脱离基底层的现象。

9. 金层剥落

金层脱离、缺失的现象。

10. 粉化

因颜料层胶结材料劣化，导致的颜料呈粉末状的现象。

11. 变色

彩绘颜料色相改变的现象。

12. 积尘

灰尘在彩绘表面形成的沉积现象。

13. 结垢

彩绘表面因老化产物、积尘、空气中的其他成分等作用形成的混合垢层。

14. 水渍

因雨水侵蚀及渗漏而在彩绘表面留下的痕迹。

15. 油烟污损

彩绘表面油质及烟熏污染的痕迹。

16. 动物损害

动物的活动、排泄物等对彩绘表面造成污染现象。

17. 微生物损害

微生物在彩绘表面形成的菌斑及霉变。

18. 其他污染

油漆、涂料、沥青、石灰等材料污损彩绘表面的现象。

19. 人为损害

彩绘表面人为附加的管线、钉子等对彩绘表面造成的损害。

12.3.4　彩绘的保护工艺

1. 污染物清除及其技术要求

彩绘表面污染物的清除操作，应根据污染物的类型、层次结构和范围逐层分区进行，清除应以不损伤彩绘为度。清除宜以物理方法为主，必要时可使用化学材料。在尽可能清除污染物的同时，清除后彩绘表面的整体效果应相互协调。

1）积尘的清除

积尘主要是彩绘表面的浮尘和浮土，一般宜采用吹、刷、吸、粘等技术手段清除。

2）结垢的清除

结垢是与彩绘表层有一定结合、较顽固的尘土固结物，可用溶剂进行浸湿、软化后清除。

3）油烟污染的清除

油污、烟熏，以及涂料等污染物，与彩绘表面结合紧密，可用化学材料（见附录）去除。化学清除应确保选取的清除材料能有效清除污物，同时不应对彩绘颜料造成影响。应控制化学材料的使用范围及用量，并消除残留。

4）动物、微生物代谢物等的清除

动物、微生物代谢物等与彩绘表面的结合比较紧密，可先用溶剂浸湿、软化后用棉签滚搽、配合机械方法清除（图 12–11）。对仍难以清除的部分污染物，再用化学方法继续清除。

2. 彩绘层加固及其技术要求

加固剂的渗透深度应满足加固的基本需求，加固处理不应在彩绘表面形成斑痕，不应妨碍以后的保护处理。渗透加固中使用有机溶剂时，应注意消除对古代建筑、工作人员和周边环境的安全隐患。

1）粉化彩绘层加固

粉化彩绘层的加固可采用喷涂或刷涂，按浓度梯度渗透法处理。对于麻灰地仗的彩绘层，宜在加固剂处理后用棉托（用塑料薄膜包裹）轻压，使加固部位尤其是有彩绘起翘的部位回贴。对于单披灰地仗的彩绘层，由于表面质地较脆，开始时不可加压，在观察加固液已经基本浸入彩绘层时，可再借助棉托轻压，使起翘部位回贴、加固密实。

2）酥粉彩绘层加固

应先进行预加固，然后在彩绘表面用低浓度加固剂均匀贴附一层“修复用宣纸”，再在酥粉的部位，用针注法向彩绘层补充加固剂，并使用棉托轻加外力使彩绘层得到加固。加固完成后再去除宣纸、清理干净。

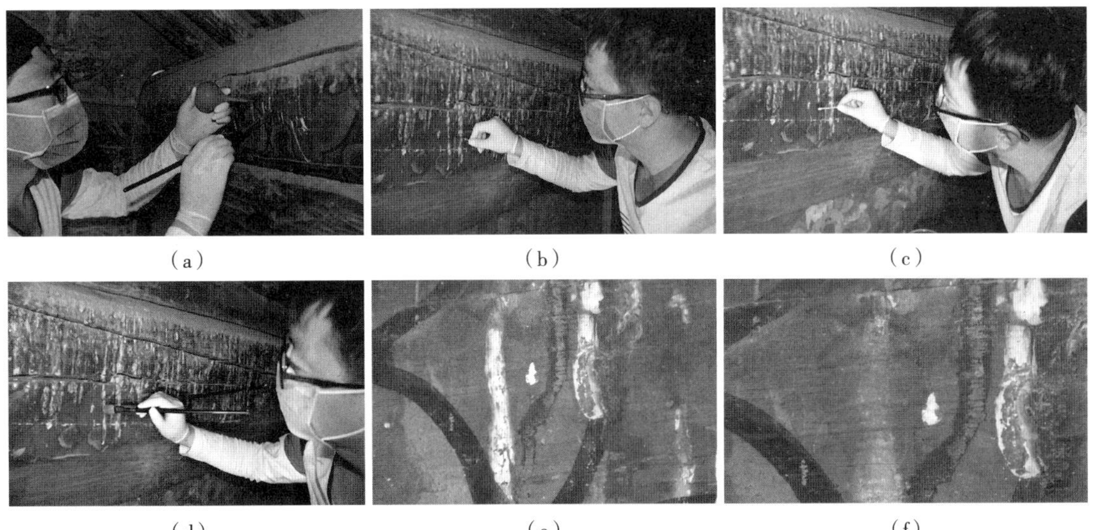

图 12–11 鸟粪的清除
(a) 除尘；
(b) 修复刀机械去除；
(c) 棉签蘸取酒精溶液浸润软化；
(d) 毛刷机械去除；
(e) 鸟粪清除前；
(f) 鸟粪清除后

3）起翘贴金层加固

应先将贴金部位加热使其软化，喷涂溶剂使贴金层回软，再喷涂或涂刷加固剂，借助棉托轻压，加强贴金层与地仗层的粘结强度，提高其附着力。

3. 地仗层加固及其技术要求

地仗层的加固应能使地仗层与木基材具有一定的粘接强度、整体平展、密实，同时不应对彩绘层造成污染和损伤。龟裂、酥解及粉化地仗层的加固可通过喷、涂一定浓度加固剂的方法给地仗补充胶结物。也可采用传统方法对龟裂地仗层进行加固处理，除尘后在地仗表面操油①一道，视地仗强度可对油进行稀释。

1）单披灰地仗加固

（1）开裂地仗层加固

对开裂的单披灰地仗，可通过渗入黏合剂的方法处理，用滴管将一定浓度的粘合剂溶液渗入地仗层，然后用棉托隔着塑料薄膜压实，使其粘合牢固、稳定。

（2）起翘地仗层加固

对起翘的单披灰地仗，应先进行软化处理，将水加酒精或丙酮雾化后，远距离将病害部位稍微湿润，再用喷雾或针管滴渗一定浓度的粘合剂溶液，用棉托隔着塑料薄膜压实回贴。

2）麻灰地仗加固

（1）开裂、剥离地仗层加固

对地仗层开裂、剥离部位，先清除地仗层内侧和木构件表面的灰土等，再抹/灌胶填充、回贴粘结，并用竹片加铁钉等进行固定处理，必要时制作专门的夹板固定，以使加胶的部位能够与木构件紧密结合。另用相似的地仗腻子沿开裂、剥离的边沿进行封闭，并对处理的部位进行随色处理。

（2）局部空鼓变形地仗层加固

对局部空鼓区开槽（变形或空鼓面积较大时，可先揭取变形或空鼓的地仗层），清除空鼓区域积存的灰尘后，灌胶填充、回贴粘结（传统方法也用稀油满作为粘结材料回贴），并用竹片加铁钉或绷带紧缠固定，待胶料固化、空鼓部位与木构件结合紧密后去除固定材料，处理槽缝并进行随色处理。

4. 局部补绘及其技术要求

局部补绘应只限于面积不大、纹饰图案有考的部位。有地仗层的应在修补（找补）的基础上只进行补绘；无地仗层的，应按照原工艺、材料修补（找补）地仗后再进行补绘。局部修复部分应进行随色处理，以与原彩绘相协调，再现古代建筑彩绘的完整性。

---

① 指薄薄地施工一道油。

1）修补（找补）地仗

修补地仗工艺及主要工序应符合国家现行施工规范或〝古建筑油饰彩绘〞传统做法的相关要求。

2）补绘彩绘

因局部虫蛀、霉变、脱色等原因造成局部彩绘层缺失，但地仗层尚好或经过修补（找补）地仗的，可进行补绘。补绘时，应按照原彩绘的规制等级、纹饰图案，用原工艺、原材料进行。

3）随色处理

局部补绘部分，应进行随色处理，以使修复部位与原彩绘的色彩协调。

5. 彩绘表面防护及其技术要求

彩绘表面的防护处理应针对主要的环境影响因素，选择适宜的彩绘表面防护材料，通过喷、涂等方法进行防护处理。应对进行过防护处理的彩绘部位进行一定时间的遮护和养护，直至表面防护层形成。彩绘表面的防护处理不应在彩绘表面形成斑痕。在表面防护中使用有机溶剂时，应注意避免对古代建筑、工作人员和周边环境的产生安全隐患。

12.4 近现代建筑彩绘及其保护

12.4.1 概况

近现代建筑彩绘常被发现在19世纪末20世纪初的重要遗产建筑中，但是这些建筑彩绘常被后期涂层覆盖，其价值也被低估。近现代建筑彩绘的支撑层有石膏板（图12–12）、石灰抹灰、木材等，地仗层一般为石灰抹灰，也会采用加胶的立德粉（锌钡白，主要成分为 ZnS、$BaSO_4$）找平。颜料以现代合成颜料为主（表12–5），胶粘剂也常为现代合成树脂如醇酸树脂等。

表12–5 上海某建于20世纪30年代的文物建筑彩绘使用的颜料

色彩	名称	主要成分	欧标 NCS 色谱编号
红色	铅丹	$2PbO \cdot PbO_2$	S 5040–R
			S 2570–Y90R
黑色	炭黑	C	—
黄色	铅铬黄	$PbCrO_4$	S 3560 Y
蓝色	群青	$Na_6 Al_4Si_6S_4H_2O$	S 7020–R80B
绿色	孔雀石（石绿）	$Cu_2(OH)_2CO_3$	S 7020–B90G
			S 6030–B90G
金箔	金	Au 含量≥ 96%	—

12.4.2　勘察

由于大部分近现代彩绘被覆盖，在疑似存在彩绘部位需要先进行点勘察，必要时采用光学显微镜、扫描电子显微镜等对取自现场的样品的颜色、颜料、填料等进行定性－定量分析。在综合勘察基础上按照装饰形式再进行局部剥离，以确定色彩及装饰样式。

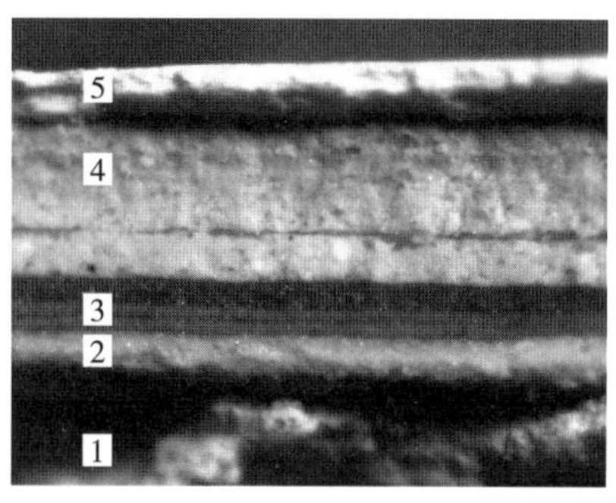

图 12–12　某建于 20 世纪 30 年代的文物建筑彩绘建成时期红色涂层构造（1，2，3）及后期覆盖（4，5）
1– 支撑层麻丝石膏板；
2– 地仗层 – 底漆层；
3– 原始红色涂层 – 可能有重涂（20 世纪 30 年代）；
4– 大约 4 次的后期涂料覆盖；
5–20 世纪初的弹性涂料层
（图片来源：戴仕炳）

12.4.3　原址保护

近现代彩绘应原址保护，保护与展示需紧密结合。保护的方法有 3 类，第一类为恢复性修复；第二类为局部修复开窗展示，总体采用新涂料覆盖；第三类为覆盖。恢复性修复的材料工艺可参照原材料原工艺在勘察基础上进行优化。重新覆盖时需要对起甲的彩绘层进行加固保护（图 12–7），胶粘剂也可采用和醇酸树脂更匹配的醇酸树脂乳液或丙烯酸树脂乳液。重涂覆盖采用的涂料应在满足遗产建筑使用功能前提下具有可再处理的特点。起甲修复用粘结材料的适应性、新涂料的可再处理性等需要经过实验室论证。

思考题

（1）常见壁画支撑体材料是什么？

（2）不同时期传统壁画地仗层做法及材料有何不同之处？

（3）不同时期的常用壁画颜料组成成分是什么？

（4）传统壁画、彩绘和近现代彩绘的结构有何相同和不同？

（5）传统壁画空鼓病害修复灌浆工艺中，灌浆材料的选择应注意什么问题？

（6）传统壁画与彩绘的常见病害有何不同？

（7）彩绘的病害如何治理？

（8）近现代彩绘主要结构材料是什么？

（9）为什么要对彩绘表面进行防护处理？

第 13 章　金属、玻璃

金属是传统人造材料，玻璃主要在我国近现代及现代遗产建筑在建造及后期改造时得到采用。两者尽管体量有限，但是具有特殊的历史和科学研究价值。金属、玻璃等材料的应用种类、形式通常都与当时社会经济技术条件下人们所掌握的加工工艺方法密切相关。

13.1　金属

金属材料指以金属元素为主构成的具有金属特性的材料的统称，按照其组分一般可以分为纯金属材料、合金材料，以及金属间化合物。纯金属材料指由单一金属元素构成的材料；合金材料指两种或两种以上的金属（或金属与非金属）熔合而成的具有金属特性的物质；金属间化合物指金属与金属或金属与类金属（如氢、硼、氮、硫、磷、碳、硅）形成的化合物。

13.1.1　金属材料概述

1. 分类

金属材料一般按照其颜色被分为黑色金属材料和有色金属材料。黑色金属材料通常包括铁、铬、锰及其合金，是应用最广泛的金属材料，除黑色金属外其他各种金属称为有色金属。

实际上，纯净的铁单质是银白色的，铬单质是银白色的，锰单质是灰白色的，之所以被“错误”划归为黑色金属一类，主要是由于暴露在空气中的铁表面常常生锈，导致其表面常有黑色的四氧化三铁和红褐色的氧化铁覆盖物，肉眼看上去是黑色的，因此被称为“黑色金属”。

狭义的有色金属又称非铁金属，是铁、锰、铬以外的所有金属的统称。广义的有色金属还包括有色合金。按有色金属的密度、开采难度，以及地壳储量，有色金属又可分为重金属（如铜、铅、锌）、轻金属（如铝、镁）、贵金属（如金、银、铂）及稀有金属（如钨、钼、锗、锂、镧、铀）。

2. 金属材料的性能

金属材料有别于木材、砖的性能决定了其在建筑中的用途。金属作为建筑材料使用时，需要考虑的特性主要包括力学性能、物理性能、化学性能和工艺性能。

1）力学性能

强度指标指材料在静载荷作用下抵抗永久变形或断裂的能力，根据抵抗荷载的类型可分为抗拉、抗压、抗弯、抗剪、抗扭强度。塑性指材料在载荷作用下产生永久变形而不破坏的能力，通常使用延伸率（伸长率）和断面收缩率来表征。冲击韧性指材料在冲击载荷作用下吸收塑性变形功和断裂功的能力，反映材料内部的细微缺陷和抗冲击性能，一般由冲击韧性值和冲击功表示。硬度反映了金属材料表面抵抗比他更硬的物体压入的能力。疲劳性能反映了材料抵抗交变载荷作用下不发生断裂破坏的能力，通常可以用疲劳强度或疲劳极限进行描述。金属材料在强度、塑性、硬度等方面与木材有明显的区别。

2）物理性能

主要有密度、熔点、热膨胀性（热膨胀系数）、导热性（导热系数）、电阻率（导电性）和磁性等。常见遗产建筑金属材料物理性能见表 13–1。

表 13–1　常用遗产建筑金属材料物理性能

金属种类	密度（常温下）（g/cm^3）	熔点（℃）	热膨胀系数（$\times 10^{-4}$/℃）	导热系数 [W/（m·K）]	电阻率（μΩ·m）	磁性
紫铜	8.90 ~ 8.95	1083	0.167	386.4	0.0172	无
青铜	7.50 ~ 8.90	800	0.110	71.0	—	无
黄铜	8.50 ~ 8.80	934 ~ 967	0.180	118.0	0.0710	无
生铁	7.30	1100 ~ 1200	0.092 ~ 0.118	80.0	0.0978	有
钢	7.85	1538	0.120	381.0	0.1450	有
铝	2.70	660	0.243	218.0	0.0290	无
金	19.32	1063	0.142	317.0	0.0220	无

3）化学性能

指金属材料在室温或高温下，与周围介质接触时抵抗发生化学或电化学反应的性能。一般包括抗腐蚀性和抗氧化性等。

抗腐蚀性指金属材料抵抗各种介质（大气、酸、碱、盐）侵蚀的能力。

抗氧化性指金属材料抵抗氧化性气氛腐蚀作用的能力。许多金属都能与空气中的氧进行化合而形成氧化物，在金属表面形成一层氧化膜。如果金属表面形成的氧化物层比较疏松。这时，外界氧气便可以继续与金属作用，使金属材料受到破坏，这种现象就叫作金属的氧化。如果金属表面形成的氧化物层比较致密，而且牢固地覆盖在金属表面上，于是就形成了一层保护层，使氧气不能再与金属接触，阻止了金属的继续氧化，金属就得到了保护。

4）工艺性能

金属对各种加工工艺方法所表现出来的适应性称为工艺性能，主要有切削加工性能、可锻性、可铸性和可焊性。遗产建筑通常建造年代久远，金属材料的应用种类、形式通常与当时社会经济技术条件下人们所掌握的金属加工工艺方法密切相关。

13.1.2 金属材料在遗产建筑中的应用

金属材料在遗产建筑中的应用由来已久，其跨越的年代几乎与人类对金属的掌握和应用历史一样久远。从时间先后顺序来看，铜（青铜、黄铜）、铁（钢）、金、铝、锌、铅、锡、银、镍、锰、钛等金属均有被应用于古今中外不同时期的遗产建筑中。从建筑功能上看，金属材料的应用大体可以被分为结构性应用和非结构性应用两大类，结构性应用指金属材料制成的构件作为梁、板、柱、墙、支撑、节点等建筑结构受力构件；非结构性应用包括围护、装饰、连接、固定等。

1. 结构性应用

1）铜及其合金的结构性应用

我国的铜文化历史灿烂悠久，大约在六七千年以前中国人的祖先就发现并开始使用铜，包括铸币、器物、建筑、造像等应用，它的使用规模、造型工艺，在中国历史的发展中曾占重要地位，贯穿了整个中国的文明史。早在《太平御览·汉武故事》中就有“以铜制瓦”的文字记录。铜及其合金（青铜、黄铜）在遗产建筑中最为典型的结构性应用当属铜殿和铜塔。

铜殿是以铜代木，又因其金光灿灿，也被称为“金殿”。秦汉之后，冶铜技术和制造工艺与日俱增，明清时期相继建造而成的武当山铜殿、五台山显通寺铜殿、鸣凤山铜殿和颐和园铜殿，被合称为“四大铜殿”。铜殿通常为仿木结构，且常建于山顶并与佛教、道教等宗教关联。

铜塔是继铜殿外，铜及其合金在遗产建筑中又一典型的结构性应用。现存的铜塔建筑极少，其中最为著名的当属五台山显通寺铜塔。显通寺铜塔位于山西省五台山台怀镇显通寺铜殿前，原为5座，3座已毁，现存两塔为覆钵式、楼阁式和亭阁式相结合的铜塔，大殿西侧铜塔于明朝万历二十四年（1596年）铸成，取名“多宝如意宝塔”。东侧铜塔于明朝万历三十八年（1610年）铸成，取名“南无阿弥陀佛无量宝塔”。两塔造型特异，亭亭玉立，玲珑剔透，为明代铜铸艺术中的佳品。

2）铁及其合金的结构性应用

铁及其合金是目前建筑中应用最为广泛的金属材料。铁及其合金最初用于建筑中往往是起到辅助加固作用，早期真正意义上的结构性应用当属各类铁桥和铁塔类建筑。

（1）铁桥

根据文献资料记载，早在东汉明帝时期（58—75 年），我国劳动人民就已成功利用锻铁为环、相扣成链，在今云南省景东城外的澜沧江上建成了世界上最早的铁桥——兰津桥。英国著名科技史专家李约瑟在其《中国科技史》里也称此桥是世界上最早的铁索桥。

中国现存的最古老的铁索桥——霁虹桥，建成于明成化十一年（1475 年），位于云南保山市隆阳区与大理州永平县交界处的澜沧江兰津古渡上方，桥总长 113.4m，净跨径为 57.3m，桥宽 3.7m，全桥共有 18 根铁索，底索 16 根，扶栏索每边一根。

（2）铁塔

铁塔是铁及其合金在遗产建筑中结构性应用的另一种主要形式，主要与宗教建筑相关。现存的国内著名的铁塔有江苏镇江甘露寺铁塔、湖北当阳玉泉寺铁塔、山东聊城隆兴寺铁塔、山东济宁崇觉寺铁塔、陕西咸阳千佛铁塔、陕西府谷县孤山铁塔、山东泰安岱庙铁塔等，合称〃中国七大古铁塔〃。除了上述古铁塔外，国外著名的铁塔建筑还有位于法国巴黎的埃菲尔铁塔。

2. 非结构性应用

1）围护性应用

金属材料在遗产建筑中的围护性应用主要形式包括各类金属屋顶、幕墙、门窗、护栏等。比如欧洲教堂类建筑频繁出现的铜铅屋顶。辛亥革命以后，以钢门窗为代表的金属门窗被传入中国，主要来自英国、比利时和日本，集中使用在上海、广州、天津、大连等沿海开埠城市的近现代遗产建筑。这些钢门窗替换了原来易引发火灾的木门窗，至今大部分保存完好，历经百年仍在使用（图 13–1）。

图 13–1 上海近代遗产建筑（公共建筑）使用的金属窗框和装饰

2）连接及固定性应用

金属材料在遗产建筑中的连接、固定性应用形式主要包括：铁箍（用于加固、拼合木构件与石结构）、木钉、瓦钉、墙钉等。例如，对于遗产建筑中木结构建筑，大众常常误认为榫卯结构不使用钉子。但实际上除主体构架外，木结构建筑的各个连接部位是需要使用钉子连接的，仅宋代《营造法式・卷第二十八》诸作用钉料例就记载了角梁钉、飞子钉、大小连檐钉、白板钉、博风板钉、横抹板钉等多种大木作用钉。在明清时期官式建筑营造时，因当时木材大料匮乏，常使用小料拼镶的做法，主体大木架本身就需要使用大量的固定拼镶用铁箍和铁钉。

3）装饰性应用

金属材料在遗产建筑中的装饰性应用最典型的案例当属金属门钉、辅首，以及鎏金。其中门钉一般为铜制或铁制，铁质门钉一般使用在早期寺庙建筑板门上，以唐、宋时期居多，铜质门钉则大量使用于明清时期，并且在铜上镏金，显出金黄色，与朱门颜色相匹配。最早的门钉起加固作用，后来慢慢演化成为装饰和等级标志。例如，明清时期就对门钉的使用制定了详尽、严格、等级森严的规章制度。铺首是中国古建筑中用于大门上的重要构件，一般为铁制或铜制，其中铜质鎏金者等级最高，称"金铺"。除此之外，中国古建筑中宗教建筑和宫殿建筑通常采用的铜质鎏金宝顶也是金属材料在遗产建筑中的装饰性应用的一个重要体现。

13.1.3 金属材料腐蚀与保护

实践表明，尽管采取了各种防护、构造措施及维修制度，建筑金属材料仍然难以避免锈蚀发生。不同环境下金属材料平均腐蚀速率不同（图 13–2），腐蚀机理分析是遗产建筑金属材料保护的基础，只有理解了各种环境下金属材料的腐蚀机理，才能更好地对其进行保护、修复。金属材料的腐蚀机理可粗略地分为电化学腐蚀、化学腐蚀、物理腐蚀、生物腐蚀。由于所在环境的差异，不同金属在不同服役环境下的腐蚀机理存在很大差别，按环境类型可以将金属材料的腐蚀分为一般大气环境腐蚀、工业大气环境腐蚀和海洋大气环境腐蚀。本节以遗产建筑中最常见的钢（铁）、铜（合金）为对象，简要叙述其不同环境下的腐蚀机理及其防护措施。

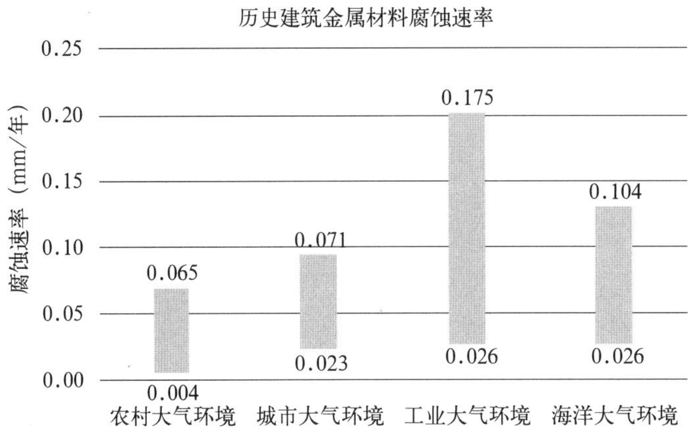

图 13–2　碳钢在无防腐措施情况下的腐蚀速率

1. 铁及其合金腐蚀

1）一般大气环境腐蚀

一般大气中的水、氧气、二氧化碳等主要组分在干燥大气环境中对铁表面氧化，使铁失去光泽和变色，这属于化学反应。但是受空气湿度影响，大气中的水气在金属表面形成表面液层，空气中的氧溶于金属表面液层中形成阴极去极化剂，一般大气中的其他杂质溶解在水膜层中构成一定电导和腐蚀性电解质，发生电化学反应。其主要反应机理：

阳极反应：

$$Fe = Fe^{2+} + 2e^{-} \tag{13-1}$$

阴极共可能发生两种反应，即析氢腐蚀和吸氧腐蚀。

析氢腐蚀反应为：

$$2H^{+} + 2e^{-} = H_2 \uparrow \tag{13-2}$$

吸氧腐蚀反应为：

$$1/2O_2 + H_2O + 2e^{-} = 2OH^{-} \text{（中性或碱性溶液中）} \tag{13-3}$$

$$1/2O_2 + 2H^{+} + 2e^{-} = H_2O \text{（酸性溶液中）} \tag{13-4}$$

大多数钢（铁）材料在一般大气环境下主要是靠氧的阴极还原反应，即铁在阳极会氧化，成为二价铁离子（Fe^{2+}），而在阴极中，溶于水中的氧会被还原成 OH^-，与亚铁离子（Fe^{2+}）结合成为氢氧化亚铁，由于氢氧化亚铁极易被氧化，最终会被氧化成疏松的红色铁锈 [$Fe(OH)_3$]。

空气相对湿度是决定上述一般大气环境腐蚀速率的重要因素，通常大气相对湿度超过其临界相对湿度后，钢（铁）的腐蚀速率将急剧增大，在临界值之前，腐蚀速率很小或几乎不腐蚀。常用的主要金属如铁、铝、镍、铜等腐蚀的临界相对湿度在 50% ~ 80%。

2）工业大气腐蚀

研究表明，我国目前年均降雨 pH 低于 5.6 的区域面积已占我国国土面积的 40% 左右，中国的酸雨是硫酸型的，主要是人为排放二氧化硫造成。长期处于工业大气环境下的金属材料的腐蚀速率远远大于遗产建筑建成早期。处在工业大气环境的钢（铁）与二氧化硫 [或硫酸根离子（SO_4^{2-}）] 反应，使得腐蚀加速，而且腐蚀产物也会改变（见第 2 章）。在硫酸盐沉积环境下，腐蚀产物还会继续吸附到达表面的二氧化硫，并进一步催化形成硫酸根离子，形成硫酸盐堆积物“巢窝”，当表面由于雨水作用变得潮湿时，硫酸盐堆积物“巢窝”与周围未锈的钢（铁）形成腐蚀电池。

3）海洋大气环境腐蚀

因日照造成的海水蒸发以及海水浪花致使海平面上空和距离海岸线几十千米的大陆空气中氯化物盐浓度升高，这种具有腐蚀性的大气称之为海洋大气。海洋大气的相对湿度通常都比较大，基本都大于金属腐蚀的临界湿度。海洋大气中的氯离子具有吸湿性，当其沉积在钢材表面，使得钢（铁）材料在相对湿度较低的情况下就发生电化学反应；氯离子（Cl^-）还具有很强的侵蚀性，特别是对金属材料的钝化膜有很强破坏作用；氯离子（Cl^-）的存在还可以增大金属材料表面液膜的电导作用，促进电化学反应发生。氯离子（Cl^-）除了可以加速锈蚀反应外，还会使锈层变得难以固定。钢（铁）材料的锈层一般由氢氧化铁转化而来，而氯离子（Cl^-）会与阳极溶解的铁离子（Fe^{3+}）结合，形成铁的氯化络合物。在减少氢氧化铁生成的同时，铁的氯化络合物并不稳定，其使得锈层的阻锈能力下降，锈蚀反应持续进行。研究表明，海洋大气环境对钢（铁）的腐蚀比一般大气环境和工业大气环境都要严重得多。

2. 铜及其合金腐蚀

1）一般大气环境腐蚀

一般情况下，铜及其合金在一般大气环境下的颜色大体会呈光亮→橙红色→暗棕色→黑色→蓝绿色的变化过程，这与铜的大气腐蚀反应过程密切相关，代表了不同成分的腐蚀产物的形成。

铜及合金暴露在一般大气环境中，初期其表面可能生出氧化亚铜和氧化铜：

$$4Cu+O_2 \longrightarrow 2Cu_2O \text{（鲜红色）} \quad (13-5)$$

$$2Cu+O_2 \longrightarrow 2CuO \text{（黑色）} \quad (13-6)$$

在潮湿的空气中放久后，铜表面会慢慢生成一层碱式碳酸铜（即常见的铜绿），即：

$$2Cu+O_2+CO_2+H_2O \longrightarrow Cu(OH)_2 \cdot CuCO_3 \text{（蓝绿色）} \quad (13-7)$$

尽管相对于工业大气，一般大气（乡村、城市大气）中的污染物浓度要低得多，但仍然存在一定的硫的氧化物和氮的氧化物，污染物在材料表面膜液中酸化，与氧化铜反应生成碱式硫酸铜（蓝绿色）：

$$CuO+SO_3 \longrightarrow CuSO_4,\ CuSO_4+3CuO+3H_2O \longrightarrow CuSO_4 \cdot 3Cu(OH)_2 \text{（蓝绿色）} \quad (13-8)$$

一般来说，直接暴露在一般大气环境中的铜（合金）表面铜锈的成分主要是碱式碳酸铜和碱式硫酸铜，碱式硝酸铜产物相对少见（图 13-3）。

2）工业大气腐蚀

在工业大气干燥环境下，铜及其合金会与硫氧化物反应生成硫化亚铜和硫化铜，形成黑色致密的腐蚀产物层：

（a）

（b）

（c）

图 13-3 建成于明永乐十四年（1416 年）的武当山金殿（铜制重檐仿木结构）腐蚀状况
（a）金殿整体；
（b）铜制门窗腐蚀；
（c）铜制栏杆腐蚀

$$6Cu+SO_2 \longrightarrow 2Cu_2O+Cu_2S \quad (13-9)$$

反应中 SO_2 直接在阴极起去极化剂作用，使得腐蚀反应得以进行，产物中的硫化亚铜是不稳定的，可以继续被氧化，生成硫化铜。在潮湿或雨水条件下，铜及其合金在工业大气环境腐蚀产物同样以疏松的碱式硫酸铜为主。

3）海洋大气环境腐蚀

氯离子对金属的大气腐蚀影响很大，海洋大气环境更是如此，铜及其合金主要与氯离子反应生成疏松的蓝绿色腐蚀产物，主要以碱式氯化铜为主：

$$4Cu^{2+}+2Cl^-+6H_2O \longrightarrow 2CuCl_2 \cdot 3Cu(OH)_2+6H^+ \quad (13-10)$$

3. 防护措施

1）腐蚀产物清理

（1）清理原则

清洁所造成的对建筑金属的伤害须小于不清洁时的腐蚀产物对其产生的伤害，例如有些金属腐蚀产物本身是稳定、致密的，可以有效阻止腐蚀介质（污染物、氧气、二氧化碳、水等）的进一步侵入，如果清理掉反而会加剧金属材料腐蚀反应。

清理前应明确建筑材料服役环境、腐蚀产物类别，综合采取针对性清理方法。清理后应尽快采取防腐措施，腐蚀产物清理后，未锈部分金属直接与各类腐蚀介质接触，需尽快采取措施避免腐蚀反应。清理金属腐蚀产物的方法如机械除锈（包括喷砂）、化学除锈通常会造成固体（液体）废弃物污染，一些防腐处理措施如表面覆盖层防腐保护（包括电镀、喷涂）常常也会带来一定的环境污染，应尽可能采取对环境影响较小的清理措施。

（2）清理技术

遗产建筑金属材料腐蚀产物清理技术包括机械除锈、高压水射流除锈、化学除锈，以及激光除锈等。

机械除锈包括手工除锈和喷砂抛丸除锈两类，手工除锈工人劳动强度大，效率低，适合小件作业和局部除锈；喷砂抛丸除锈效率高、除锈彻底，但通常粉尘污染严重，对操作者危害较大，需要专业的劳动保护。有重要价值的金属构件禁止采用喷砂抛丸除锈方法。

高压水射流除锈利用高压水射流的冲击动能冲刷腐蚀产物，实现清理目的，适合复杂表面。

化学除锈是利用化学反应从金属材料表面溶解掉锈迹、氧化皮及各种腐蚀产物而不影响基体金属的方法。常用无机酸和有机酸作为除锈材料，因而通常又称为酸洗。化学除锈工艺效率高，但会产生大量废弃物、对环境污染严重。此外，酸洗在去除金属腐蚀产物的同时也可能加剧金属本体的腐蚀和氢脆。

激光除锈是通过激光直接作用在污染物上，利用高能量激光的瞬间加热使腐蚀产物直接气化、烧蚀或弹性去除。适合复杂而有价值的金属构件的除锈。

2）电化学防腐保护

（1）阴极保护

指金属构件作为阴极，通过阴极极化来消除该金属表面的电化学不均匀性，达到防止金属腐蚀的目的。阴极保护的原理是向被腐蚀金属结构物表面施加一个外加电流，被保护结构物成为阴极，从而使得金属腐蚀发生的电子迁移得到抑制，避免或减弱腐蚀的发生。阴极保护实现的方法目前有两种：牺牲阳极法，外加电流法。

牺牲阳极指在被保护的金属上连接电极电位更低的金属或者合金，作为牺牲阳极，使其不断地被溶解产生电流对保护的金属进行阴极极化，达到保护的目的。为了使得牺牲阳极法能够实现，牺牲材料与被保护金属之间必须形成足够大的电位差。目前常用的牺牲阳极材料主要有镁和镁合金、锌和锌合金、铝合金三大类。

外加电流法是将被保护的金属接到直流电源当中的负极，通过阴极电流，使得金属极化到保护电位范围内，达到防腐目的。相比于传统牺牲阳极保护法，外加电流法能够降低材料的需求量，具有体积小、质量小、使用范围广和能够自动调节电压和电流的优点。外加电流阴极保护系统主要由直流电源、辅助阳极和参比电极 3 部分构成。直流电源主要使用的是恒电位仪，能够根据外界条件自动调节输出电流，使得被保护金属的电位始终处于保护电位范围内。辅助阳极的作用是将直流电源输出的直流电流由介质传递到被保护的金属体上。所以能够作为辅助阳极的材料应具有良好的导电性、耐腐蚀性、寿命长、排电流量大、阳极极化率小、来源广泛，机械强度良好、价格便宜，以及方便加工等特点。参比电极负责提供一个稳定且已知的电位值，作为衡量被保护金属电位是否达到保护要求的基准。理想的参比电极应具备电位稳定、重现性好、耐腐蚀性强、内阻低、响应速度快等特性。此外，参比电极还应易于安装、维护简便，且在使用过程中对被保护金属的电场分布影响小，以确保测量结果的准确性和可靠性。

（2）阳极保护

阳极保护是将被保护的金属与直流电源的正极相连，在电解质溶液当中将金属极化到一定的电位。在这种电位下能够使得被保护金属钝化并维持该钝态，此时能够保证阳极腐蚀过程受到抑制，腐蚀速率显著降低，使得阳极金属得到保护。

阳极保护是一种适用于强氧化性介质的防腐措施，其具有经济（耗电量小）且保护效果优良的特点。适用于强腐蚀介质（如硫酸、硝酸、磷酸等），所以其在工业领域上得到了广泛的应用。现在主要使用在碳钢，存在浓硫酸的不锈钢以及铁路槽车等，遗产建筑保护领域应用较少。

3）表面覆盖层防腐保护

在金属表面形成保护性质的覆盖层，可以避免金属与腐蚀介质的直接接触，或者利用覆盖层对金属基体起到电化学保护或减缓腐蚀作用，以达到防腐的目的。覆盖层防腐保护是金属防腐最为普遍的形式，对覆盖层应有具体以下要求：结构紧密，完整且无孔，不容易透过介质；与金属基体具有良好的贴合，不容易脱落；具有较高的硬度和耐机械磨损性能；能够在金属基体表面上均匀地覆盖。

目前在工业上使用的最为普遍的覆盖层主要包括以下 4 类：金属覆盖层、非金属覆盖层、化学转化膜覆盖层，以及暂时性覆盖层。这些覆盖层能够用化学、电化学或者物理方法的工艺获得。

13.2 建筑玻璃

13.2.1 玻璃简介

玻璃是将其原料熔融、冷却、固化成型、加工后得到的非结晶的硅酸盐类无机非金属材料，具有坚硬、耐热、耐蚀、透光等优良特性。

制作玻璃原料有主要原料和辅助原料两大类。主要原料又分引入二氧化硅的石英或石英砂，引入氧化钙的石灰石，引入氧化铝的长石、高岭石、蜡石，引入氧化钠的纯碱、芒硝，引入氧化硼的硼酸、硼砂等。辅助原料包括澄清剂、着色剂、脱色剂、乳浊剂、氧化剂、还原剂等。

现代建筑玻璃制品的种类很多，包括普通平板玻璃、彩色玻璃、磨光玻璃、磨砂玻璃（毛玻璃）、压花玻璃、钢化玻璃、夹层玻璃、夹丝玻璃、热反射玻璃、吸热玻璃、中空玻璃、釉面玻璃、玻璃锦砖、电热玻璃、镭射玻璃、水晶玻璃、泡沫玻璃、玻璃砖、微晶玻璃等，很多新型玻璃大都是在平板玻璃的基础上再加工而成。

原始玻璃最早出现在公元前 30 世纪的美索不达米亚和叙利亚，被称为“费昂斯”。这种玻璃是通过冷加工天然石英砂成形，然后烧制而成。中国最早的“费昂斯”或原始玻璃器物出现在公元前 11 世纪的西周前期。

自西周开始，中国玻璃主要使用铅钡作为助熔剂。汉代的玻璃设计和生产技术有所进步，产品种类多样。从秦代至隋代，随着西亚玻璃技术和制品的输入，中国的玻璃艺术得到了发展。

唐代的玻璃主要是钠钙玻璃，透明度高，颜色鲜明。宋代的玻璃配方为高铅玻璃，不含钡。元代的玻璃器使用更为活跃，主要在西、北方地区。

清代，通过引进欧洲玻璃技术，中国的玻璃工艺获得了新的生机，玻璃成为一种新的工艺美术。

13.2.2 建筑玻璃

1. 建筑玻璃的定义与功能

参照 English Heritage（今 Historic England）编纂的 *Practical Building Conservation: Glass and Glazing*（《建筑保护实用手册：建筑玻璃及其构件》）将本章所涉及的“建筑玻璃”（glazing）定义为可以支持玻璃正常发挥其围护、通风、采光（图 13–4）、装饰等功能的一个微型建筑系统，包括玻璃、框架，以及其他构件。其次，“建筑玻璃”也涵盖以玻璃为主导的其他外围护类型，如幕墙、温室等当代建筑玻璃以及透光雨棚等。不过由于目前国内遗产建筑、保护修复涉及的建筑玻璃以窗户为主，因此以下讨论主要围绕窗户展开。

建筑玻璃的功能可分为实用性和装饰性。最基本的实用功能即“密封”这一围护系统的基本功能，包括防水、保温、防风等，以及不同于一般围护材料的采光、通风功能。装饰功能常通过变形、啄面、染色等实现。

2. 价值分析与干预原则

遗产建筑玻璃具有历史价值、艺术价值、情感价值、经济价值等。其历史价值取决于两方面：遗产建筑的价值和玻璃本身的价值。这两种价值和建筑玻璃的病害现状一同影响对建筑玻璃的干预措施的选择。

在对建筑玻璃展开修缮前，第一，需要明确遗产建筑的保护等级、使用状况；第二，了解建筑的损害史和干预史，分析建筑玻璃的原始材料和设计思路，评估玻璃是否为历史原物，是否反映了时代和地域特色，是否代表了杰出的工艺或设计；第三，确定干预原则，修旧用旧还是新旧区分，保持现状还是恢复原状，建筑玻璃修复应遵循最小干预原则，新材料不应妨碍原始材料性能的发挥，干预措施尽可能具有可逆性，至少不能妨碍后续干预；第四，确定具体的干预措施，例如，如果原窗户已被替换，历史式样也已不可考证，且与历史风貌不协调，则可参考同时期历史窗户的式样进行设计并制作安装；如果建筑仍在使用，那么新的修缮需要尽量

图 13–4 框材为金属的平板窗玻璃（左，全国重点文物保护单位，上海），框材为木材的压花彩色玻璃（中，广州市历史建筑），反映时代和地域特色的木雕彩色玻璃窗（内）、铁艺窗（外）（右，澳门历史文化街区）

满足现行的建筑能耗要求；如果窗户的病害危及保护性建筑的结构安全和功能，则有必要采取激进的方法进行修复。

3. 我国遗产建筑玻璃的常见种类

我国近现代建筑中常见的玻璃种类包括普通平板玻璃、铅条框彩色玻璃、彩绘玻璃、彩色玻璃、压花玻璃、磨砂玻璃等。

13.2.3　建筑玻璃勘察、病状与病因

1. 现状评估

经价值分析后，如现存建筑玻璃的历史价值较高、值得保留与修缮，需进行以下工作。

1）勘察记录

玻璃、窗框、窗台损坏情况、油漆是否开裂、油灰是否剥落、五金件是否缺失等；需将建筑玻璃视为建筑的一部分，综合评价其与整个建筑系统的关联，如关注窗框与建筑墙体的节点构造；尤其需要注意容易积水的薄弱地方，如窗台、窗框或门槛、披水板等。可将相应的病害的大小、位置、类型、程度等信息标示在平、立面图上，并用不同的色彩标示。

2）材料分析

在对玻璃的成分进行检测和确认时，可以采用便携式 XRF（X 射线荧光光谱分析）经化学分析得到玻璃的配方，并分析损害原因。此外还需分析玻璃上的沉积物、玻璃框的材性（如金属、石、木材等）、框的涂层材料（如镀锌、氧化铝、油漆等）、填缝剂的材性等。

2. 病因追溯

玻璃的病因大致可综合为如下 6 个方面：

1）材料内在缺陷

玻璃制造时产生的裂纹、磨损、色变等，填缝剂的老化产生的破坏。

2）初始设计问题

如墙体与窗框的构造设计。

3）施工问题

如凸窗由于自身重力导致的结构位移。

4）以往干预存在的问题

如清洁导致的彩色涂层剥落或者产生的腐蚀。

5）环境因素

湿度、温度、日晒、风吹、大气污染、生物损伤、室内环境、日常使用等。

6）不可预知的事件

如地震。

最后根据以上病因拟定建筑玻璃的保护修缮方案。

3. 干预手段

原则上应采用保护性修复。如玻璃的破损面积较大甚至缺失，尽可能寻找规格、色泽、图案一致的玻璃进行原位替换；造价允许时可以非标定制，替换下来的玻璃同样应进行记录和保护甚至展陈。如玻璃的破损较大甚至缺失，但玻璃的价值一般，而建筑仍在使用，则可替换为中空玻璃降低能耗。如玻璃只局部有少量污损，则可保留并采用专业设备进行清洁。如玻璃基本完好但有裂痕，则可进行黏合处理，并考虑在原有玻璃外侧加装保护性的新玻璃。此外，需将干预手段和整个建筑系统的运作统筹考量。

13.2.4 玻璃的修复与补配

玻璃需要定期清洁以正常发挥其功能。木窗框需经常油饰，五金件需定期施加润滑剂，涂层、腻子（putties）、密封剂等需定期更换。在正式开始工作前应确定是现场作业还是实验室作业，并确保任何的玻璃碎片不会导致人员损伤。在干预完成之后，建议对建筑的后续状况进行监测，这不仅有利于保护遗产建筑，也有利于反思干预措施。干预措施可参照如下流程进行。

1. 预加固与拆卸

碎裂玻璃片可用如胶带等进行预加固，如破损严重，需拆卸。

2. 清洁

玻璃的清洁需要遵循以下基本原则。

1）清洁所造成的对建筑玻璃的伤害（如原材料的遗失）须小于不清洁时的污染物对其的伤害；

2）用水量最少原则，减少水对框架的破坏；

3）从上至下原则；

4）全面性原则，包括玻璃、框架、五金等构件；

5）先柔后硬的原则，化学清洁剂先试验再实施。

3. 修补

欧洲修复玻璃的传统方法是用铅条 / 片（leading）修复，虽然其修复痕迹十分明显，但目前仍是非常可靠的方法。

另一种方法是胶粘拼合，这种方法的艺术性大于实用性，常用于修复彩画玻璃，因为黏合后的玻璃不耐久、不防水，故常需在其外侧加设一块玻璃用于防护。

拼合前的破片应先用胶带或支撑物固定，以确保当施加胶水时它们的结合处不会溜动。玻璃胶粘剂主要有 3 种：环氧树脂、丙烯酸树脂、硅橡胶（表 13–2）。材料的选择和修复的操作由玻璃的厚度、透明度、涂层有无等确定。

表13–2　不同环境背景下玻璃修补用的树脂

玻璃类型	暴露的环境背景		
	近景可视	暴露于强紫外线下	暴露在潮湿气候环境下
很薄	环氧树脂	丙烯酸树脂	—
表层发生腐蚀	—	硅橡胶或环氧树脂	硅橡胶
高透光的玻璃	环氧树脂	—	—
有不牢固的或者浑浊的涂料	—	硅橡胶或环氧树脂	硅橡胶

4. 维护

对建筑玻璃进行及时和有效的维护是减缓劣化、减少大范围干预、降低经济成本的最好方式。维护计划应包括监测、评估、预防性措施及应急预案。

思考题

(1) 金属材料主要有哪些性能？分别用怎样的指标测度？
(2) 请列举当代遗产建筑中的金属材料应用情况。
(3) 阳极保护和阴极保护有哪些主要差异？
(4) 玻璃通常有哪些病害？涉及哪些干预措施？
(5) 金属和玻璃的清洁应遵循哪些基本原则？
(6) 适合修复碎裂玻璃的胶粘剂有哪些？

附录　遗产建筑和不可移动文物保护常用化学材料

1. 溶剂类

醇类，指分子中含有跟烃基或苯环侧链上的碳结合的羟基的化合物。文物保护中常用的有乙醇（酒精）、异丙醇、丙醇。

乙醇能引起蛋白质的凝固和变性，可以杀灭细菌、苔藓等微生物。同时，乙醇也是常用保护材料如正硅酸乙酯、纳米石灰固化剂的基层预处理剂。

异丙醇溶于水，也溶于醇、醚等多数有机溶剂。常用作某些保护材料的溶剂。

丙酮在常温下为无色透明液体，能溶解油、脂肪、树脂和橡胶等，也能溶解醋酸纤维素和硝酸纤维素，是一种重要的挥发性有机溶剂。常作为固化剂的载体或者清洗旧封护剂使用。

2. 表面活性剂

1）阴离子型

阴离子型表面活性剂是家用洗涤剂、工业洗涤剂、干洗剂、润湿剂的重要成分。常见类型及其代表产品如下：

羧酸盐型，通式为 R–COOMe（Me 为金属）。代表产品有肥皂、油酸钾、硬脂酸铝、松香酸钠等；

硫酸酯盐型，通式为 $R–OSO_3Me$（Me 为金属）。代表产品有十二烷基硫酸钠、红油或蒙诺波尔油（蓖麻油硫酸化的产物，前者硫酸化程度低，后者硫酸化程度高）等；

磺酸盐型，通式为 $R–SO_3Me$（Me 为金属）。代表产品有烷基苯磺酸钠、胰加漂 T、渗透剂 OT、烷基萘磺酸的钠盐（拉开粉）等；

磷酸酯盐型，通式为 $R–OPO_3Me$（Me 为金属）。代表产品有高级醇磷酸酯二钠盐、高级醇磷酸双酯钠盐等。

2）阳离子型

阳离子型表面活性剂主要用于杀菌剂，常用产品有苯扎氯铵、十六烷基三甲基氯化铵、十二烷基二甲基苯亚甲基溴化铵、十六烷基溴代吡啶等。

3）两性离子型

所谓两性表面活性剂，指同时具有两种离子性质的表面活性剂。当水溶液偏碱时，显示阴离子的特性；当水溶液偏酸时，显示阳离子的特性。典型的产品有十二烷基氨基丙酸钠、十八烷基二甲基甜菜碱等。

4）非离子表面活性剂

在数量上仅次于阴离子表面活性剂，稳定性高、在水及有机溶剂中都有较好的溶解能力，在一般固体表面上不发生强烈吸附，与其他类型的表面活性剂有很好的相容性。

聚乙二醇型，亲水性由聚乙二醇基（聚氧化乙烯基）所致。适当控制氧乙烯基的含量，可以制成由油溶性到水溶性的各种非离子表面活性剂。

多元醇型，主要包括分子中含有 3 个或 3 个以上羟基的醇类。

高分子表面活性剂，分子量在数千到一万以上并具有表面活性的物质称作高分子表面活性剂。

有机硅表面活性剂，主要包括：聚醚改性有机硅表面活性剂；含硫酸盐或磺酸盐化合物的有机硅表面活性剂；有机硅季铵盐化合物。

氟表面活性剂，表面活性剂的碳链中氢原子全部被氟原子取代的全氟表面活性剂。典型的产品有：全氟辛酸钾、全氟癸基磺酸钠等。

3. 抗再沉积剂

抗再沉积剂是合成洗涤剂中的一种特殊助剂。洗涤中吸附于织物表面与污垢质点周围，它带有多量负电荷，能在织物与污垢质点间及污垢间产生静电斥力，使污垢质点很好地悬浮分散在溶液中，不再沉积到织物上。主要类型包括：羧甲基纤维素钠；羟丙基甲基纤维素钠；羟丁基甲基纤维素钠；聚乙烯醇；聚乙烯吡咯烷酮；聚乙烯噁唑烷酮；聚乙二醇；聚丙烯酸与丙烯酸 / 马来酸酐共聚物。

4. 漂白剂

漂白剂是一类用于除去纺织纤维材、纸浆和油脂中所含有色物质的药剂。对于文物清洁的来说，漂白剂在对基质进行漂白的同时，还有去除各种色斑的作用。主要类型有：含氯漂白剂；含氧漂白剂；还原漂白剂等。

1）含氯漂白剂

（1）次氯酸钠

成本低，在冷水中也有很好的漂白作用。但只有 pH 值在 9.5 ~ 11 的情况下才稳定。在酸性和碱性环境中生成氢氧化物和次氯酸，后者分解为氯化物、氯酸盐和氧，产生漂白作用。使用时可添加碳酸钠或醋酸以促进分解。

（2）氯胺

白色细粉末，是一种温和的漂白剂。一直用在纸质文物的保护，例如漂白纸张和印刷品。使用前溶解于蒸馏水中，浓度为 2%。一旦使用，其漂白功能会迅速失去，所以不会残留腐蚀性物质在纸中。除了在纸张保护中使用外，还可用于去除石质文物上的真菌。

2）含氧漂白剂

（1）过氧化氢

其氧化能力来自过氧离子的氧化作用。某些金属离子对漂白有明显的催化作用，如铁离子（Fe^{3+}）、锰离子（Mn^{2+}）、铜离子（Cu^{2+}）。添加氨水可促进释放活性氧的过程，为了控制释放的速度，可以使用硅酸钠。用于清除有机残积物、黑色的硫化铁锈斑。

（2）过硼酸钠、过碳酸钠

均是在反应中生成过氧化氢，然后释放氧而起到漂白作用的。

3）还原型漂白剂

还原性漂白剂是利用色素受还原作用而褪色，以达到漂白目的。代表品种有连二亚硫酸盐。作为纺织品去斑的主剂，石质文物清洗铁锈的主要材料，除锈后应该彻底清洗，以防止漂白剂及其副产物的残留。

5. 螯合剂

金属原子或离子与含有两个或两个以上配位原子的配位体作用，生成具有环状结构的络合物，该络合物叫作螯合物。能生成螯合物的这种配体物质叫螯合剂，也称为络合剂。在文物保护中易出现副作用，由于污垢的一些成分与陶瓷的成分相似，螯合剂在螯合锈蚀中的金属离子的同时，也会将釉层中的金属离子如钙离子（Ca^{2+}）、镁离子（Mg^{2+}）等也溶解下来，损害陶瓷的釉或本体。

常用的螯合剂主要为以下 3 类：

1）多聚磷酸盐

常用的多聚磷酸盐有焦磷酸盐、三聚磷酸盐和三偏磷酸盐等。

2）氨基羧酸及盐

如 EDTA（乙二胺四乙酸），曾成功应用于海洋考古所得陶瓷的去垢（钙质），也可去除面层的污垢。

3）羟基羧酸

常用的有柠檬酸（citric acid），酒石酸（tartaric acid）。当 pH >11 时，它们络合钙离子的能力大于氨基羧酸和多聚磷酸盐；当 pH <11 时，与碱土金属的络合能力较弱。在各种 pH 条件下，均对铁离子和其他多价金属离子有络合作用。

6. 酶类

酶是由植物、动物和微生物活细胞产生的具有催化能力的蛋白质。是一种生物催化剂，能加快化学反应的速率，并能使反应以一定的顺序转换。常见的酶类主要分为：氧化还原酶；转移酶；水解酶；裂解酶；异构酶。

水解酶在文物清洗过程中使用频繁，包括脂肪酶、蛋白酶、纤维素酶、淀粉酶、果胶酶等。这些酶在清洗过程中能促进各类有机物发生水解反应而分解。

7. 杀灭剂（杀菌剂和抑菌剂）

1）无机杀灭剂

常用的无机杀灭剂有以下 4 种：

（1）氯气

常搭配水使用，用于消毒灭菌，有效成分为具氧化能力的次氯酸。

（2）溴、碘

溴的杀菌能力好，但是价格较高，限制了使用。碘是一种广谱的杀菌剂，但是水溶性低。

（3）次氯酸钠、次氯酸钙

次氯酸钙也叫漂白粉。两者在低 pH 时杀菌效果较好。

（4）二氧化氯

有刺激气味的黄绿色气体，在 pH 为 6 ~ 8 的范围内能有效地杀灭霉菌。杀菌能力是氯气的 25 倍。具有剂量小、作用快、效果好的特点。不仅可以杀死菌类、藻类，还可以杀死微生物孢子和病毒。

2）有机杀灭剂

常用的有机杀灭剂有以下 4 种：

（1）氯酚类

包括邻氯酚、对氯酚、五氯酚钠等。

（2）季铵盐类

典型结构为：十二烷基二甲基苄基氯化铵（1227）、十二烷基三甲基苄基氯化铵（1231）、十二烷基氯化吡啶（洁尔灭）。

（3）有机氯素杀灭剂

双氯芬、三溴水杨酸替苯胺、三氯异氰尿素（TACC）、二氯异氰尿素钠（DCIC）、对甲苯磺酸钠、3，4，4，′－三氯均二苯脲（TCC）。

（4）其他

如二硫氰基甲烷（二硫氰酸甲酯）、二甲基二硫代氨基甲酸、异噻唑啉酮类等。

8. 固化剂

1）丙烯酸树脂

丙烯酸树脂是丙烯酸、甲基丙烯酸及其衍生物聚合物的总称。常用的是 B72（Paraloid B 72），可以采用丙酮等溶解，作为加固剂、封护剂使用。

2）丙烯酸乳液

丙烯酸乳液为乳白色或近透明黏稠液体，是由纯丙烯酸酯类单体共聚而成的乳液，具有固化粘结效果，固化后具有突出的耐水性和耐候性。按组成可以分为：纯丙乳液、硅丙乳液、苯丙乳液、醋丙乳液等。

3）正硅酸乙酯

正硅酸乙酯是过去数十年最常使用的无机材料增强剂。其原理是硅酸乙酯与空气中的水蒸气反应，生成二氧化硅胶体，成为新的胶结物，而使矿物材料的强度增加。乙醇为副产物，通过挥发除去，一般不产生副作用。详细内容可参见本教材 5.3 节。

4）硅酸盐材料

无机硅酸盐又称水玻璃，是一种由石英砂、纯碱、烧碱等生产出的能溶于水人工合成材料。常用的是硅酸钾水玻璃（$K_2O \cdot nSiO_2$，所谓 PS 固化剂），在空气中吸收二氧化碳，形成无定形硅酸凝胶，并逐渐干燥而硬化。详细内容可参见本教材 2.2.4 节。

5）纳米氢氧化钙

纳米氢氧化钙，又称作纳米石灰，指氢氧化钙颗粒直径在 50 ~ 200nm 范围之间，分散在醇中的悬浮液。可以作为裂隙注浆材料、碳酸盐石材表面固化保护等。

扩展阅读

[1] 朱光亚 . 建筑遗产保护学 [M]. 南京：东南大学出版社，2019.

[2] 王立久 . 建筑材料学 [M]. 4 版 . 北京：中国水利水电出版社，2020.

[3] 张兰芳，李京军，王萧萧 . 建筑材料 [M]. 北京：中国建材工业出版社，2021.

[4] 刘大可 . 中国古建筑瓦石营法 [M]. 2 版 . 北京：中国建筑工业出版社，2015.

[5] 李坚 . 木材保护学 [M]. 北京：科学出版社，2022.

[6] 郭梦麟，蓝浩繁，邱坚 . 木材腐朽与维护 [M]. 北京：中国计量出版社，2010.

[7] 中华人民共和国住房和城乡建设部，国家市场监督管理总局 . 古建筑木结构维护与加固技术规范：GB/T 50165—2020[S]. 北京：中国建筑工业出版社，2020.

[8] 国际古迹遗址理事会（ICOMOS）. 木质建成遗产保护准则 [S]. ICOMOS International，2017.

[9] 张剑葳 . 中国古代金属建筑研究 [M]. 南京：东南大学出版社，2015.

[10] 艾伦・麦克法兰，格里・马丁 . 玻璃的世界 [M]. 管可秾，译 . 北京：商务印书馆，2020.

[11] 库马尔・梅塔，保罗・蒙蒂罗 . 混凝土微观结构、性能和材料（原著第四版）[M]. 欧阳东，译 . 北京：中国建筑工业出版社，2016.

[12] 汪澜 . 水泥混凝土——组成・性能・应用 [M]. 北京：中国建材工业出版社，2005.

[13] 郭宏 . 古代干壁画与湿壁画的鉴定 [J]. 中原文物，2004（2）：76–80.

[14] 汪万福，李最雄，马赞峰，等 . 西藏文化古迹严重病害壁画保护修复加固技术 [J]. 敦煌研究，2005（4）：24–29.

[15] 俱军鹏，牛晓宇 . 古建筑大木构件油漆彩绘地仗施工技术 [J]. 古建园林技术，2019（3）：16–18.

[16] 淳庆 . 民国钢筋混凝土建筑遗产保护技术 [M]. 南京：东南大学出版社，2021.

[17] WHITRAP 苏州，戴仕炳. 第一辑：石灰与文化遗产保护 [M]. 上海：同济大学出版社，2021.

[18] 戴仕炳，汤众，马宏林，等. 上海宋庆龄汉白玉雕像保护研究 [M]. 上海：同济大学出版社，2022.

[19] 戴仕炳，朱晓敏，钟燕，等. 历史建筑外饰面清洁技术 [M]. 上海：同济大学出版社，2019.

[20] 戴仕炳，胡战勇，李晓. 灰作六艺：传统建筑石灰知识与技术体系 [M]. 上海：同济大学出版社，2021.

主要参考文献

[1] 米夏尔·奥哈斯，珍妮娜·迈因哈特，罗尔夫·斯内特拉格．石质文化遗产监测技术导则 [M]. 戴仕炳等，译．上海：同济大学出版社，2020．

[2] 安金槐，王与刚．密县打虎亭汉代画像石墓和壁画墓 [J]. 文物，1972（10）：49—63.

[3] 北京土木建筑学会．中国古建筑修缮与施工技术 [M]. 北京：中国计划出版社，2013.

[4] 淳庆．民国钢筋混凝土建筑遗产保护技术 [M]. 南京：东南大学出版社，2021.

[5] 曹慧蕾．近现代建筑木门窗保护修缮技术探析——以上海为例 [J]. 城市建筑，2021，18（4）：196—198.

[6] 陈琳，符映红，居发玲，等．宁波保国寺大殿宋柱现状监测的无损与微损检测技术研究 [J]. 建筑遗产，2018（2）：78—85.

[7] 陈允适．古建筑木结构与木质文物保护 [M]. 北京：中国建筑工业出版社，2007.

[8] 戴仕炳，李宏松．平遥城墙夯土面层病害及其保护实验研究 [J]. 建筑遗产，2016（1）：122—129.

[9] 戴仕炳，钟燕，胡战勇．灰作十问：建成遗产保护石灰技术 [M]. 上海：同济大学出版社，2016.

[10] 戴仕炳，王金华，居发玲，等．砂岩类文物本体保护修复的几个核心技术问题的思考——基于重庆地区两个砂岩类文物保后跟踪的初步成果 [J]. 大足学刊，2020：316—325.

[11] 戴志中，黄颖．玻璃、金属与建筑 [M]. 天津：天津科学技术出版社，2002.

[12] 戴玉成，中国储木及建筑木材腐朽菌图志 [M]. 北京：科学出版社，2009.

[13] 杜晓辉．玻璃在传统历史建筑保护和更新中的利用 [J]. 建筑学报，2009（6）：37—39.

[14] 樊再轩，陈港泉，苏伯民，等．莫高窟第 98 窟酥碱壁画保护修复试验研究 [J]. 敦煌研究，2009（6）：4–7.

[15] 樊再轩，斯蒂文・里克比，丽莎・舍克德，等．敦煌莫高窟第 85 窟壁画修复技术研究 [J]. 敦煌研究，2008（6）：19–22.

[16] 方小牛，唐雅欣，戴仕炳．生土类建筑保护技术与策略 [M]. 上海：同济大学出版社，2018.

[17] 郭梦麟，蓝浩繁，邱坚．木材腐朽与维护 [M]. 北京：中国计量出版社，2010.

[18] 中华人民共和国住房和城乡建设部，国家市场监督管理总局．古建筑木结构维护与加固技术规范：GB/T 50165—2020[S]. 北京：中国建筑工业出版社，2020.

[19] 龚洛书，柳春圃．混凝土的耐久性及其防护修补 [M]. 北京：中国建筑工业出版社，1990.

[20] 黄克忠．岩土文物建筑的保护 [M]. 北京：中国建筑工业出版社，1998.

[21] 黄骏，谢成水．中国石窟壁画修复与保护 [M]. 杭州：中国美术学院出版社，2017.

[22] 侯保荣．中国腐蚀成本 [M]. 北京：科学出版社，2017.

[23] 胡津，唐莎巍．材料腐蚀与防护 [M]. 哈尔滨：哈尔滨工业大学出版社，2021.

[24] 黄继忠，王金华，高峰，等．砂岩类石窟寺保护新进展：以云冈石窟保护研究新成果为例 [J]. 东南文化，2018，261（1）：15–19.

[25] 蒋正武，龙广成，孙振平，等．混凝土修补：原理、技术与材料 [M]. 北京：化学工业出版社，2009.

[26] 金伟良，赵羽习．混凝土结构耐久性（第 2 版）[M]. 北京：科学出版社，2014.

[27] 金伟良，赵羽习．混凝土结构耐久性的回顾与展望 [J]. 浙江大学学报（工学版），2002（4）：371–380.

[28] 李玉普．略论中国古代玻璃艺术的发展轨迹 [J]. 新美术，2013，34（4）：120–125.

[29] 李玮，韩芳，王启斌，等．清"明岐阳王神道"碑病害检测与修复 [J]. 石材，2021（12）：26–35.

[30] 李星明．唐代墓室壁画研究 [M]. 西安：陕西人民美术出版社，2005.

[31] 李坚．木材保护学 [M]. 北京：科学出版社，2022.

[32] 李广信，张丙印，于玉贞．土力学（第 3 版）[M]. 北京：清华大学出版社，2022.

[33] 刘强，张秉坚，龙梅．石质文物表面憎水性化学保护的副作用研究 [J]. 文物保护考古科学，2006（2）：1–7.

[34] 李金玉，曹建国，徐文雨，等．混凝土冻融破坏机理的研究 [J]. 水利学报，1999，(1)：42–50.

[35] 李宏松．不可移动石质文物保护工程勘察技术概论 [M]. 北京：文物出版社，2020.

[36] 库马尔・梅塔，保罗・蒙蒂罗．混凝土微观结构、性能和材料（第四版）[M]. 北京：中国建筑工业出版社，2016.

[37] 潘别桐，黄克忠．文物保护与环境地质 [M]. 武汉：中国地质大学出版社，1992.

[38] 潘力伟，张秉坚，胡瑜兰．石窟文物的微生物病害与防治对策探讨 [J]. 石材，2021，369（11）：31–37.

[39] 祁英涛．中国古代壁画的揭取与修复 [J]. 中原文物，1980（4）：43–58.

[40] 曲亮．初探古建筑鎏金构件的再次镀金 [C]// 中国文物保护技术协会．中国文物保护技术协会第四次学术年会论文集，北京：科学出版社，2007：207–211.

[41] 孙满利．吐鲁番交河故城保护加固研究 [D]. 兰州：兰州大学，2007.

[42] 唐明述．关于碱—集料反应的几个理论问题 [J]. 硅酸盐学报，1990，18（4）：365–373.

[43] 陶磊．中国传统建筑营造技术中金属材料的应用探析—以山西为例 [D]. 太原：太原理工大学，2015.

[44] 王银梅．西北干旱区土建筑遗址加固概述 [J]. 工程地质学报，2003（2）：189–192.

[45] 汪澜．水泥混凝土——组成・性能・应用 [M]. 北京：中国建材工业出版社，2005.

[46] 文化部文物保护科研所．中国古建筑修缮技术 [M]. 北京：中国建筑工业出版社，2015.

[47] 汪万福，武光文，赵林毅，等．北齐徐显秀墓壁画保护修复研究 [M]. 北京：文物出版社，2016.

[48] 王旭东，苏伯民，陈港泉，等．中国古代壁画保护规范研究 [M]. 北京：科学出版社，2013.

[49] 王光炎，季楠．建筑材料与检测 [M]. 天津：天津大学出版社，2017.

[50] 王旭东．中国干旱环境中土遗址保护关键技术研究新进展 [J]. 敦煌研究，2008（6）：6–12.

[51] 王振林，于钦水．对木材腐朽原因的探讨 [J]. 黑龙江科技信息，2012，17：198.

[52] 王增忠．混凝土碱集料反应及耐久性研究 [J]. 混凝土，2001，8：18–21.

[53] 王增忠．建筑工程全寿命安全经济决策理论与应用 [M]. 上海：同济

大学出版社，2007.
[54] 王燕谋，刘作毅，孙铃．中国水泥发展史（第 2 版）[M]. 北京：中国建材工业出版社，2017.
[55] 汪贻水，王志雄，沈建忠．六十四种有色金属 [M]. 长沙：中南大学出版社，1997.
[56] 王立久．建筑材料学（第 2 版）[M]. 北京：中国水利水电出版社，2008.
[57] 吴军，周贤良，董超芳，等．铜及铜合金大气腐蚀研究进展 [J]. 腐蚀科学与防护技术，2010，22（5）：464–468.
[58] 薛君玕．钙矾石相的形成、稳定和膨胀——记钙矾石学术讨论会 [J]. 硅酸盐学报，1983（2）：121–125.
[59] 杨修春，李伟捷．新型建筑玻璃 [M]. 北京：中国电力出版社，2009.
[60] 杨熙珍．金属腐蚀电化学热力学 [M]. 北京：化学工业出版社，1991.
[61] 于翠艳，许涛，王俊．建筑化学基础 [M]. 北京：石油工业出版社，2005.
[62] 杨静．混凝土的碳化机理及其影响因素 [J]. 混凝土，1995（6）：23–28.
[63] 苑静虎，石美凤，温晓龙．云冈石窟的保护 [J]. 中国文化遗产，2007，（5）：100–108.
[64] 曾荣昌，韩恩厚．材料的腐蚀与防护 [M]. 北京：化学工业出版社，2009.
[65] 中国冶金史编写组．我国古代炼铁技术 [J]. 化学通报，1978，2：47–51.
[66] 周双林．土遗址防风化保护概况 [J]. 中原文物，2003（6）：78–83.
[67] 赵海英，李最雄，韩文峰，等．西北干旱区土遗址的主要病害及成因 [J]. 岩石力学与工程学报，2003（S2）：2875–2880.
[68] 张淑娴，徐超英．故宫博物院藏建筑装修用玻璃画再探讨 [J]. 故宫博物院院刊，2020（10）：149–165.
[69] 张虎元，赵天宇，王旭东．中国古代土工建造方法 [J]. 敦煌研究，2008（5）：81–90.
[70] 周环，张秉坚，陈港泉，等．潮湿环境下古代土遗址的原位保护加固研究 [J]. 岩土力学，2008（4）：954–962.
[71] 张柔然，况达，彭谌，等．气候变化下的中国文化与自然遗产 [J]. 世界建筑导报，2023，38（1）：47–49.
[72] 张誉，蒋利学，张伟平，等．混凝土结构耐久性概论 [M]. 上海：上海科学技术出版社，2003.
[73] 张伟．土木工程材料 [M]. 北京：中国建筑工业出版社，2022.
[74] 汤永净，夏昶，黄宏伟，等．基于图片信息的“同济”石刻风化速

率分析 [J]. 结构工程师，2020，36（4）：39—45.
[75] 武发思，李洁 . 石质文物微生物研究现状与展望 [J]. 石窟与土遗址保护研究，2022，1（4）：14—33.
[76] 张悦，章云梦，黄继忠 . 典型石窟砂岩的毛细吸水与变形响应特征 [J]. 文物保护与考古科学，2022，34（3）：85—93.
[77] 中国材料研究学会编著 . 气凝胶 [M]. 北京：中国铁道出版社，2020.
[78] 钟燕，戴仕炳 . 初论牺牲性保护：建成遗产保护实践中的一种科学意识与策略 [J]. 中国文化遗产，2020（3）：37—42.

重要的准则及技术标准

[79] 中华人民共和国住房和城乡建设部，中华人民共和国国家质量监督检验检疫总局 . 民用建筑热工设计规范：GB 50176—2016[S]. 北京：中国建筑工业出版社，2016.
[80] 国际古迹遗址理事会（ICOMOS）. 中国文物古迹保护准则 [S]. 国际古迹遗址理事会中国国家委员会，2000.
[81] 国际古迹遗址理事会（ICOMOS）. 木质建成遗产保护准则 [S]. ICOMOS International，2017.
[82] 全国人民代表大会常务委员会 . 中华人民共和国文物保护法 [M]. 北京：法律出版社，2007.
[83] 中华人民共和国中央人民政府 . 中华人民共和国文物保护法实施条例 [EB/OL].（2005—08—21）[2024—06—02]. https：//www.gov.cn/banshi/2005—08/21/content_25087.htm.
[84] 中华人民共和国中央人民政府 . 文物保护工程管理办法 [EB/OL].（2003—03—17）[2024—06—02]. https：//www.gov.cn/gongbao/content/2003/content_62345.htm.
[85] 中华人民共和国工业和信息化部 . 建筑生石灰：JC/T 479—2013 [S]. 北京：中国建材工业出版社，2013.
[86] 中华人民共和国国家质量监督检验检疫总局，中国国家标准化管理委员会 . 建筑材料及其制品水蒸气透过性能试验方法：GB/T 17146—2015[S]. 北京：中国标准出版社，2015.
[87] 国家市场监督管理总局，国家标准化管理委员会 . 塑料 实验室光源暴露试验方法 第 1 部分：总则：GB/T 16422.1—2019[S]. 北京：中国标准出版社，2019.
[88] 国家市场监督管理总局，国家标准化管理委员会 . 蒸压加气混凝土性能试验方法：GB/T 11969—2020[S]. 北京：中国标准出版社，2020.
[89] 国家市场监督管理总局，国家标准化管理委员会 . 天然石材实验方法 第 1 部分：干燥、水饱和、冻融循环后压缩强度试验：GB/T 9966.1—2020[S]. 北京：中国标准出版社，2020.

[90] 中华人民共和国国土资源部.岩石物理力学性质试验规程 第12部分：岩石耐酸度和耐碱度试验：DZ/T 0276.12—2015[S]. 北京：中国标准出版社，2015.

[91] 上海市住房和城乡建设管理委员会. 优秀历史建筑保护修缮技术规程：DG/TJ 08—108—2024[S]. 上海：同济大学出版社，2024.

[92] 上海市住房和城乡建设管理委员会. 优秀历史建筑外墙修缮技术标准：DG/TJ 08—2413—2023[S]. 上海：同济大学出版社，2023.

[93] 上海市住房和城乡建设管理委员会. 优秀历史建筑抗震鉴定与加固标准：DG/TJ 08—2403—2022[S]. 上海：同济大学出版社，2022.

[94] 中华人民共和国住房和城乡建设部. 混凝土结构耐久性修复与防护技术规程：JGJ/T 259—2012[S]. 北京：中国建筑工业出版社，2012.

[95] 中华人民共和国住房和城乡建设部，国家市场监督管理总局. 古建筑木结构维护与加固技术标准：GB/T 50165—2020[S]. 北京：中国建筑工业出版社，2020.

[96] 中华人民共和国文物局. 古代建筑彩画病害与图示 ：WW/T 0030—2010 [S]. 北京：文物出版社，2010.

[97] 中华人民共和国国家治理监督检验检疫总局，中国国家标准化管理委员会. 古代壁画病害与图示 ：GB/T 30237—2013 [S]. 北京：文物出版社，2013.

后记

《遗产建筑保护材料学》编写的思路最初源自同济大学“历史建筑保护工程专业”保护技术相关课程的教学、兄弟院校文化遗产保护领域的教学和近20年来我国文化遗产保护修复实践领域的诉求。戴仕炳、陈琳、张鹏、和玲等完成了本教材的早期策划。《遗产建筑保护材料学》于2022年被同济大学建筑与城市规划学院列为唯一新编重点培育教材。经过至少4轮讨论，明确了《遗产建筑保护材料学》需要阐述清楚存量遗产建筑（包括代表性不可移动文物）最有价值的历史材料类型是什么，新的保护修复材料的核心科学原理，如何基于病理设计新材料指标，如何利用材料实现“新旧兼容”和“安全性保护”等。

在《遗产建筑保护材料学》被住房和城乡建设部列入为“住房和城乡建设部‘十四五’规划教材”“高等学校历史建筑保护工程与文化遗产专业系列推荐教材”后，编写组完成了近50万文字初稿。随后主编按照2023年5月11日召开的教育部高等学校建筑学专业教学指导分委员会提出的要求和专家意见，特别是部分教学第一线的老师意见，遵循“全而精”的原则，完成了本教材的终稿。编写过程中参考了德国、英国等国家出版的有关遗产建筑保护修复的著作和实用技术手册，考虑我国本科生的阅读习惯，本教材没有列出上述参考文献。

在教材编写过程中得到了历史建筑保护工程和文化遗产保护学界前辈和相关学科领域专家的热情帮助和大力支持，特别是得到同济大学建筑与城市规划学院、中国科学院院士常青教授等的关怀与鼓励，感谢教育部高等学校建筑学专业教学指导分委员会的建筑历史与理论工作委员会主任委员、东南大学陈薇教授，清华大学王贵祥教授、贾珺教授，同济大学卢永毅教授，哈尔滨工业大学刘松茯教授对本教材提出的修改意见，复旦大学杜晓帆教授、王金华教授等在本教材编写的不同阶段审阅了初稿，也提出了宝贵的修改意见。

除了编写委员会成员外，还有众多的学者参与本教材编写或内容的讨论，特别是澳门文物修复学会会长陈志亮教授（有关南方建筑壁画彩绘）、井冈山大学方小牛教授（有关材料化学）、王坤博士（第13章有关建筑玻璃)、谷志旺教授级高工(1.5 节部分内容)、郭秀玮博士(4.4.4 节),Gesa Schwantes 副教授(有关近现代建筑壁画保护)等,硕士研究生武俣衡、沈泽宇、刘诗雨、张子玥、承然、唐正一、吴斯妤、邱璇、张淑宁、张帆、周婧依、张暄寅、韩怡然等为初稿的完善做出了贡献,他们的部分意见和绘制的部分图片被采纳。周月娥参与了编写的组织工作并核对了附录,王赫宇、武俣衡协助完成最终稿件的修改、部分图片的绘制和统稿。对他们为本教材的编写做出的贡献表述感谢。

感谢中国建筑出版传媒有限公司陈桦、周志扬、柏铭泽等对出版提供的帮助。

本教材的编写出版得到了国家自然科学基金面上项目:我国《遗产建筑保护材料学》的基础理论研究,批准号:52378033;国家重点研发计划:桥梁文物风险评估和隐患排查关键技术与示范项目,编号:2023YFF0906100;国家社会科学基金:中国海洋石刻文化遗产的调查、整理与数据库建设,批准号:24&ZD220;同济建筑设计研究院(集团)有限公司揭榜挂帅课题:历史建筑外饰面修复与性能提升技术体系研究,编号:2023J–JB01;国家自然科学基金面上项目:面向不可移动文化遗产干预的可识别性原则的历史、理论与本土化应用技术体系研究,批准号:52278036;同济大学建筑科学与建成环境学科群课题等的资助。

图片除注明来源外,均为编写组或前述参与人员提供。如有版权疑问,请联系作者。更期待使用本教材的师生把发现的问题、意见和建议反馈给作者,联系方式为:daishibing@tongji.edu.cn。

戴仕炳

2024 年 7 月 上海